JN244022

日本のイネ品種考

木簡からDNAまで

佐藤洋一郎 編

臨川書店

口絵１　葉色変異稲の展示圃場（広島県三次市）
左より、けんみモチ、紫稲岡山、黄稲、祝い茜、ゆきあそび、べにあそび、次世代の夢

口絵２　対馬の多久頭魂神社に伝わる赤米の稲穂

口絵３　収集した各種イネの玄米

最上段：コシヒカリ、日本晴、亀の尾、ヒエリ、万石モチ、SLG
二段目：バスマティ、New Bonnet、べんがら茶籾、紫稲（濃色）、矮性紫稲、矮性黄稲、紫大黒
三段目：対馬赤米、種子島赤米、総社赤米、唐干、八月糯、Simanoek、紅香
最下段：朝紫、紫黒苑、修善寺黒米、香血糯、緑糯、緑米（韓国）

口絵４　３種類の有色米（玄米）

上段：ウルチ品種、左からベニロマン、おくのむらさき、コシヒカリ
下段：モチ品種、左からつくし赤もち、朝紫、緑米

はじめに

佐藤洋一郎

二一世紀に入ってしばらくしたころから、日本のイネ品種の世界にある動きがみられるようになった。二つのことに注目したい。ひとつは、それまでの「コシヒカリ」一辺倒の風潮に陰りが見え始め、各県が競って「ご当地品種」「ご当地米」ともいうべき品種を世に送り出し始めたことである。それまで、米といえばコシヒカリというのが定番であった。どうして、コシヒカリブームに陰りが出始めたのか。そしてそもそも品種とは何か。

「コシヒカリ」。二〇世紀後半の一九七九年から作付面積でトップの座を占め、しかもその占有率は三〇％台の後半を維持し続けている希代まれなる超大物品種である。日本列島が南北に長いことを考えれば、占有率三〇％という数字は驚異的である。けれども、コシヒカリがこのようになったのはそれほど昔のことではない。日本では一九九五年に廃止された旧食糧管理法下で米を等級と産地で区別していた。等級については一等米、二等米というような言い方で、おもには見かけ上の米の良しあしで区別していた。産地については、播州米、近江米といったブランドとして識別していた。米を食べる消費者が「品種」に関心を持つようになったのはここ二、三〇年のことに過ぎない。

しかし調べてみると、コシヒカリのような超有力品種は過去にも確かに存在した。「旭」「亀ノ尾」「神力」などがそれである（本書花森の論考を参照）。これらの中には最盛期の作付面積が五〇万haに達しようかというものもあったのである。こうした超有力品種を生んだ要因はいったい何だったのか。そしてそれらはいつどのようにして生まれ、そして消えていったのか。さらにいうと、米の「品種」とはいったい何なのだろうか。コシヒカリ一辺倒の時代が去り、次に来る時代はどのような時代なのか。このことを考えるよすがが欲しいというのが、わたしが本書を世に送り出そうと考えた理由である。

もうひとつの動きは二〇〇九年の法律の施行と二〇一〇年の「食料・農業・農村基本計画」以降、飼料用の米（飼料用米）への需要が急速に高まったことである。飼料用米とはいうまでもなく家畜の飼料用に使われる米で、通常の飯米に比べて収穫量が大きい。もちろん食料の通常の品種をそのまま転用するのではなく、それ専用に育成された品種を使うもので、国は二〇二五年の生産目標値を一一〇万ｔにするという。ただし飼料用米の導入が企図されたのはこれがはじめてではない。一九七〇年代にも「超多収」という形質を与えてその代わり価格を下げたイネ品種の育成が企画されたことがあった。しかしそれは定着せず、いつの間にか忘れられてしまった。理由はいくつかあったように記憶しているが、ひとつには飼料用米を食用に転用する不正をどう防ぐかについて決定打ともいうべき方法がなかったということと、もうひとつ、米は日本人にとって主食であるのに、家畜の飼料にする米を同列に扱うことへの抵抗感が強かった。

ところで飼料用米の導入も関係してか、日本では米不足が起きているといわれる。日本では一九七〇年代ころからずっと米余りであるかにいわれてきたが、業務用米といわれる米が足りなくなっている。業務用米は高級料亭などを別とすれば外食、中食などを中心に使われている。ところがＮＨＫが二〇一七年三月一六日に報じたところではその必要量二五〇万ｔに対し生産量は一二〇万ｔにすぎない。

一般家庭や高級料理店などに向けた「ブランド米」といわれる高い米への転換も、業務用米を圧迫している。農家にとっては、量で勝負し補助金がある飼料用米か、あるいは技術を磨いて頑張れば高く売れるブランド米でなければ経営的にはやってゆけない事情がある。さらに最近の農家の高齢化、後継者不在は年ごとに深刻の度合いを増している。このままでは、稲作そのものの持続性に赤信号が灯るだろう。

このように先が見通せない日本の稲作とイネ品種だが、先を見通すには過去を知らなければならない。よく「未来志向」などという言葉で歴史を見ることを避ける人がいるが、いくら未来志向でも過去をふまえない未来はないだろう。本書がイネ品種の多様性について、時代を追って解説しようとする意図はそこにある。

第1章の宇田津はプラントオパールという直径数十ミクロンの微化石をつぶさに調べることで、太古の時代のイネの姿を明らかにしようとした。宇田津の扱う時代はおそらく品種などなかった時代のことである。考古学と自然科学が手をつないで今までにはわからなかったことが見えてくるところが、研究のだいご味である。さらに宇田津の論文では、プラントオパールからDNAをとるという、これまでにはない新たな方法が紹介されている。

文字が登場してからは書かれた歴史を紐解くことで過去の品種の姿が見えてくる。第2章の平川の論考は「木簡」という木の札に書かれた品種の名称を網羅的に調べることで、品種の概念や品種の歴史に迫ろうとしている。研究の手法としては文献研究の手法を踏襲しつつも、稲作の技術や農事歴にも言及するユニークなものとなっている。

現存するさまざまな品種の特性をくわしくみてゆくことで古い時代の品種の姿が浮き彫りになることもある。第3章は長年にわたって特異的な形質を持つイネ品種の研究を続けてきた猪谷の論文で、玄米表面に赤や黒（正確には暗紫色）の色を持つ米などの歴史が紹介されている。加えて、こうした形質は古くから品種の識別に用いられてきた。品種名にも、色や香りの有無がよく登場する。本章ではこれからの活用に関する社会学的な分析が加えられている。つまり、過去と、現在・未来をつなぐ論考になっている。過去と現在、未来をつなぐ意味ではおもに近代以降のイネ品種の成立はその背景に、文書の解析とDNA分析の両面からせまった花森の論文（第4章）も注目に値しよう。このようにこれらの論文は、文と理の境界を越えてそれぞれがカバーする時代やテーマについてイネ品種の多様性に関して論及している。

そして最後の章は趣きを少し変え、大和（たいわ）学園・京都調理士専門学校の仲田雅博校長とわたしの対談とした。仲田校長は、ご自身も調理人として活躍しなから同校の校長を務められ、京都の料亭料理の事情にもっとも明るい方で、本対談では、米の料理を中心に大いに語ってもらった。現代のように食の分野にあって生産と消費がひどく乖離した時代には、消費産物である米しか見る機会がない消費者には、生産のシステムあるいは「イネ」はおよそ観念上のものとなる。生産者は、イネを見続けてきたが――もちろん彼らは米の消費者でもあるのだが――都市部の消費者の「米」の感覚に触れる機会がなかなかなかった。両者の視点をつなぐ試みがまったくなかったかといえばむろんそのようなことはない。両者を機械的に二分することへの批判もあるだろうが、それでも両者が「隔離」されてきた事実が消えるわけではない。本章の試みの一つは、イネと米を一体的に理解することでもある。

目次

第1章　出土するプラント・オパールの形状からみた多様性

宇田津徹朗

一、はじめに

多様性を評価するためには、「評価の対象をあまねく集めること」、「評価したい内容を比較できる高い精度の物差しを準備すること」の二つが必須である。本書で取り上げられている遺伝子分析など他の分析方法が、特に後者に優れているのに対して、プラント・オパールとその分析法は、前者において優れた特性を持つ。

本章では、まず、プラント・オパールの植物遺体としての特性の紹介と東アジアや日本の稲作研究におけるプラント・オパール分析法のデータから得られた成果を述べる。また、最後に、他の分析法と比べてプラント・オパール分析の弱点とされる「評価したい内容を比較できる精度の高い物差し」という点を克服するべく、現在、筆者と共同研究者が取り組んでいる最新の研究とその成果について紹介することとしたい。

二、植物遺物としてのプラント・オパールの特性とその分析法

植物遺体とは、言葉のとおり、植物が遺す植物体そのものやその一部である器官や部位である。本書の他の著者が分析対象としている炭化米や炭化籾は、イネの遺体として良く知られている。ここで、とりあげるプラント・オパール（Plant Opal）は、イネ科やブナ科などの細胞に由来する非常に微小（大きさが数十㎛から二〇〇㎛程度：一㎛は一〇〇〇分の一㎜）な植物遺体である。そのため、そ

の発見の経緯と利用の歴史も他の植物遺体と大きく異なる。そもそもプラント・オパールは、土壌学の分野での地層分類において、A層と呼ばれる地表土の構成粒子においてのみ、確認される土粒子として発見された。その後、その給源が植物であることが確認され、「植物起源土粒子」としてその存在が明らかとなる。プラント・オパールという名称は、その研究過程で、イギリスの研究者のスミスソンによって名付けられたものであり[1]、日本でも良く知られているが、海外では、ファイトリス（Phytolith）や植物蛋白石と呼ばれるのが一般的である。

ここでは、プラント・オパールの植物遺体としての特徴をその形成や残留メカニズムに照らしながら三つにまとめて説明し、それぞれの特徴を利用した分析法を紹介する。

特性その一　形態

植物が根から吸収した珪酸（SiO_2：ガラスの成分）は葉や茎、種皮等の表皮細胞の細胞壁に蓄積され、それらの細胞の寿命がつきる頃には、蓄積された珪酸により細胞の形状を止めたガラス体が形成される。植物体が生存している間は、このガラス体は植物珪酸体（silica body）と呼ばれる。植物体が枯死した後、有機物部分は分解され、無機物である植物珪酸体が土壌中に残留し、土壌を構成する土粒子となる。これがプラント・オパールである。こうした残留の過程から、プラント・オパールは植物起源土粒子とも呼ばれる。

植物珪酸体が形成される主な細胞には、亜鈴細胞、棘細胞、機動細胞などがある。中でも機動細胞珪酸体は、イネ科植物の連（族）・属によって形態が異なっており、機動細胞珪酸体や土壌から

1　F. Smisthon (1956) Plant opal in soil. *Nature* 178 : 107.

検出されたプラント・オパールの形態から、それらを生産した植物（給源植物）の同定が可能である（写真1）。ただし、すでに述べたようにプラント・オパールの給源植物はイネ科やブナ科が主体であり、花粉からその給源植物を同定する花粉分析に比べると同定できる植物の種類や数は限定的である。[2]

形態を利用した分析法としては、プラント・オパール定性分析法がある。この方法は、土壌中に含まれるプラント・オパールを抽出し、その大きさや形態を植物珪酸体標本と比較照合することで、当時、地表にどんな植物が存在したのかを明らかにする方法である。

また、栽培イネ（*Oryza sativa* L.）については、そのプラント・オパールの形態（形状や大きさ）によって、亜種や生態型によって違いがあることが明らかになっ

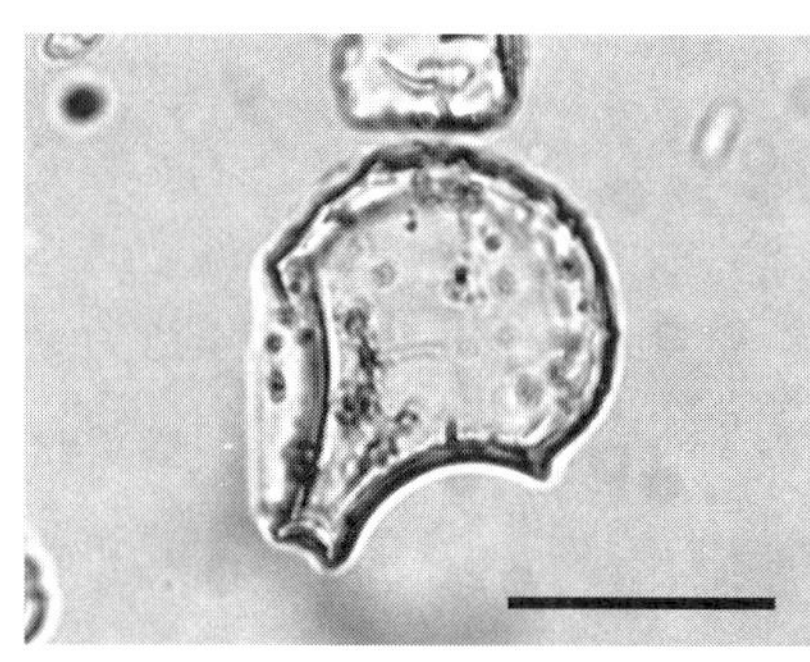
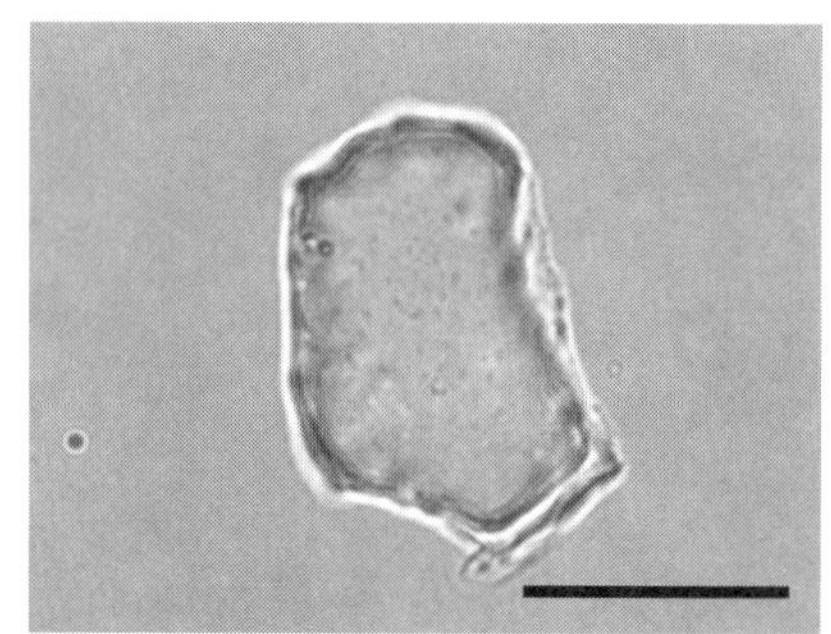
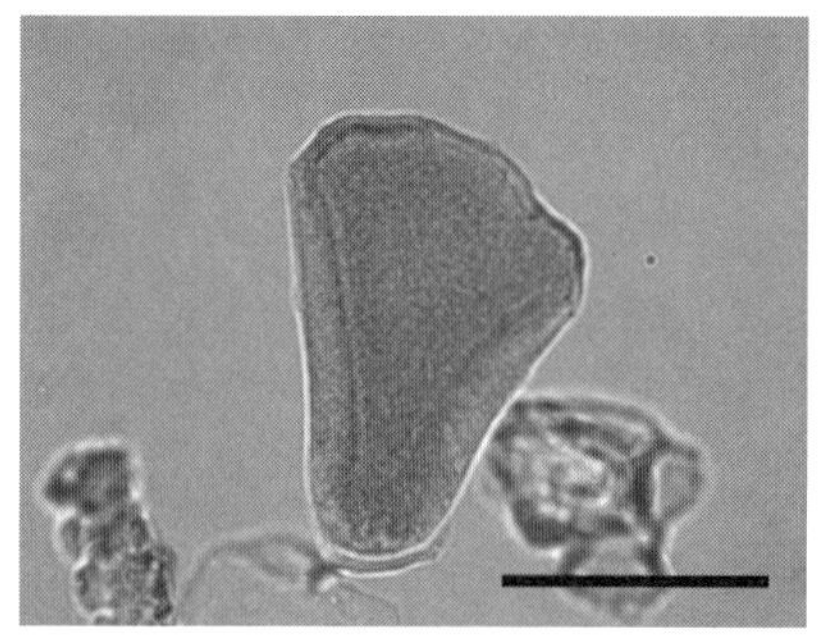
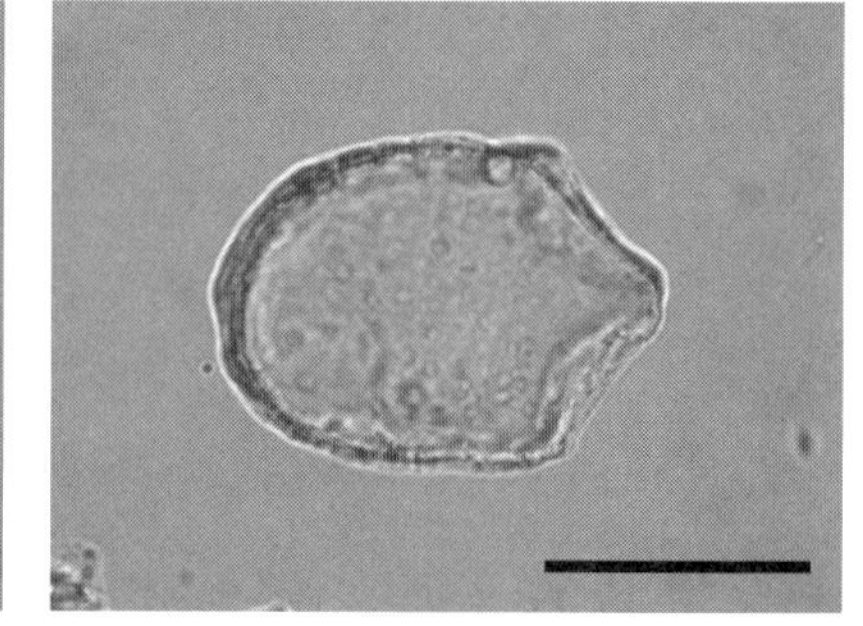

写真1　イネ科植物の機動細胞珪酸体
（左上：イネ、左下：ススキ属、右上：タケ亜科、右下：ヨシ属）スケールは50μm

ている（写真2）。温帯ジャポニカは集約的な水田稲作に適しており、熱帯ジャポニカは比較的厳しい栽培環境においても一定の収量が期待できる[3]。したがって、当時栽培されていたイネの亜種や生態型を推定することができれば、当時の稲作を詳細に知ることができる。

イネプラント・オパールの形態を利用した分析法が、プラント・オパール形状解析法である。この方法は、現生の在来品種については、八〇〜九〇％程度の確かさで判別が可能である[4]。プラント・オパールの形状は、画像解析装置を用いて無作為に選んだ五〇個について測定を行い（図1）、これらの平均形状を用いて、亜種の判別や生態型を推定する。

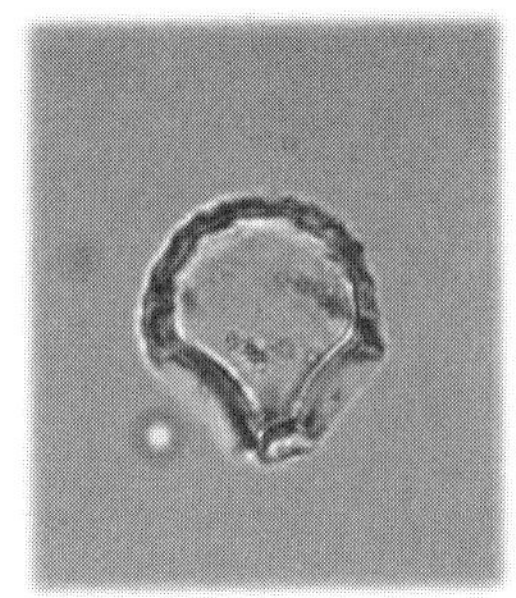

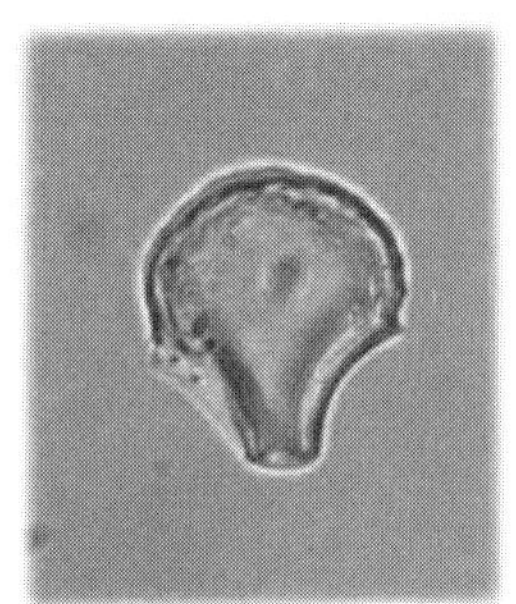

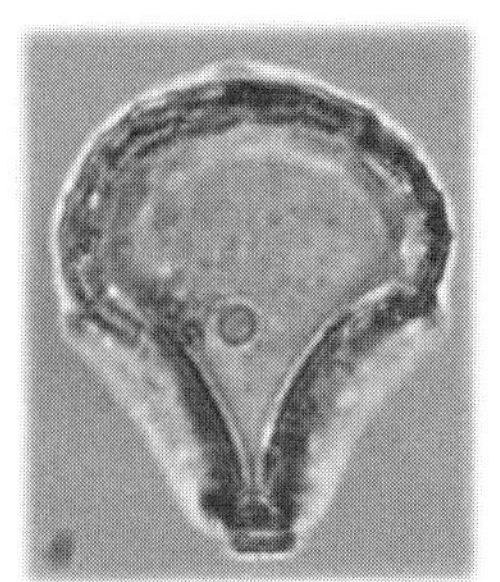

写真2　イネプラント・オパールの亜種と生態型の形状

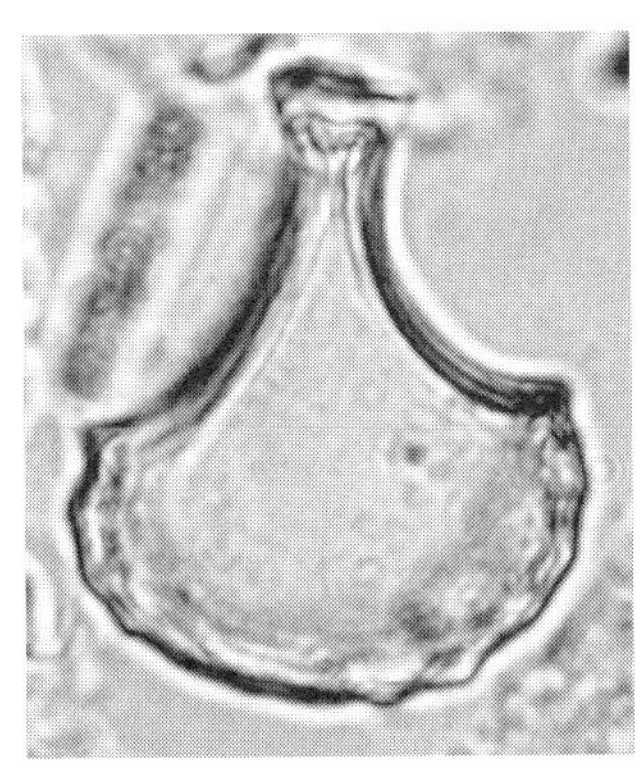

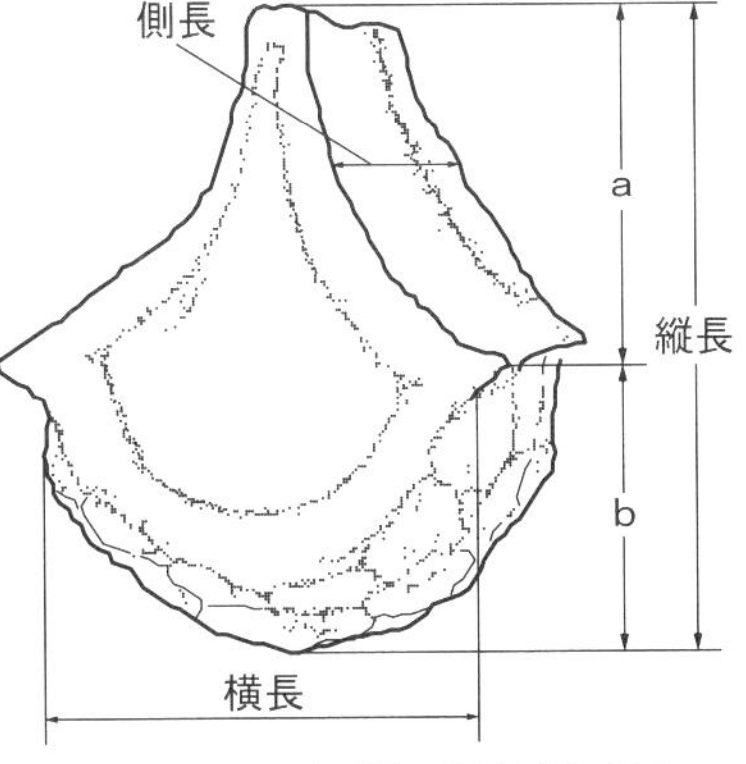

図1　機動細胞由来のイネプラント・オパール（左）と形状の測定部位（右）

特性その二　風化耐性と残留密度

花粉は同定の対象となる植物が豊富であり、湿地や湖底堆積物などでは長期間にわたり残留できるが、乾燥した環境では分解消失してしまう。これに対し、プラント・オパールは、その組成（非結晶のガラス）から、結晶鉱物には及ばないものの土壌中の化学的・物理的風化に高い耐性を備えている。そのため、花粉の残留が難しいような乾燥した土壌でも、数万年程度は土壌中に残留することが確認されている。[5]中でも、機動細胞珪酸体は、珪酸の蓄積が厚く充実しており、風化耐性においても特に優れている。

写真3は、イネの葉身を焼成した灰像（かいぞう）の画像である。写真の左右方向が、葉脈の方向に対応している。明確な形を有している粒子はすべて植物珪酸体であり、中でも比較的大きな四角状のものが機動細胞（図1の測長からの画像のため四角に見える）、その上下に並んでいる小さなものが亜鈴細胞に由来するものである。ご覧いただくとお分かりのとおり、機動細胞珪酸体は、葉脈に沿って不連続に並んでいる。しかし、これは、機動細胞が葉の中でまばらに存在しているわけではなく、細胞は途切れることなく、連続して並んでいるが、珪酸の蓄積が細胞によって違い（バラツキ）があることによる。

また、画像は、葉身のわずか〇・七×〇・五㎜程度の範囲を撮影したものであるが、ここで確認できるだけでもその数は一〇〇を超えている。したがって、葉身中に形成される植物珪酸体は、イネの品種によっても異なるが、大きな葉身一枚であれば二〇万個ほどになる。そのため、イネを一定の期間、栽培していた場所であれば、その耕作土に還元されプラント・オパールとなる植物珪酸

2　宇田津徹朗（二〇〇三）「プラント・オパール分析」、『環境考古学マニュアル』松井章編、同成社、一三八－一四六頁。

3　佐藤洋一郎（一九九六）『DNAが語る稲作文明』、NHKブックス。佐藤洋一郎（一九九九）『DNA考古学』、東洋書店。佐藤洋一郎（二〇〇八）『イネの歴史』、京都大学学術出版会。

4　王才林、宇田津徹朗、藤原宏志、鄭雲飛（一九九六）「イネの機動細胞珪酸体形状における主成分分析およびその亜種判別への応用」、『考古学と自然科学』三四、五三－七一頁。

5　前掲：宇田津（二〇〇三）。

体の数は、土壌一g当たりで数千個にも達する。

通常、炭化種子や堅果類などの植物遺体の検出は、遺跡の発掘にともなって、それらが含まれる可能性が高い住居や貯蔵穴などの土壌を採取して洗浄することで検出作業が進められる。それでも、こうした植物遺体の検出は偶発的で、検出そのものが報道対象になる程である。一方、プラント・オパールの場合、その高い残留密度から、逆に特定のプラント・オパールが含まれる地層や土壌を明らかにすることで、作物が存在した場所（水田や畑など）を探索する「生産遺構探査」に利用されている。[6] また、プラント・オパールは収穫の対象とならない葉身の細胞に由来しているため、藁の利用の影響も無視はできないが、交易など人為的な移動の対象となる種子と比較すると、基本的には作物が生産された場所とその近傍のみに残留する点も探査に適している。こうした、特性を利用して、土壌中に含まれているプラント・オパールの密度から給源植物や作物の生産量を推定するのがプラント・オパール定量分析法である。植物の種子や葉などの各部の重量とプラント・オパール数との関係を明らかにした係数（これを珪酸体係数と呼ぶ）を求めておくことにより、例えば、二〇〇〇年前の水田土壌に含まれるイネのプラント・オパール密度から、当時のイネの生産量の推定値を算定することができる。無論、珪酸体係数はイネの品種にかかわらず同じというわけではないので、推定値は、一定の幅を持って評価する必要があるが、生産性という稲作の量的な評価ができるため、農耕研究においてはよく利用されている。

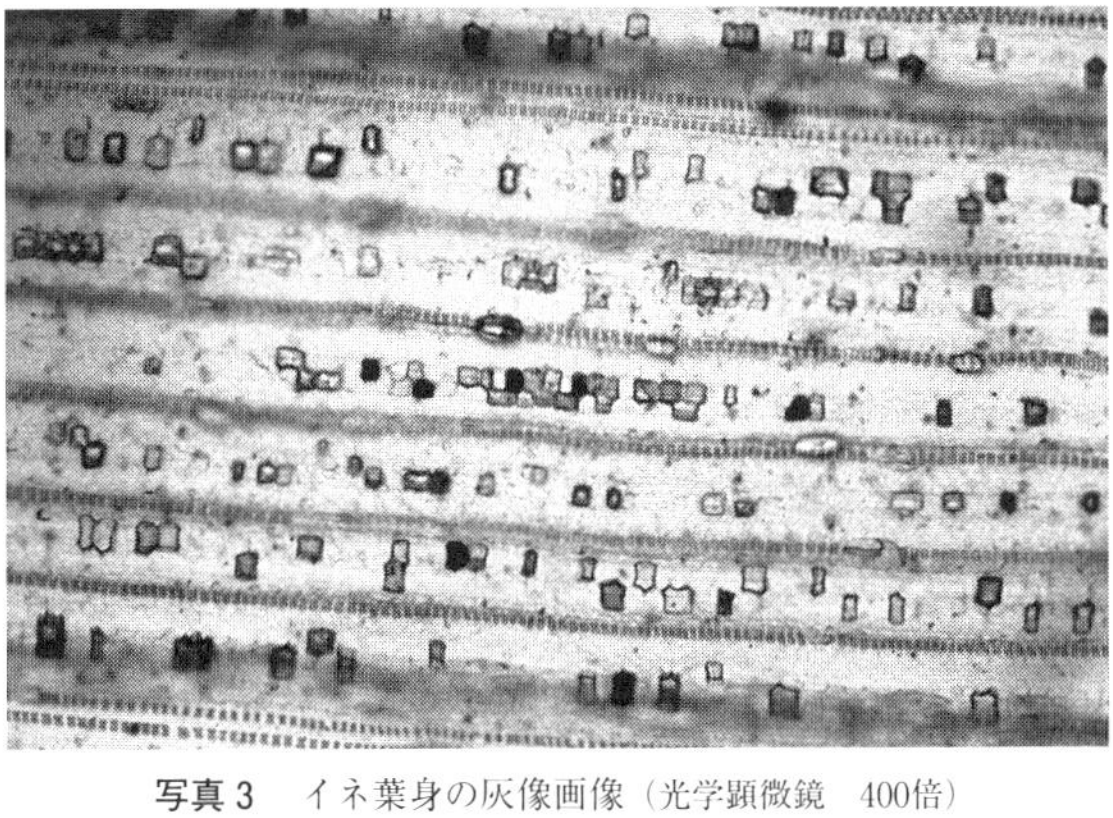

写真3　イネ葉身の灰像画像（光学顕微鏡　400倍）

6　前掲：宇田津（二〇〇三）。

生産遺構探査

水田は、湛水（水をためる）する必要があるため、水平に造成される。これは、凸凹している自然地形においては、極めて「不自然」である。加えて、水田の土にはイネのプラント・オパールが含まれていることから、地下に埋蔵されている水平でかつイネのプラント・オパールが含まれる地層を見つけることで、古代の水田の所在を明らかにすることができる。探査では、写真4のようにボーリング（地下の土壌を細い円柱状の柱で取り出す）で地下の土を採取し、プラント・オパール分析を行い、その深さと範囲を明らかにしてゆく。我が国においては、この方法によって、縄文時代晩期から弥生時代の数多くの水田址が探査・発掘されている。[7]

写真4　ボーリング調査

7　藤原宏志（一九九八）『稲作の起源を探る』、岩波新書。

特性その三　耐熱性

種子や植物体などの有機物の多くは、二五〇～四〇〇℃程度で発火し焼失してしまうのに対して、組成がガラスであるプラント・オパールは、一般的な非結晶ガラスの融点である七〇〇～八〇〇℃までは自形を維持することが可能である。そのため、植物体が焼成され、形が失われても、その灰には植物珪酸体がそのまま残されている。中国では、発掘によって灰坑（はいこう）（huikeng）と呼ばれる植物の灰で埋まった土坑がしばしば検出されるが、以前、筆者が分析を行った際には、イネのプラント・オパールが一g当たり三〇万個ほど検出され、ほぼ稲藁の灰であったと推定された。[8]

日本では一〇〇〇℃を超える温度で還元焼成される須恵器以前の土器（縄文式土器・弥生式土器・土師器：焼成温度が七〇〇〜九〇〇℃程度）の胎土（土器を構成する土）に含まれるプラント・オパールも同様に自形が保たれている。灰については、プラント・オパール以外の粒子を除去することで、先に述べた各種プラント・オパール分析に供することが可能である。

焼成温度が七〇〇〜九〇〇℃程度の土器の中に含まれているプラント・オパールを取り出して、定性または定量分析を行う方法が土器胎土分析法である。[9]これらの土器は、粘土を中心とした土の粒子が焼き固まった状態で形作られており、その状態を解除することで、土器をほぼ元の土の状態に戻すことができる。具体的には、土器を水の中に沈め、密閉容器内で減圧状態にすると、土器中の空隙に水が入り込むことで、焼き固まった粒子の結びつきが解かれることになる。

この分析法は、土器からプラント・オパールを取り出す方法はもちろんであるが、一番の特徴は、プラント・オパールが含まれる土器の形式によって、給源植物が存在した時代の下限（少なくとも土器が製作された時点より古いと言える）を決定できることである。

特に、日本など、ヒプシ・サーマル期（現在から五〇〇〇〜七〇〇〇年位前の地球全体が暖かかった時期）も含めて、野生イネが存在していない地域では、検出されたイネは、栽培イネと判断することができるため、稲作が開始された時代を調査する方法として、よく利用されてきた。[10]

8　宇田津徹朗、藤原宏志、湯陵華、王才林（二〇〇〇）「新石器時代遺跡の土壌および土器のプラント・オパール分析─江蘇省を中心として─」、『日本中国考古学会会報』一〇、五一─六六頁。

9　前掲：宇田津（二〇〇三）。

10　藤原宏志（一九八二）「プラント・オパール分析法の基礎的研究（四）─熊本地方における縄文土器胎土に含まれるプラント・オパールの検出─」、『考古学と自然科学』一四、五五─六五頁。

特性がもたらす弱点

これまで述べてきたように、プラント・オパールは、他の植物遺体と異なり風化耐性に優れた無機物であること、また、探査に利用できるほどの残留量があることから、炭化種子など他の植物遺体と比べて突出した残留性を備えている。これが優れた特性であることは間違いないのであるが、時として、弱点にもなる。具体的には、プラント・オパール以外の植物遺体が検出されないため、稲作に関する分析データがプラント・オパールのみというケースが生じることである。一般に、複数の異なった視点や方法を用いた分析結果によって同じ事実が確認された場合、その内容には大きな信頼性と説得力が備わる。一方、ある方法では確認できるが、他の方法では全く確認できないという場合、その結果が真実であっても、なかなかその信頼性の証明や確保は難しい。

一般に、ある特定の分析法によるセンセーショナルな研究結果が公にされると、その真偽が話題とされる。そのため、発表した研究者は、その前に自己検証、すなわち、試料汚染や分析手順の間違いの有無、再度同じ分析を行って同じ結果が得られるか（再現性）といった点検を行うのが通例である。

しかし、これらの中で、やっかいなものが「試料汚染（contamination）」である。これは、分析試料の採取から実験室で分析を行うまでのプロセスにおいて、何らかの原因で試料が汚染（分析の妨げとなる物質や他の試料が混じり込む）されることである。炭化米など肉眼で捉えることができるものであれば、分析の過程を記録しておいて検証することも可能であろうが、プラント・オパールや花粉、さらにＤＮＡ等は、肉眼では捉えることができない大きさであるため、試料汚染の検証には限界があり、その対策は「十分に注意をする」という域を出ることが難しいのが現状である。

頭の痛いことに、プラント・オパールは、水田土壌であれば、わずか一gの中に数千個以上も含まれているため、分析試料を採取する際に新しい水田の地層の土がわずかに付着したり埃程度でも混じりこんだりすれば、たちまち試料汚染が生じる。そのため、我々は、試料汚染への様々な対策を講じている。一般的な対策である「使用する器具や薬品は使い捨てで再利用しない」、「コントロールとよばれる試料汚染や処理の間違いを比較検証できる分析試料を作成する」などはもちろんであるが、さらに、「未処理の試料を保管し、第三者による検証ができるようにする」、「試料をブロックで採取し、分析を始める際に、ブロックの表面を除去して中心部分を使用する」などの対策も実施している。

多様性を見る「物差し」としてのプラント・オパールの特性と仕組み

写真5は、実験的にコシヒカリの水田に明治から昭和四〇年代くらいまで栽培されていた主要なイネを栽培したものである。同じ土、水、日照、肥料などの条件下で栽培してもその外観は大きく異なっていることが分かっていただけるはずである。このように、多様なイネが栽培された水田には、形状の異なるイネのプラント・オパールが遺されることになる。

さらに、プラント・オパールは収穫の対象とならないイネの葉身中の機動細胞珪酸体に由来するため、稲藁が水田から持ち出される場合を除くと、栽培された

写真5　在来イネ（右）とコシヒカリ（左）

全てのイネのプラント・オパールが水田に遺されることになる。一方、炭化米は収穫対象のため、遺される数がそもそも少なく、また、地層によっては、分解消失するため、仮に、稲作が複数の地層の時代で営まれていても、炭化米の検出状況に反映される保証はない。この点では、プラント・オパールは、栽培されたイネの変遷を地層の単位で調査分析する対象として最適な遺物と言えよう。

ただし、現在のプラント・オパール分析では、炭化米のＤＮＡ分析のように、一つのプラント・オパールからデータを得ることは難しく、五〇個以上のプラント・オパールの形状（平均値）から由来するイネを推定している。したがって、得られるプラント・オパールのデータは、その地層で栽培された時間や量が最も多く（主体的に）栽培されたイネを反映したもの（形状）となる。

このような特性を踏まえ、プラント・オパールを利用して、次の二点から栽培されたイネの多様性を推定する。

・プラント・オパールの形状から熱帯ジャポニカから温帯ジャポニカの変化を見る

熱帯ジャポニカは粗放な栽培で温帯ジャポニカは集約的な栽培で力を発揮するイネである。一般に、集約性は栽培の多様性と逆の関係にある。そこで、各地層のプラント・オパールの形状から、栽培されたイネが熱帯ジャポニカか温帯ジャポニカかを分析する。

・プラント・オパールの形状のバラツキを見る

イネの品種によって、プラント・オパールの形状は異なる。したがって、検出されるイネプラント・オパール形状のバラツキから栽培されたイネの多様性を比較推定する。

三、プラント・オパール分析データから見る東アジアの稲作の発達と日本の稲作の変遷

イネの利用の始まりから水田稲作の成立までのプロセス

人類が経験した最後の氷河期であるヴィルム氷期が約一万年に終わると、地球の気温は上昇を始め、今から八〇〇〇～六〇〇〇年前にはヒプシ・サーマルと呼ばれる温暖期が続く。この時期には、低緯度地帯にあった野生イネはその北限を現在の長江の南側まで拡大したとされる[11]。また、極地の氷が水へと解放され、海水面が上昇し、海岸が内陸に入り込む。大気の循環が活発となり、降水量の増大と河川の発達が促進され、河口部に土砂の堆積が進み、長江デルタをはじめとする沖積低地の形成が進む。こうした地域は海抜が低く、水辺や水際には、降水によって乾燥と湿潤が頻繁に変化する攪乱（かくらん）環境が広がる。

野生イネを含むイネ科植物は、こうした攪乱環境下で、有利な生存競争を展開し、勢力を広げてゆく。一方、人は、温暖化がもたらすプラスマイナスの変化（動植物などの食料資源の増加や海水準の上昇による生活圏の消失など）の下で、これまで築きあげてきた採集狩猟技術の大幅な見直しを迫られたことは想像に難くない。その中で、彼らは、自分たちの生活域の周辺に広がる低湿地に繁茂している野生イネの群落に、新たな食料資源としての可能性を見出したと考えられる。

人によるイネの利用を示唆する早期のものは、一万年以上前の湖南省の玉蟾岩遺跡や江西省の吊桶環遺跡ならびに仙人洞遺跡が知られている。その具体的な根拠としては、洞窟内に野生イネが持

11　中村慎一（二〇〇二）『稲の考古学』、同成社。前掲：佐藤（一九九九）。

ち込まれたことを示す籾などが挙げられている。[12] 完新世以降、特に一万年～八〇〇〇年になると、長江の中下流域で籾殻やプラント・オパールなどが検出される新石器時代の遺跡が多数見つかる。下流域では、浙江省の上山遺跡、小黄山遺跡、跨湖橋遺跡、中流域では湖南省の彭頭山遺跡や八十垱遺跡などである。[13] これらの遺跡では、「土器の胎土に多量の籾が確認される」、「遺跡土壌からイネのプラント・オパールが高密度で検出される」、「炭化米が出土する」など、栽培については判断が難しいが、検出されるイネ遺物の数量から人による積極的なイネの利用が行われる段階に達したことは間違いないと言えよう。

さらに、時代が進み七〇〇〇年前になると、遺跡の立地や農具の出現など、人によって何からのイネの栽培が行われていたと推定される遺跡が確認されるようになる。その代表と呼べるものとして浙江省余姚市に所在する河姆渡遺跡と田螺山遺跡が挙げられる。[14] この二つの遺跡は、寧紹平原に位置しており、一〇㎞も離れていない。両者は、いずれも現在の海抜でも数メートルの低地に位置しており、当時の人々は、湿地に木の杭を打ち、その上に高床式の住居を築き、生活を営んでいた。また、木製の櫂も出土している。両遺跡に先行する跨湖橋遺跡から丸木舟が出土していることから、この地でも、移動手段に舟が用いられていたと考えられ、当時の人々が低湿地の環境に高度に適応していた様子がうかがえる。[15]

さて、これらの遺跡の時代は、先に述べたヒプシ・サーマル期にあたり、周辺の湿地や湖沼には温暖化によって勢力を拡大した野生イネが広がっていたと考えられる。事実、これらの遺跡からは、大量のイネ籾や炭化米が出土し、土壌からは極めて高い密度でイネプラント・オパールも検出されている。さらに、量的な面だけでなく、骨耜（こっし）とよばれる鹿や水牛などの肩胛骨を木の柄に縛り

12 前掲：中村（二〇〇二）。

13 甲元眞之（二〇〇一）『中国新石器時代の生業と文化』、中国書店。前掲：中村（二〇〇二）。

14 浙江省文物考古研究所（二〇〇三）『河姆渡—新石器時代遺址考古発掘報告』、文物出版社。李安軍編（二〇〇九）『田螺山遺跡　河姆渡文化新視窗』、西泠印社出版社。

15 浙江省文物考古研究所・蕭山博物館（二〇〇四）『跨湖橋』、文物出版社。

付けた農具（鋤の一種）も多数出土しており、人による何らかの栽培行為が存在したことが推定されている。こうした考古学データに加え、出土したイネの「脱粒性」をつかさどる組織の形態分析から、河姆渡遺跡および田螺山遺跡のいずれについても野生イネだけではなく栽培イネも存在していたことが推定されている。[16]「脱粒性」は、登熟した種子が自然に離れて地面に落下することで、鳥獣に捕食されないようにするイネの生き残り戦略である。この性質は人間にとっては収穫効率を下げる、極めて都合が悪いものであるため、栽培イネには失われている性質である。この分析から、田螺山遺跡では、出土植物種子に占めるイネの割合とそのイネに占める栽培イネの比率が時代の進行とともに増加することが報告されている。[17]さらに、プラント・オパール分析の結果からも、日本で発掘されている弥生時代の水田の場合と同程度あるいはそれ以上の密度のイネプラント・オパールが認められている。[18]このように、約七〇〇〇年前には、低湿地に定住した人々によるイネの栽培が始まったと考えられる。しかし、生業における稲作の位置づけは、動物の骨や魚の骨、ヒシやオニバスの実など、多種多様な動植物の利用が確認されていることから、これらの遺跡では、稲作はまだ基幹的な生業技術には達してなかったと考えられる。

時代が進み、およそ六〇〇〇年になると、長江の中下流域ではデルタの形成が進み、初期の水田が確認されるようになる。中流域では湖南省の城頭山遺跡、下流域では江蘇省の草鞋山遺跡などが代表的である。ここでは、筆者も調査と発掘に参画した草鞋山遺跡の水田を例に、初期水田と当時の稲作について見てみよう。

草鞋山遺跡は、江蘇省蘇州市、上海蟹の産地として有名な陽澄湖の南岸に位置する馬家浜文化期（六〇〇〇年前）から春秋時代（二四〇〇年前）にかけての遺跡である。[19]遺跡周辺は、クリークが巡る

16　Fuller, D. Q. Qin, L. Zheng, Y. F., Zhao, Z. J., Chen, X. G., Hosoya, L. A., Sun, G. P. (2009) "The domestication process and domestication rate in rice: spikelet bases from the Lower Yangtze", *Science* 323: 1607-1610.

17　前掲：Fuller, D. Q., *et al.* (2009)

18　宇田津徹朗、鄭雲飛（二〇一〇）「遺跡土壌のプラント・オパール分析」、『浙江省余姚田螺山遺跡の学際的総合研究』中村慎一編、六九-七八頁。

19　南京博物院（一九八〇）「江蘇呉県草鞋山遺址」、『文物資料叢刊』、北京、一-五四頁。

低地水田地帯である。馬家浜文化期は、先の河姆渡遺跡や田螺山遺跡が帰属する河姆渡文化期とも並行する時期を持つ少し新しい長江下流域の文化とされている。

検出された水田は、遺跡の南西低地の地表下二m前後に埋蔵されていた（写真6）。水田土壌中の炭素による年代測定の結果、この水田がおよそ六〇〇〇年前の馬家浜文化中期のものであることが明らかにされた[20]。

また、各地層からイネプラント・オパールが高い密度で検出され、六〇〇〇年前から現在まで、継続的に稲作が営まれたことが推定されている[21]。

当時の水田は、生土と呼ばれるレス（黄土）の堆積した地山層を一五～四〇㎝程度、掘りこみ、地形の谷部に沿って連なるように造成されていた。この水田には畦畔や水口などの基本的な構造が確認されているものの、一筆の面積は数㎡と弥生時代の水田の平均面積（一六㎡）と比べて小さく、その形も不揃いな不定形であった。

また、灌漑水路はなく、降雨などでもたらされた水や地下水が地山層の緻密なシルト質粘土によって地下浸透を遮断され、地表水として水田や周辺の低部に溜まったものを利用していたと考えられる。事実、水田の近傍の底部には、井戸状の掘込も検出されている。草鞋山遺跡で検出された初期水田は、日本で確認されている古代水田や中国に現存する水田とも異なることから、水田ではないという議論もあった。しかし、その後、江蘇省蘇州澄湖遺跡（崧沢文化）や同省昆山綽墩遺跡（馬家浜文化）から同様の水田が検出され[22]、現在では、灌漑施設を伴わない自然地形を利用した水田は初期水田の一形態とされる。

草鞋山遺跡の水田が造成された地山層は長江下流域の広い範囲に分布している黄土と呼ばれる識

20　日本文化財科学会シンポジウム「稲作起源を探る」実行委員会（一九九六）『シンポジウム稲作起源を探る―中国・草鞋山遺跡における古代水田稲作―』、七八頁。前掲：藤原（一九九八）。

21　宇田津徹朗、王才林、柳沢一男、佐々木章、鄒江石、湯陵華、藤原宏志（一九九四）「中国・草鞋山遺跡における古代水田址調査（第一報）―遺跡周辺部における水田址探査―」、『考古学と自然科学』三〇、二三―三六頁。王才林、宇田津徹朗、藤原宏志、佐々木章、湯陵華、藤原宏志（一九九四）「中国・草鞋山遺跡における古代水田址調査（第二報）―遺跡土壌におけるプラント・オパール分析―」、『考古学と自然科学』三〇、三七―五二頁。前掲：王ら（一九九六）

22　苏州博物馆澄湖遗址考古队（二〇〇四）「澄湖遗址甪直区抢救性发掘情况汇报」。南京博物院（二〇〇三）「綽墩山―綽墩遺址論文集」、『東南文化』、一七二頁。

別が容易な堆積層であることから、筆者らはボーリングにより、この層を基準とした水田の範囲確認調査を実施している。[23] 発掘域を中心に二km四方の調査を行った果、当時の水田が北六〇〇m、南五〇〇m、東西方向それぞれ二〇〇〜三〇〇mの範囲に広がっていたと推定した。その面積は、四四〜六六haに相当するが、水田として利用されたのはこの範囲内の谷部や窪地であり、「線状」に広がる水田として利用できた面積は限定的であったはずである。そのため、管理作業は効率が悪く、細かな栽培管理は困難で、粗放な栽培にならざるを得なかったと考えられる。播種や移植の問題については、直播栽培も考えられるが、直播の場合には、播種後の除草作業が必須であり、全体的な労働負荷を勘案すると移植栽培が行われていた可能性が高いと推定される。また、これだけの範囲に水田を造成し稲作が継続的に営まれたことから、栽培管理の労働面から見ただけでも、当時の稲作が生業においてすでに重要な位置を占める段階に達していたと言えよう。

写真６　草鞋山遺跡の水田遺構

さて、最後に、私達がよく知る水田、すなわち、自然地形の凸凹が整備され、方形に畦畔で区画された灌漑水路を備えた水田の成立であるが、二〇一〇年には、河姆渡遺跡や田螺山遺跡に近い浙江省杭州市余杭区に位置する茅山遺跡で、良渚文化中晩期の水田とそれにともなう大畦や水路が検出されている（写真７：写真の中央右側に

23　宇田津徹朗、湯陵華、王才林、鄭雲飛、佐々木章、柳沢一男、藤原宏志（二〇〇二）「中国・草鞋山遺跡における古代水田址調査（第三報）―広域ボーリング調査による水田遺構分布の推定―」、『考古学と自然科学』四三、五一―六六頁。

写真７　茅山遺跡の生産遺構面と大畦畔（提供　浙江省文物考古研究所）

上下に見える黒い帯状の部分が大畦畔と推定されている）。また、土壌からはイネのプラント・オパールが高い密度で確認されたことが報告されている。[24] 詳細はまだ明らかではないが、これが本格的な水田であることが確認されれば、この時期に水田稲作技術における画期が存在したことになる。

　本格的な水田稲作技術は、稲作にたずさわる人口を支える以上の生産、いわゆる「余剰生産」をもたらすことができる。この余剰生産と食料生産から解放された人口が生み出されることが都市型社会の形成に大きく影響する。茅山遺跡の水田は、良渚文化期（約五五〇〇～四二〇〇年前）に営まれたものである。この時代には、墳丘を築いた墓地がつくられ、副葬品として玉器とよばれる軟玉を加工したさまざまな装身具や祭器が出土している。こうしたことから、当該文化期には、社会の階層化や分業化が進み、一定の政治権力による都市が誕生したとも考えられている（中村 2002）。今後の研究の進展を待つ必要はあるが、こうした点からも、茅山遺跡が帰属する良渚文化期には本格的な水田と稲作技術が成立していた可能性が極めて高いと言えよう。

24　郑云飞、陈旭高、丁　品（二〇一四）「浙江余杭茅山遗址古稻田耕作遗迹研究」、『第四紀研究』第三四巻第一期、八五‐九六頁。

水田稲作技術の広がりと日本への伝播

先に述べた近年の研究成果に照らすと、一定の時間の幅をみる必要はあるが、現在から五〇〇〇~五五〇〇年くらい前には長江下流域で水田稲作技術が成立していた可能性が高い。この技術がどのように広がり日本へ伝播したかについては、主要なルートとして、「長江下流域からの直接伝播ルート」、「琉球列島を経由する南方ルート」、「山東半島から朝鮮半島を経由するルート」、の三つが知られている。

ここでは、この三ルートについて、技術の発信地と受信地の間の時代と農業技術の関係性から水田稲作の広がりと日本への伝播を整理してみたい。

長江下流域からの直接伝播ルート

すでに述べたとおり、長江下流域は野生イネの利用から水田稲作技術が成立するまでのプロセスが存在した地域の一つであることは間違いないと考えられる。したがって、稲作技術の伝播を検討する上で、当該地域と日本の稲作開始期との間には十分な時間差が存在していることは言うまでもない。

しかし、長江下流域の稲作は、水資源が豊富な長江デルタの形成にともなって成立拡大したという背景があり、山東半島のように基幹作物となる穀物の栽培技術において水田稲作技術と畑作技術が併存するという状況は想定しにくい。一方、日本の初期農耕技術については、稲作の存否についてはイネ資料の帰属年代などの検討を待つ必要があるが、キビやヒエなどの雑穀利用などの点から、焼畑など畑作の系譜の栽培技術が想定されている点ではほぼ一致が見られている。そのため、農業技術の共通性という点では、これまで整理してきた長江下流域の稲作と日本の初期農耕を結びつけることは難しく、直接ルートを支持するには難しい状況にあると言えよう。

琉球列島を経由する南方ルート

日本への稲作伝播が論じられる場合、中国南部から台湾そして琉球列島を経由して九州へと繋がるとされる「南方ルート」は、その伝播経路の一つとしてあげられてきた。当該ルートの発信地とされる中国南部には、焼畑など畑作系譜の在来農業技術が存在しており、農業技術という点では日本の初期農耕と技術的な共通性に矛盾しない。しかしながら、時代の関係という点では、琉球列島において、九州の弥生時代に並行する時代（琉球列島の編年では貝塚時代）の稲作の存在を証明あるいは示唆する具体的なデータについては非常に乏しい状況にある。

筆者は、五年間にわたり、奄美大島から先島諸島に至る各島について、貝塚時代ならびに続くグスク時代（十一・十二世紀～十五・十六世紀）の遺跡について、遺跡土壌や在地性の高い出土土器についてプラント・オパール分析を実施し、琉球列島における稲作開始期ならびに貝塚時代における稲作の存否について調査を実施した。当該調査は、文部科学省科学研究費補助金に「縄文時代における稲作伝播ルートに関する実証的研究」の一環として行ったものである。[25] 表1は琉球列島に所在する三一遺跡について（図2）調査分析を実施し、イネプラント・オパールが検出された遺跡とその

25　宇田津徹朗（二〇〇四）『縄文時代における稲作伝播ルートに関する実証的研究』、平成一二年度～平成一五年度科学研究費補助金（基盤研究（B））研究成果報告書、一〇四頁。

表1　イネプラント・オパールの検出状況

調査地域・遺跡名	検出状況		
琉球列島	イネP.O.	検出試料	時代
フルスト原遺跡	検出	土壌・土器	グスク
喜田盛遺跡	検出	土器	グスク
ビロースク遺跡	検出	土器	グスク
野底崎遺跡	検出	土壌	グスク
富野岩陰遺跡	検出	土器	グスク
根間西里遺跡	検出	土壌	グスク
住屋遺跡	検出	土壌・土器	グスク
砂川元島遺跡	検出	土壌	グスク
伊佐前原第一遺跡	検出	土壌	グスク
屋部前田原貝塚	検出	土壌	近世
赤木名グスク	検出	土壌	グスク

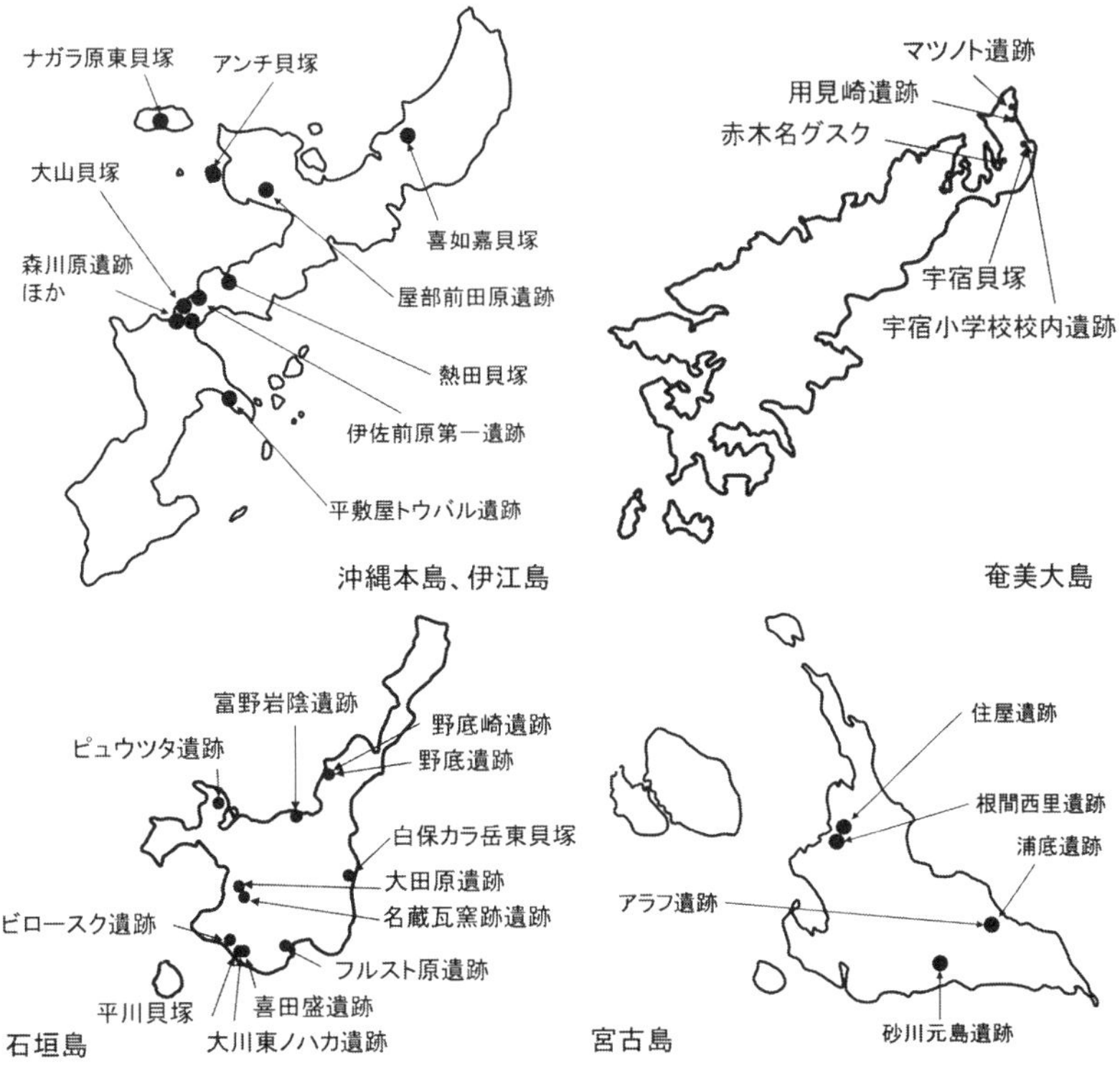

図2　調査遺跡の所在（琉球列島）

内容をまとめたものである。結果を見ると、イネが検出された一一遺跡は、いずれもグスク時代以降の時代に帰属するものであった。これらの遺跡は、今回調査をおこなった奄美大島から先島諸島の石垣島まで琉球列島を構成する主な島の全てに所在しており、この結果から、少なくともグスク時代には琉球列島全体で稲作が営まれるようになったことが分析的に確認されたと言える。

一方、貝塚時代の遺跡の試料からは土壌・土器いずれからもイネのプラント・オパールは検出できなかった。分析の特性上、検出できないという結果から稲作の存在を否定することはできないが、技術の伝播経路であれば、その経路上には一定の頻度や規模でその技術が活用されているはずであり、その痕跡が捉えられる可能性は高い。事実、グスク時代になると琉球列島全体で稲作が確認されている。こうした点から見ると、現段階では、琉球列島を経由した初期稲作の伝播の可能性を支持することは難しい状況にあると言わざるをえない。

山東半島から朝鮮半島を経由するルート

図3は、筆者が、稲作の拡散を検討するために、出土土器のプラント・オパール分析を行った遺跡の所在を示したものである。[26]遺跡の時代は、句容丁沙地遺跡（B.P.六五〇〇～七〇〇〇）、鎮江丹徒鎮四脚墩遺跡（B.P.五〇〇〇～六〇〇〇）、沭陽万北遺跡（B.P.五〇〇〇～六五〇〇）、泗洪梅花趙庄遺跡（B.P.四〇〇〇～四五〇〇）、連云港朝陽遺跡（B.P.五〇〇〇～六〇〇〇）、海安青墩遺跡（B.P.五五〇〇～六〇〇〇）、南京北月陽营遺跡（B.P.五〇〇〇～六〇〇〇）である。[27]

プラント・オパール土器胎土分析の結果、句容丁沙地遺跡、鎮江丹徒鎮四脚墩遺跡、連云港朝陽

26　宇田津徹朗、鄒厚本、藤原宏志、湯陵華、王才林、孫加祥（一九九九）「江蘇省新石器時代遺址出土陶器的植物蛋白石分析」、『農業考古』一九九九年一期（総五三期）、三六–四五頁。

27　南京博物院（一九八三）「江苏海安青墩遗址」、『考古学报』二、一四七–一九〇頁。南京博物院（一九九〇）「江苏句容丁沙地遗址试掘钻探简报」、『东南文化』一、二四一–二五四頁。南京博物院（一九九二）「江苏沭阳万北遗址新石器时代遗存发掘简报」、『东南文化』一、一二四–一三三頁。南京博物院（一九九三）「北阴阳营—新石器时代及商周时期遗址发掘报告」、文物出版社、一–一一七頁。

遺跡、海安青墩遺跡、南京北月陽菅遺跡の出土土器からイネプラント・オパールが検出されている。分析では土器は在地性の高い（その土地で製作された）ものを対象としている。もちろん、地域や土器の時代については一定の幅を見ておく必要があるが、これらの遺跡の年代（B.P.六〇〇〇～五〇〇〇）には江蘇省の北側まで稲作が広がっていた、あるいは稲作が存在していたと推定される。

　さて、さらに北方への稲作の拡大については、山東半島の新石器時代の遺跡からイネ遺物の検出が複数報告されており[28]、その可能性が示唆されている。

　江蘇省の北側には、秦嶺山脈と淮河を結ぶ秦嶺淮河線が存在しており、この線を境として、降水量や気温などの気候や土性などが大きく変化する。秦嶺淮河線の南側は、降水量、気温、土性ともに水田稲作に恵まれた環境であるのに対し、北側は、年間降水量が減少する（七五〇㎜以下）ため、稲作には厳しい環境となる。そのため、山東半島への稲作の拡散については、単純に炭化米などのイネ遺物の存在を根拠として範囲を確認する方法だけでは、栽培を伴わない交易などの人為的なイネの持込などを捉えるリスクが高くなる。そのため、当該地域への稲作の広がりについては、こうした地域が長江流域のイネと稲作を受容できたのかについて、在地の農耕技術との関連も含め検討と確認を行う必要がある。

図3　調査遺跡の分布

　まず、イネが作物として適応できたかという点に考えてみる。これまで、中国の新石器時代の土壌や土器胎土から検出

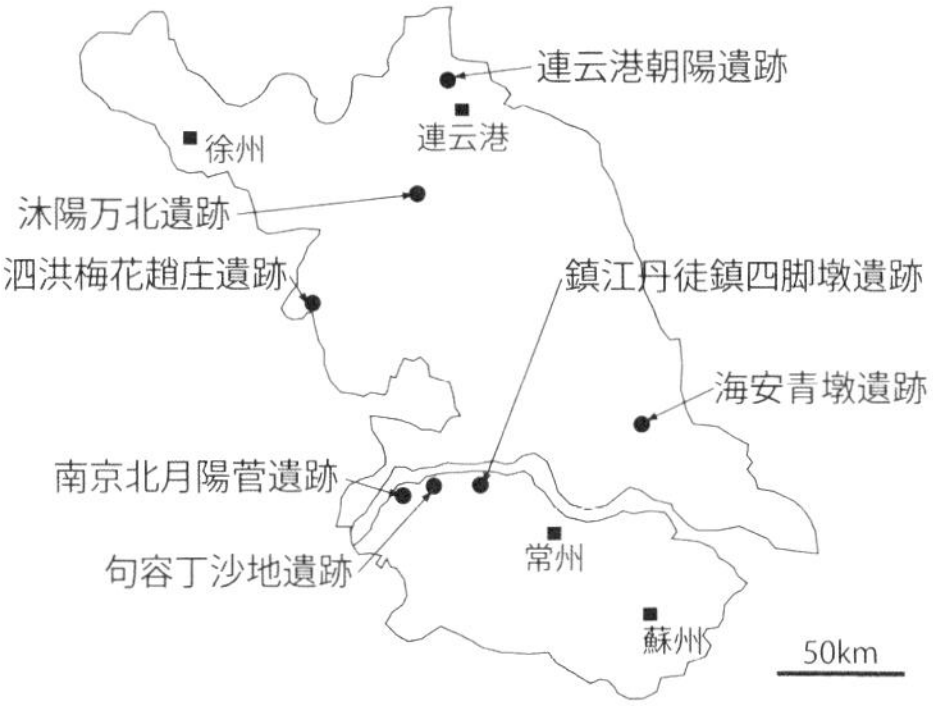

28　欒豊実（二〇〇四）「海岱地区先史農業の生成、発展及び関連する問題」、『東アジアと日本―交流と変容―』創刊号、一一―二三頁。

されたイネプラント・オパールは、形状解析の結果、いずれも、中国の在来イネ（粳稲：ジャポニカ）であったことが推定されている[29]。ジャポニカはインディカに比べて低温抵抗性に優れており、また、現在も日本や山東半島でジャポニカが栽培されていることからも、当時のジャポニカのイネも淮河以北への稲作の拡大に適応可能であったと思われる。まず、こうした地域の在来の農業技術は、現在そして新石器時代についても、華北の乾燥地に適応した雑穀農耕技術が基盤である。農業技術は農地をどんな地形や場所に造成し、水をどのように確保し（水利）、地力（作物が生育するための養分）を維持確保あるいは補給する事に対する持続可能かつ具体的な知識と個別技術によって形づくられたものであり、簡単に変更できるものではない。そのため、一般的には新しい作物は、在来の農業技術で受容できるかが吟味され、その技術に合うように取り込まれると考えるのが普通である。そう仮定すると、イネは雑穀農耕技術に取り込まれ、新たな輪作作物として栽培されることになる。しかし、イネはアワやキビなどと比べて必要とする肥料分が多く、乾燥や低温にも弱い作物であるため、ヒプシ・サーマル期以降の気候の寒冷化の時期を視野に入れると、低温抵抗性に優れるジャポニカでも栽培リスクは小さくなく、安定した収穫という基準では納得しがたい。むしろ、水田稲作であれば、深水栽培によって気温低下の影響を防ぐとともに、面積は限られても、在来の農業技術では穀物の栽培対象地でなかった湧水地や河川近傍の湿地をイネの栽培地として付加することができる。これは、食料生産の持続性と安定性という視点においては、イネを水田稲作技術とともに受容する理由となり得る。

それでは、先に述べた山東半島で確認されているイネ遺物はどのような稲作技術によってもたらされたのであろうか？　もし、この地域の新石器時代（山東龍山文化期）において、水田稲作が営ま

29　前掲：宇田津ほか（二〇〇〇）。前掲：宇田津ほか（一九九四）。前掲：王ほか（一九九四）。

れていたとすると、当該地域において、畑作技術と水田稲作技術が土地利用に応じて併存したことの証明となるだけでなく、当該地域が日本への稲作伝播の有力な候補地となる。すなわち、伝播の問題においては、送り手と受け手の時代の前後関係はいうまでもないが、同じく両者における「農業技術の共通性」が必須の条件と言える。現在のところ、水田稲作以前の日本における在地の農業技術としては、焼畑など畑作系譜の技術が想定されている。この技術の送り手としては、山東半島などの華北地域が想定されてきたが、水田稲作の存在の点から、疑問視されてきた。

そこで、筆者は、この答えを見つけるために、山東龍山文化期の二つの遺跡、楊家圏遺跡と両城鎮遺跡において水田遺構探査を実施し、水田稲作の存否の具体的検討を行っている。これらの調査は、科学研究費補助金による研究「日本水稲農耕の起源地に関する総合的研究」（研究代表者：宮本一夫）の一環として行われたものである。[30]

図4　楊家圏遺跡と両城鎮遺跡の位置

楊家圏遺跡は、烟台市の南西、山東省栖霞県に所在する大汶口文化から山東龍山文化の遺跡である（図4）。山東省文物考古研究所と北京大学によって発掘調査が行われ、龍山文化期の堆積層と灰坑から粟と籾殻が発見されている。[31] 両城鎮遺跡は、山東龍山文化期（B.C.二五〇〇〜B.C.二〇〇〇）に属する遺跡である（図4）。当該遺跡は、一九三四年に山東省日照県の東北、両城鎮の西北部で発見された。一九三六年に中央研究院歴史語言研究所により最初の発掘が行われた

30　宮本一夫編（二〇〇八）「日本水稲農耕の起源地に関する総合的研究」、九州大学大学院人文科学研究院考古学研究室。欒豊実、靳桂云、王富強、宮本一夫、宇田津徹朗、田崎博之（二〇〇七）「山東栖霞県楊家圏遺址稲作遺存的調査和初歩研究」、『考古』、二〇〇七第一二期、七八―八四頁。

31　山東省文物考古研究所、北京大学考古実習隊（一九八四）「山東棲霞楊家圏遺址発掘簡報」、『史前研究』一九八四年第三期。

後、山東省文物管理所・山東大学による調査が実施されている。[32]

楊家圏遺跡での水田遺構探査は、遺跡が立地する段丘上から清水河へ繋がる小さな谷によって形成された段丘面に当時の水田が存在する可能性が高いと考え、現地での聞き取り調査およびボーリングによる地下の堆積状況の調査を行い、遺跡の北側を調査区に設定した（図5）。

調査区を覆う調査グリッドを設定し、一〇〜二五m間隔で合計三二地点についてボーリングによる試料採取とプラント・オパール定量分析を行った。ボーリングで採取された土壌に混入する紅焼

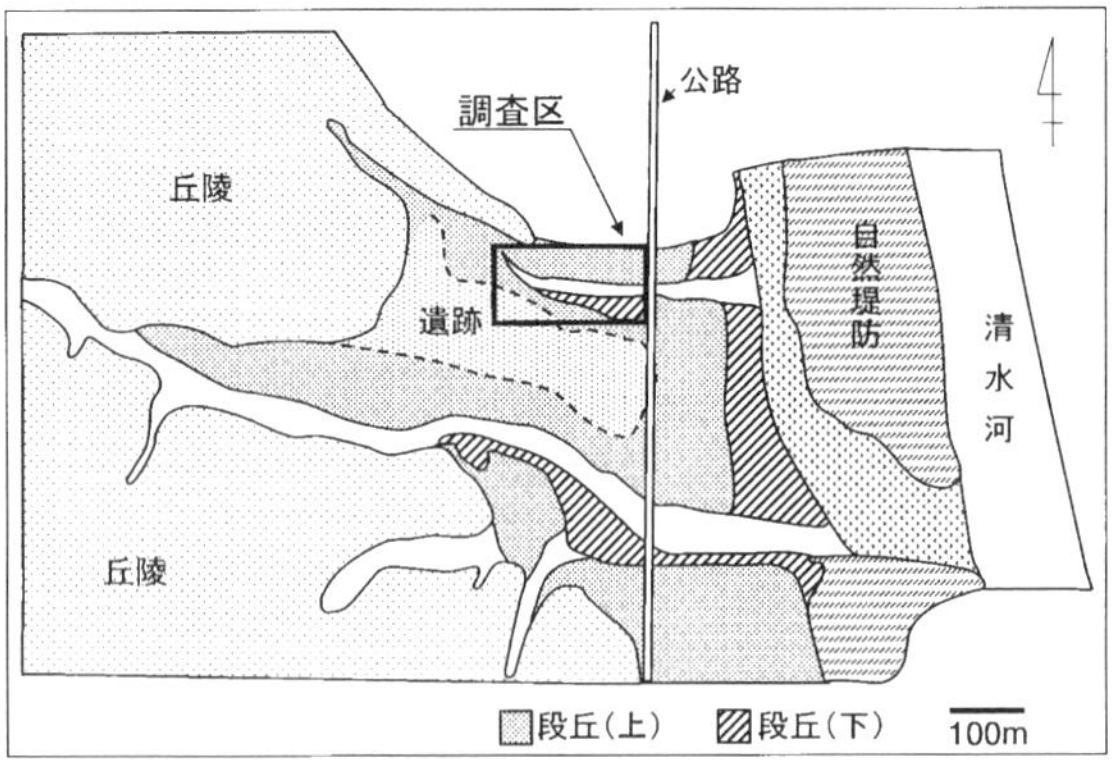

図5　楊家圏遺跡の地形と調査区の位置

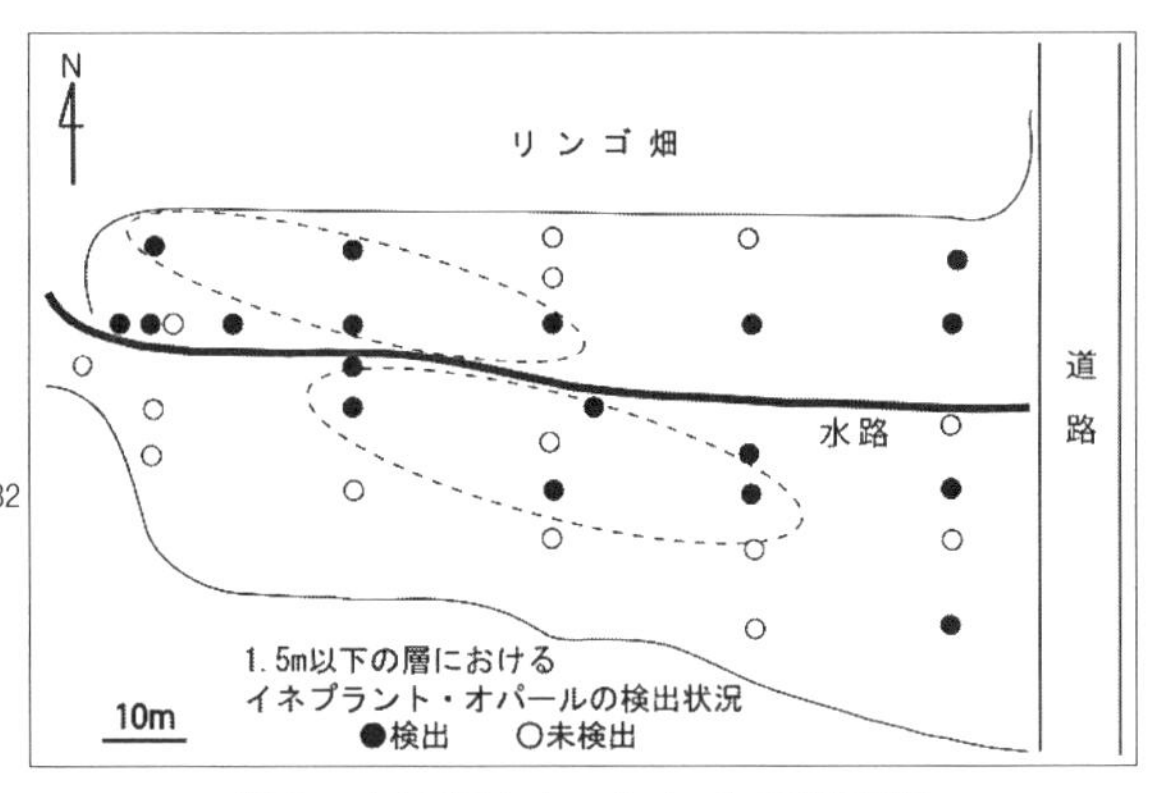

図6　イネプラント・オパールの検出状況

32　前掲：宮本（二〇〇八）。

土の出現状況等から、地表下一・五m以下の土層が新石器時代のものであると推定された。図6は、地表から一・五m以下の土層でイネプラント・オパールが検出された地点を示している。検出密度が最も高い地点では、日本の探査事例に照らすと水田が検出できる目安とされる三〇〇〇個／gを超えている。

分析結果とボーリングデータによる古地形復元の結果から、生産遺構は、図中に楕円で示した範囲（水路の両側の部分）に埋蔵されていると推定された。その後の試掘調査では、畦畔状の高まりが確認されており、水田で稲作が営まれていた可能性が高いと考えられる結果が得られている。[33]

次に、両城鎮遺跡の水田遺構探査について、楊家圏遺跡と同様に紹介することにしたい。[34] 調査区は、現在、住居地域となっている遺跡南部を除き、遺跡の西部、東部、北部について、河道や旧河道との関係を考慮して設定した（図7）。当該遺跡では周辺の基盤整備がかなり進んでいたため、楊家圏遺跡のように現地形に基づいた調査区の設定に限界があったため、このような設定となった。各調査区について、遺跡周辺の適地をほぼ網羅するように、西区一四地点、東区三地点、北区二二地点の合計三九地点で地表下三mまでのボーリング調査とプラント・オパール分析試料の採取を行った。

これまでに、山東大学による試掘調査から地表下三m付近に龍山文化期の遺物が確認されており、この深さでイネプラント・オパールが高い密度で検出されるかが調査のポイントであった。調査分析の結果、北区において、地表下三mの土層から楊家圏遺跡よりも高い四〇〇〇〜五〇〇〇個／gの密度でイネプラント・オパールが検出された（図8）。当該遺跡では試掘による畦畔等の確認はなされてはいないが、生育空間を競合するイネとヨシ属のプラント・オパールの検出密度につ

33　前掲：欒ほか（二〇〇七）。前掲：宮本（二〇〇八）。
34　宇田津徹朗（二〇一六）「両城鎮遺址农业生产遗存探查」、『東方考古』一三、一一三―一三三頁。

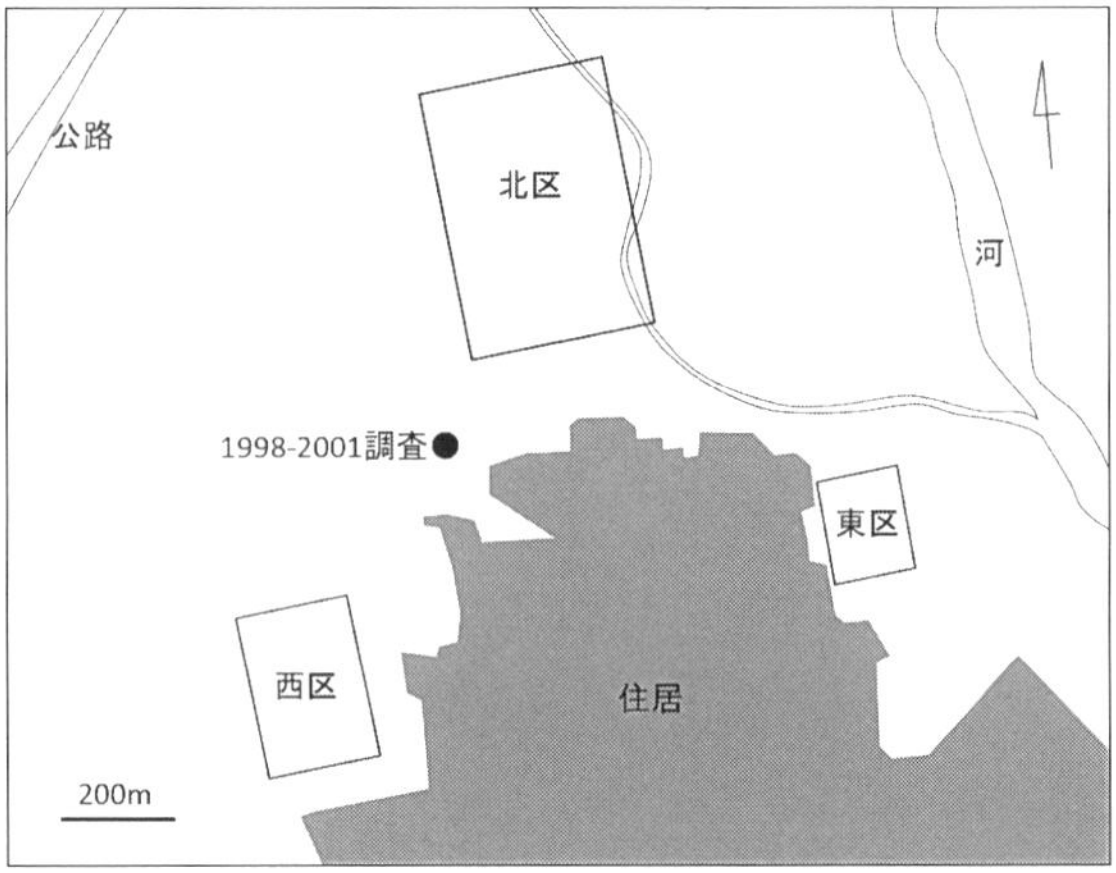

いては、弥生時代における湿地の水田化と同様な両者の盛衰関係（イネが増えるとヨシ属が減り、イネが減るとヨシ属が増える）が認められている。以上のことから、当該遺跡においても水田による稲作の存在が示唆される結果が得られている。

以上の結果から、明確な水田稲作の存在を決定づけることはできないものの、低湿地で稲作が営まれていたことから、土地利用という視点において、既存の畑作系譜の農業技術と水田稲作あるいは低湿地稲作技術が併存していたことがほぼ証明されたと言えよう。

図７　両城鎮遺跡における調査区の位置

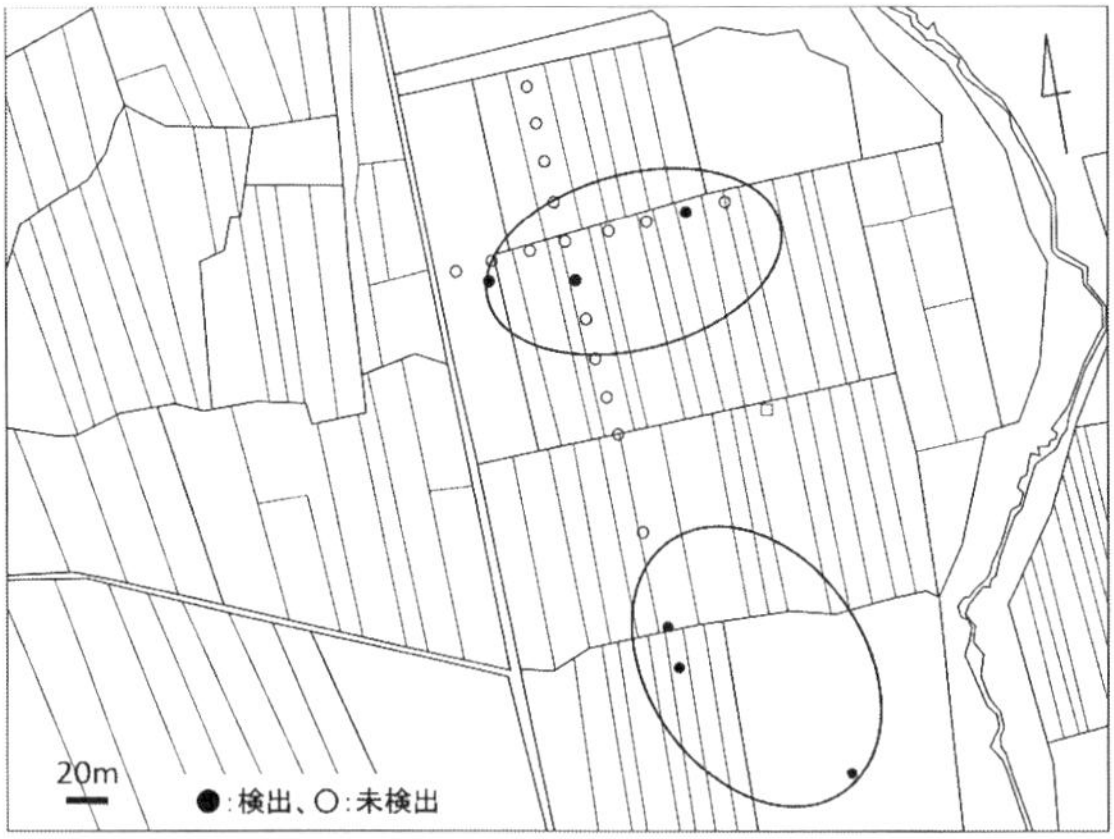

図８　イネプラント・オパールの検出状況

今後、水田の存在を確認することが必要ではあるが、技術の発信地と受信地の間における時代と農業技術の両者の関係において、当該地域が日本への稲作伝播の有力な候補地であると考えられる。

最後に、当該地域を候補地と仮定して、さらに日本への伝播を見てみよう。そのルートしては、山東半島での稲作が東進して韓半島に広がったと考えるのが自然である。韓半島における考古学的データによると、アワ、キビの雑穀にイネが混在するようになり、その後に水田が出現している。[35]水田遺構の年代は、青銅器時代前期後半（B.P.二九〇〇年前後）～後期（B.P.二八〇〇～二五〇〇頃）とされている。[36]今後の調査によって、さらに遡る可能性は否定できないが、山東龍山文化期に水田稲作が存在したとすると、両者の間には一〇〇〇～一五〇〇年程度の時間が存在していることになる。この時間の理解であるが、これまで、山東半島の考古学的調査によって、新石器時代において稲作遺跡の数と遺跡から出土する穀類（アワ、キビ、イネ）に占めるイネの比率が時代とともに徐々に変化していることが報告されている。[37]これは、畑作技術を基幹とする地域においてイネと水田稲作技術が吟味され受容されたプロセスであろう。したがって、先の時間差も韓半島において、雑穀とともにイネがもたらされ、その後、イネが基幹作物へと水田稲作技術とともに位置づけられてゆくのに要した時間を意味している。別の言い方をすれば、気候的にも冷涼化が進む中で、イネの作物としての価値が吟味され、水田稲作という大規模な生産システム転換を決意するまでの醸成期間であったと言えるだろう。

そして、日本では、その韓半島に遅れること数百年で水田稲作が登場するわけであるが、この数百年は、やはり同様のメカニズムで日本において雑穀とイネと稲作が吟味された醸成期間であり、

35　宮本一夫（二〇〇九）『農耕の起源を探る　イネの来た道』、吉川弘文館。

36　田崎博之（二〇一七）「水田稲作農耕の拡散と砂沢遺跡」、『砂沢遺跡シンポジウム―弥生最北・東日本最北の水田の実像を追う―資料集』、二七―四四頁。

37　前掲：欒（二〇〇四）。

ここに日本の初期稲作（縄文稲作）の姿があったと筆者は考える。具体的には、畑作系譜の農耕技術を基幹としながら、雑穀とともにイネが、畑（焼畑も含む）あるいは天水田、湧水地の近傍などの湿地を利用した多様な形で栽培されたものと推定している。

現段階では、推定の域を脱し得ないが、今後の山東半島や韓国での初期農耕調査および日本における縄文農耕研究の進展により明らかになるものと期待したい。

四、稲作の発達にともなう栽培イネと多様性の変遷

ここでは、水田稲作が日本に定着してから今日までの稲作の発達にともなう栽培イネとその多様性の変遷について、限られた数ではあるが国内の稲作遺跡を対象に、本章で紹介したプラント・オパール分析で得られたデータから推定を試みてみたい。

分析対象とした遺跡は、日本の南北を網羅し、なるべく多くの時代の水田土壌が分析できる遺跡（複合遺跡）という二点から選定を行い、坂元A遺跡、池島福万寺遺跡、前田遺跡と垂柳遺跡を分析対象とした。現在は、自然災害で農地が被害を受けても、そのほとんどは復旧されるため、農地は一度拓かれると固定する（できる）という印象をもつ方が少なくない。しかし、現在の一級、二級クラスの河川を制御することができるようになったのは、中世の終わりから近世に入ってからであり、それまでは、大きな洪水や多量の土砂の堆積などの影響で、水田を放棄し、別の場所に水田を造成することも珍しいことではなかった。また、人々の居住する生活域が治水技術の発達と人口増加にともなって、沖積平野へと進出・移動してゆくことも一つの遺跡で調査できる水田の時代数を

制限する要因となっている。したがって、連続した時代の水田土壌の分析ができる遺跡は貴重である。幸い、今回の調査遺跡の内、坂元A遺跡と池島福万寺遺跡は、連続して各時代の水田土壌の分析が可能であり、今回の分析の条件に適したものとなっている。そこで、まず、坂元A遺跡と池島福万寺遺跡にみる栽培イネと多様性の変遷について見てゆくことにしたい[38]。

坂元A遺跡は宮崎県都城市に所在する。当該遺跡の水田土壌について実施したプラント・オパール定量分析の結果、縄文晩期後半から近世に至るまで、継続的に稲作が行われていたことが明らかとなっている。池島福万寺遺跡は大阪府東大阪市池島町と八尾市福万寺町にまたがって所在する。同様に実施したプラント・オパール定量分析の結果からは、当該遺跡についても弥生時代から近世まで稲作が営まれていたことが分かっている。

ここでは、まず、多様性を測る一つ目の物差しの視点として、プラント・オパールの形状から熱帯ジャポニカから温帯ジャポニカの変化を見てみる。

図９は、坂元A遺跡と池島福万寺遺跡の各層から検出されたイネプラント・オパールの形状の変化を、図10は、形状の値から求めた判別得点の変化を示したものである。判別得点は、○を境界値として、プラスの値をジャポニカ、マイナスの値をインディカと判別する。形状の変化を見ると、坂元A遺跡では５b-３層（中世）から、池島福万寺遺跡では６-５層（中世）の時代から変化が緩やかになっている。イネの亜種や生態型というイネの変化で見ると、形状の変化は栽培されていたイネの変化と言える。

また、判別得点についても、一部異なる傾向の地層が見られるが、全体的にはほぼ同様の傾向で値が低下している。筆者が日本の在来イネのプラント・オパール形状を分析したところ、ジャポニ

38　宮崎県都城市教育委員会編（二〇〇六）「坂元A遺跡、坂元B遺跡」、都城市文化財調査報告書第七一集。宇田津徹朗（二〇〇八）「池島・福万寺遺跡土壌のプラント・オパール形状解析の結果について」、『池島・福万寺遺跡六』（財）大阪府文化財センター編、一七二―一七六頁。

カの中でも縦長が四〇㎛以上で判別得点が二・〇以上のものは熱帯ジャポニカである可能性が高いことがわかってきている[39]。

以上のことをまとめると、両遺跡においては、縄文晩期あるいは弥生時代から中世までは栽培イネに一定の変化（流入と選択）があるものの、基本的には、熱帯ジャポニカのイネが中心的に栽培され、その後、温帯ジャポニカへ変化してきた状況を読み取ることができる。

ここで、もう一つの物差しであるプラント・オパールの形状のバラツキを見てみる。図11は、イネプラント・オパールの形状値の中で、地層間で有意差がある縦長の変動係数の変化を示したものである。坂元A遺跡では、9c層（縄文晩期）から2層（近世）まで、基本的に減少してゆく傾向が、池島福万寺遺跡についても古代（10-1層と8層）に一時的な減少があるが、それを除くと、ほぼ同様の傾向が認められる。一つめの物差しで認められた熱帯ジャポニカから温帯ジャポニカへの変化は、栽培品種の多様性に置き換えれば、集約化にともなう多様性の減少であり、二つめの物差しで認められた傾向とよく似ている。

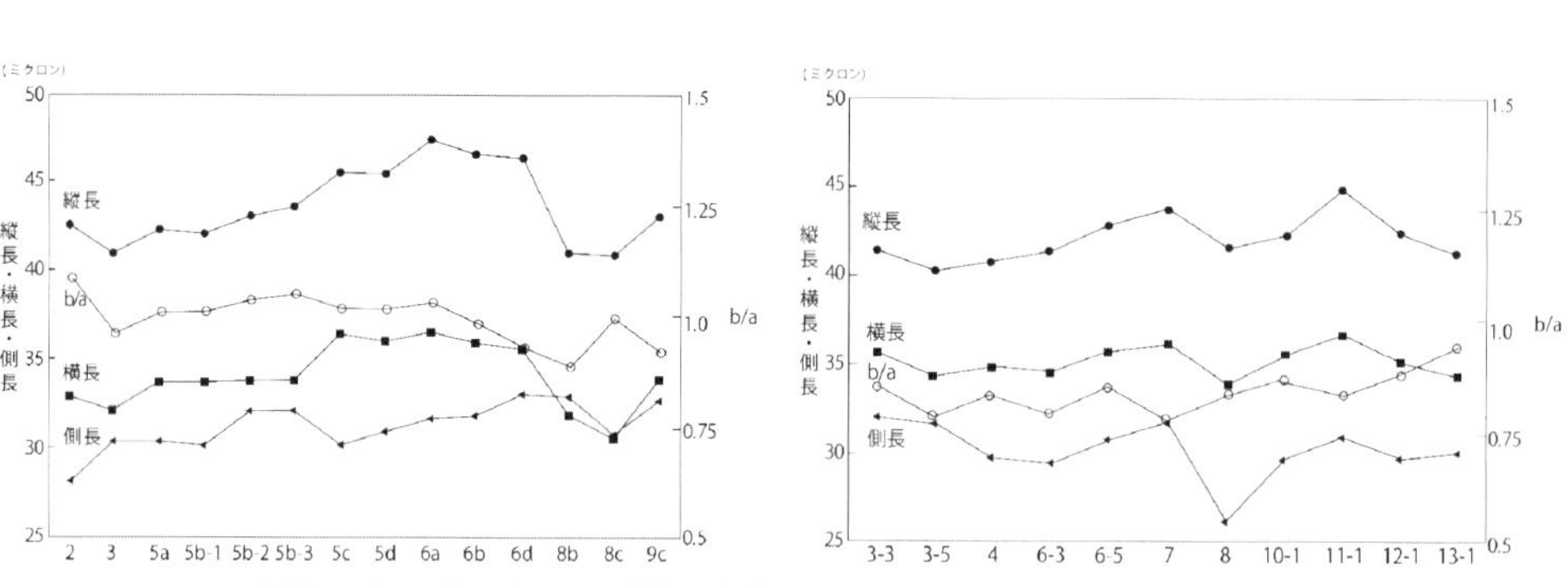

図9　プラント・オパール形状の変化（右：池島福万寺遺跡、左：坂元A遺跡）

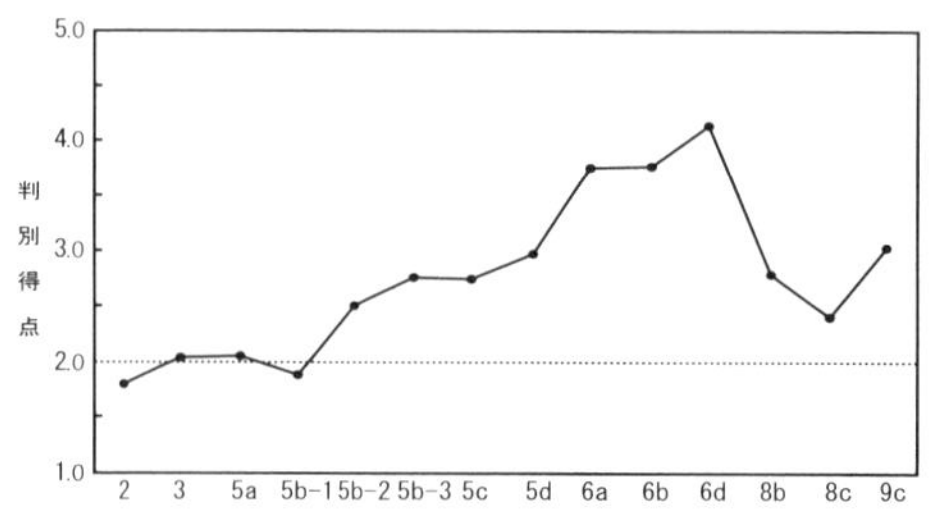

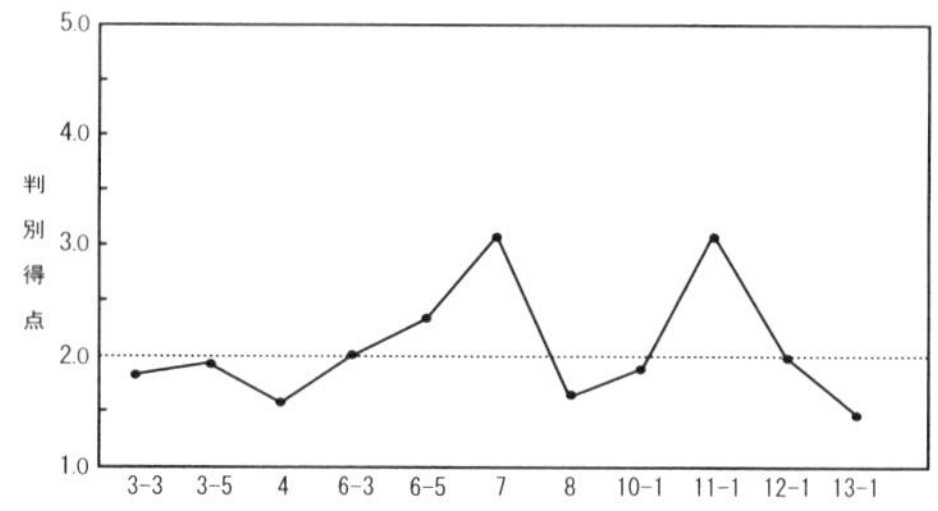

図10　判別得点の変化（右：池島福万寺遺跡、左：坂元A遺跡）

　次に、本州北端の青森県南津軽郡田舎館村に所在する前川遺跡と垂柳遺跡で栽培されたイネのデータを加えて見てみよう[40]。表2は両遺跡の弥生時代および平安時代の水田土壌についてプラント・オパール形状解析を行った結果である。縦長が四〇μmを超え、判別得点も二・〇を超えていることから、すべてが熱帯ジャポニカのイネであったと推定される。

　さらに、中世に相当する時代という点で、琉球列島のグスク時代にも目を向けてみる。図12は、伝播ルートの際に紹介したグスク時代の遺跡から検出されたイネプラント・オパールの判別得点の分布をアジアの在来イネ、沖縄および南九州の在来イネとともに表したものである。判別得点は、沖縄および南九州の在来イネの分布とほぼ一致している。これを見ると、一部、判別得点が二・〇を下回るものがあるが、ほとんどが二・〇を超えている。データはここでは割愛するが縦長もほとんどが四〇μm以上であり、当該地域においても中世相当の時代に熱帯ジャポニカのイネが栽培されていたと考えられる。

　以上の結果から、中世においては、津軽平野から南は琉球列島まで、日本の南北に所在する四つの遺跡で熱帯ジャポニ

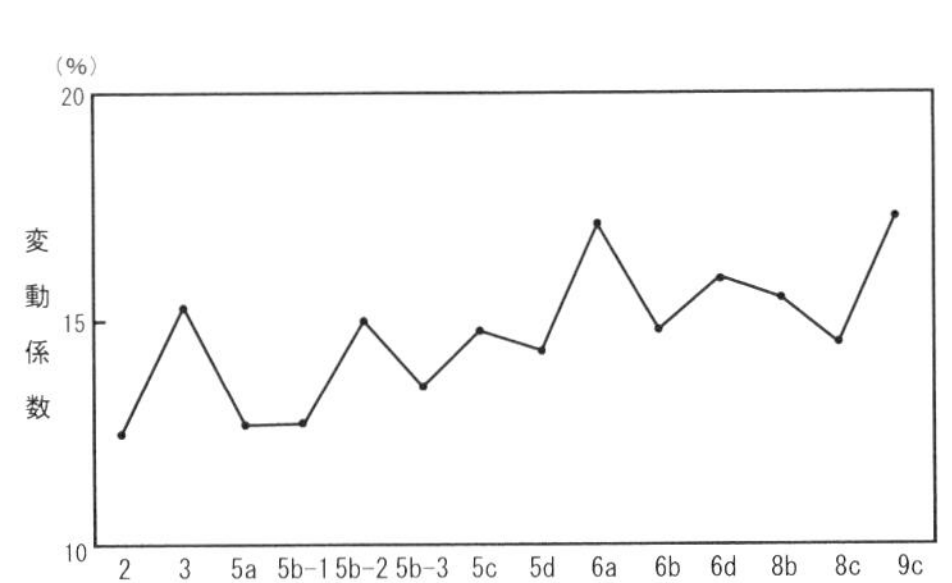

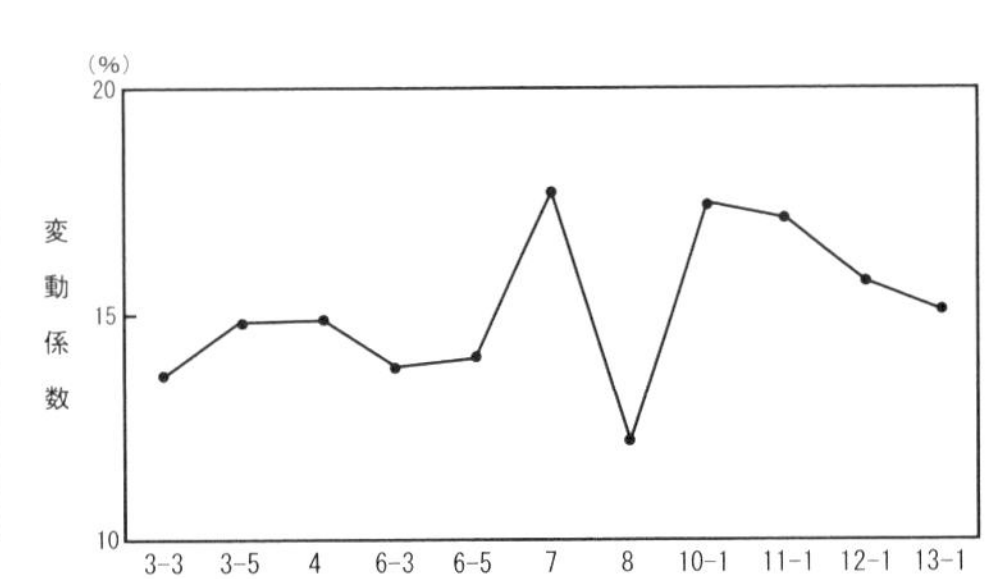

図11　縦長の変動係数の変化（右：池島福万寺遺跡、左：坂元A遺跡）

表2　イネプラント・オパールの形状解析結果

遺跡名	時代	縦長	横長	側長	b/a	判別得点
前川遺跡	平安	46.78	38.54	33.08	0.865	3.73
	平安	48.51	38.57	33.15	0.804	4.81
	弥生	45.14	38.04	30.99	0.818	2.96
垂柳遺跡	弥生	46.46	39.03	34.25	0.866	3.58

※単位はμm（縦長・横長・測長）

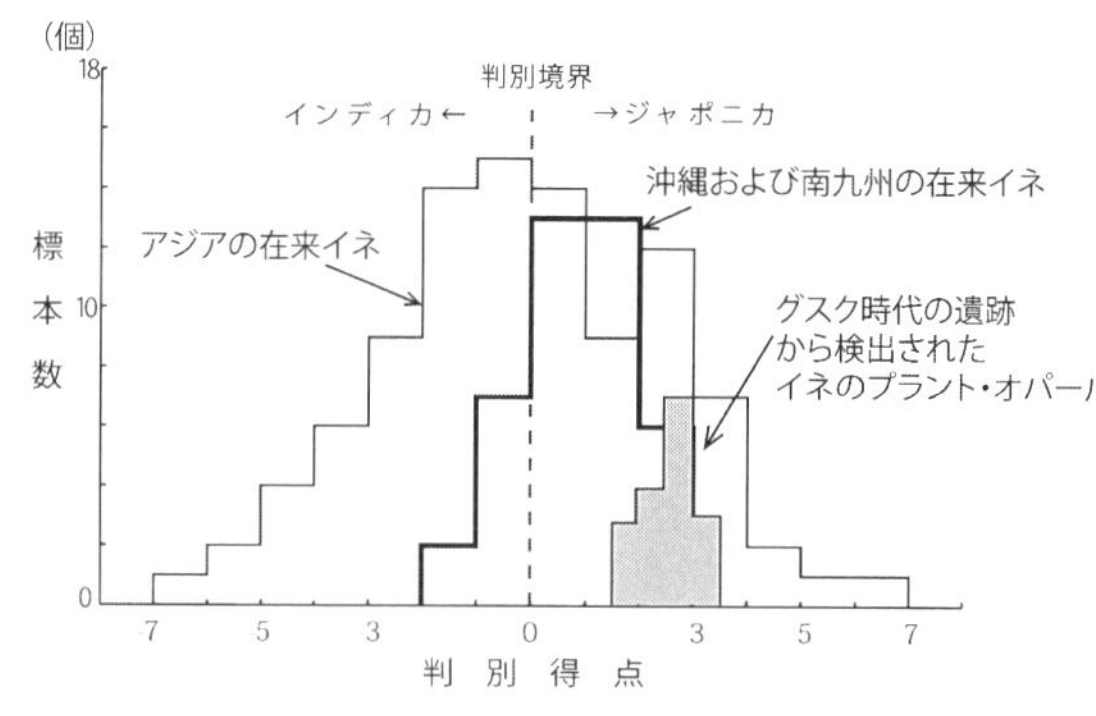

図12　検出されたイネプラント・オパールの判別得点分布

カのイネが栽培されていたことが推定される。限られた遺跡であるが、日本を南北に網羅する遺跡で共通の傾向が認められたことは大変興味深い。

中世、特に平安時代や鎌倉時代は、律令制度を背景に農地の開発が進んだ時代であり、犂や施肥技術の登場など、農業技術が大きく発達した時期である。しかし、すでに述べたように大河川を支配できる土木技術の登場と普及は、これに遅れ、戦国時代から近世となる。集約的な稲作、すなわち、その地域に適した特定のイネ品種を広域に安定して栽培するためには、農業技術と治水技術が両輪となって稲作を支え進めることが必要不可欠である。

その点では、中世から近世にかけて、集約的な温帯ジャポニカへの変化や栽培イネの多様性の減少といったイネプラント・オパール形状から推定されるイネと稲作の変化は、こうした稲作技術の発達のメカニズムと符合していると言えよう。

今後、さらに調査事例を積み重ね、考古学分野の成果と照合を進めることで、全体的な稲作技術とイネの変遷とともに、池島福万寺遺跡の八層のように特定の地域や時代で認められる変化についてもその理由を解明できると考える。

39　宇田津徹朗（二〇〇六）「日本在来イネの機動細胞珪酸体形状特性について」、『日本文化財科学会第二三回大会研究発表要旨集』、一一〇－一一一頁。

40　田中克典、宇田津徹朗、石川隆二（二〇〇九）「前川遺跡から出土する植物炭化物におけるDNAならびにプラント・オパール解析」、『前川遺跡』青森県教育委員会編、九七－一〇〇頁。

五、最新のプラント・オパール研究がもたらす栽培イネとその多様性の解明に関する新たな可能性

冒頭で述べたとおり、プラント・オパールは、「評価の対象をあまねく集めること」には優れているが、「評価したい内容を比較できる精度の物差しを準備すること」においては、ＤＮＡ分析には及ばないというのが現状である。

しかし、この十年ほどかけて、筆者とその共同研究者は、この弱点を克服するための取組を行ってきた。現在、土壌中から回収した多量のプラント・オパールを利用した二つの分析方法が完成しつつある。ここでは、その概要を紹介する。

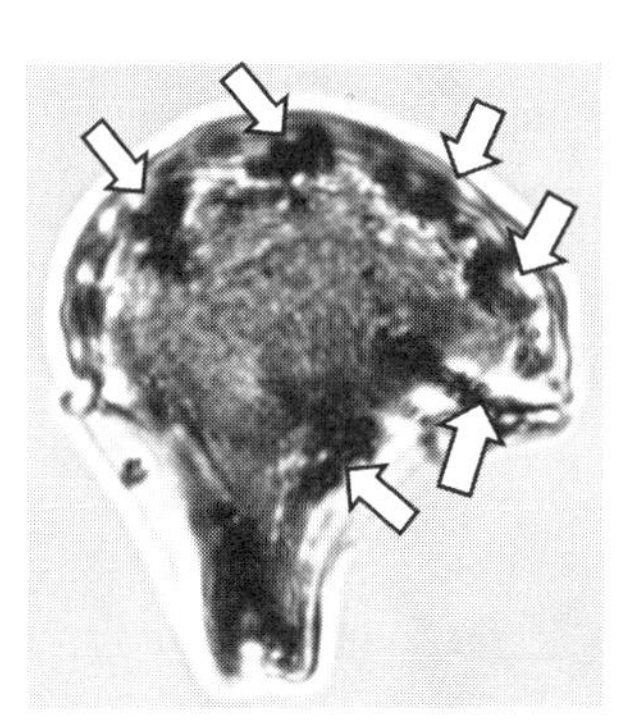

写真8　細胞内容物の残存が推定されるプラント・オパール

プラント・オパール中の遺伝情報を利用する

プラント・オパールを形作る珪酸は、その細胞が生きている間に細胞壁に蓄積される。したがって、最終的には細胞の中身は珪酸のカプセルに閉じ込められた状態になる。この中身には遺伝情報を持った核、葉緑体、ミトコンドリアなどが含まれている。顕微鏡でプラント・オパールを観察すると、こうしたものが分解消失されて、全体が透明なものがある一方、中には、それらを留めて

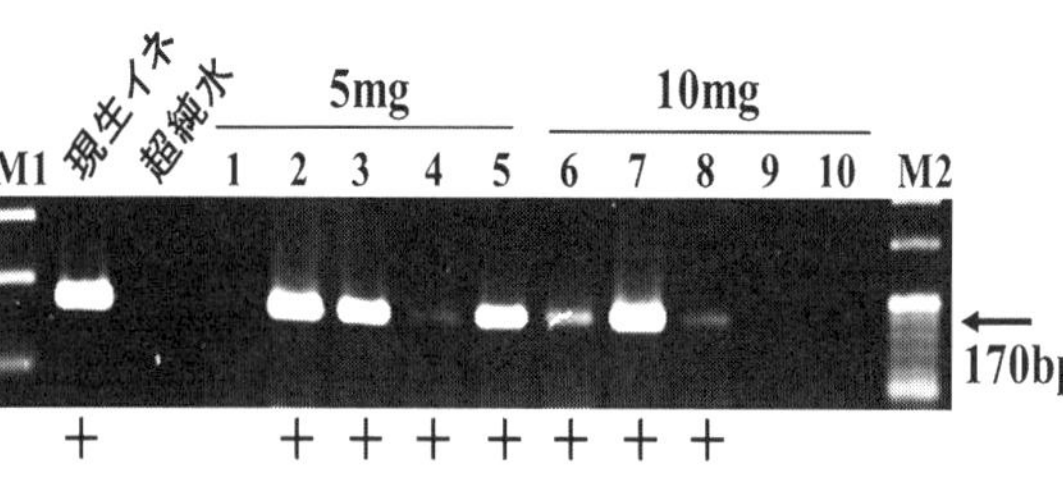

写真9　古墳時代の水田土壌中のイネプラント・オパールから取り出し増幅したDNA

いると見えるものも見つかる（写真8）。また、これまでの遺伝分野の研究からも、その存在の可能性が指摘されていた[41]。

もし、プラント・オパール内に遺伝情報が残存していて、それらを取り出して、DNA分析を実施することができれば、「評価したい内容を比較できる精度の物差しを準備すること」という弱点を克服し、イネが栽培された地層についてDNA分析を実施することも可能となる。

そこで、この五年間、筆者と共同研究者は、土壌からプラント・オパールを数百万個単位で抽出し、遺伝情報の存在の有無とその利用の可能性を検討してきた。これまでの研究で、遺伝情報が存在していること[42]、ならびにその遺伝情報をDNA増幅法により復元できる（写真9）ことを明らかにした[43]。

現在は、さまざまな性質の水田土壌に含まれるプラント・オパールから取り出せる遺伝情報の種類や量をはじめ、実用化に向けた取組を進めている。この検討には、イネの多様性に関する遺伝情報も含まれており、今後の研究の進展が期待されるところである。

41　高橋光子、佐藤洋一郎（二〇〇二）「出土プラント・オパールにDNAが含まれる可能性」、日本文化財科学会第一八回大会　研究発表要旨集、八二－八三頁。

42　宇田津徹朗、田中克典（二〇一四）「イネプラント・オパール中に内在する遺伝情報抽出法構築に向けた基礎的研究（第一報）」、『日本文化財科学会第三一回大会研究発表要旨集』、一六四－一六五頁。

43　田中克典、宇田津徹朗（二〇一五）「プラント・オパールからのDNA復元」、日本文化財科学会第三二回大会研究発表要旨集、三〇四－三〇五頁。

プラント・オパールで稲作の年代を特定する

稲作をはじめ農耕史に関する研究では、様々な研究成果を時間と空間（いつどこで）で整理して、全体を俯瞰することが基本かつ重要である。

空間については基本的に調査地や試料を採取した場所がそれに相当するが、時間についてはその決定が難しい場合が多い。考古学では、発掘によって出土した遺物（土器など）によって、調査した地層の時代を決定する。または、地層に含まれる炭化物の年代を炭素の同位体を利用したC14年代測定法によって決定するのが一般的である。

調査の対象が住居（住居址）や墓地（墓址）であれば、おおむね先の年代決定に必要な対象物のいずれかが検出される。しかし、水田や畑（畠）といった生産遺構については、現在と同じように、その使途から、遺物が遺されることは殆どなく、炭化米など年代測定に利用できる植物遺体の検出も偶発的で、年代が決定できない場合も少なくないのが現状である。

水田については、イネのプラント・オパールが残留している。また、畑についても、その土壌には、プラント・オパールを遺すキビやヒエなどのイネ科の作物に由来するプラント・オパールが残留している。一般にC14年代測定法には一mgの炭素があると良いとされる（これより少量であっても測定は可能である）が、これを確保するには、通常、肉眼で見える程度の炭化物が必要である。

プラント・オパール中の遺伝物質をはじめとする細胞内容物は光合成によって生産された有機物であり、年代測定に利用できる炭素を含んでいるが、その量は極めて微量であり、計算上、測定には純粋なプラント・オパールが三〇〇mg程度必要とされる。そこで、筆者らは、五〇〇gの土壌から年代測定に必要なプラント・オパールを回収する技術を開発している。[44] 先に紹介した草鞋山遺跡の水田土壌からイネプラント・オパールを取り出して年代測定を行った結果、およそ六五〇〇年前という結果を得ている。これは考古学的に推定されている年代に比較的近いものであった。しかし、プラント・オパール中の炭素による年代は、草鞋山遺跡のようにほぼ一致する場合や大きく異なる年代が出る場合もあり不安定さが指摘されている。

そこで、筆者らは、プラント・オパール表面に残留する微細な繊維をターゲットにした年代測定についても検討を行っている。植物細胞の細胞壁や植物繊維の主成分はセルロースである。セルロースは分子式$(C_6H_{10}O_5)_n$の炭水化物である。したがって、この繊維には、当時の炭素が存在し、年代測定試料としての適性を備えている。

この測定法が確立できれば、より少量のプラント・オパールから、安定した年代を測定することができると考えている。

五、おわりに

本章では、イネ遺物の一つであるプラント・オパールとその性質を利用したプラント・オパール分析によって得られた研究成果から、水田稲作技術の成立から日本への伝播、さらには日本における稲作とイネの変遷について述べてきた。最後に紹介したとおり、筆者とその共同研究者は、より詳細かつ精度の高いデータによる稲作の変遷の解明を目指し、分析法の限界を突破する新しい分析方法の開発に取り組んでいる。今後も、当該分野の研究の進展に注目をいただきたい。

44　宇田津徹朗、中村俊夫（二〇一三）『プラント・オパール中の炭素による生産遺構の年代決定法に関する研究』、平成二一～二四年度科学研究費補助金（基盤研究（B））研究成果報告書、五四頁。

第2章　古代の種子札に記載された品種名の多様性と変遷

平川　南

筆者は、一九九九年に山形県飽海郡遊佐町上高田遺跡出土の木簡に記された「畔越」をイネの種子札と断定し、この段階で列島各地における同様の木簡二〇点もイネの種子札と確定した。二〇〇二年までのイネの種子札に関する研究成果は、拙著『古代地方木簡の研究』(吉川弘文館刊行、二〇〇三年三月)の第五章「木簡と農業」に収載した。本稿では、既発表の成果については『古代地方木簡の研究』から引用するが、二〇〇三年以降、現時点(二〇一七年)までの新たな種子札の発見およびそれらの新資料に基づく既発表の成果の再検討から判明した新たな見解も少なくはない。古代のイネの種子札の歴史的意義について、新たな展開を提示してみたい。

一、古代の種子札の発見

―木簡記載文字と古代・中世・近世の文書記録の検討―

発見のきっかけ

一九九六年に東北地方の鳥海山麓、山形県遊佐町上高田遺跡から出土した九世紀頃の小型の付札状の木簡(長さ一三・三cm×幅二・九cm×厚さ〇・六cm)には、二文字「畔越」とだけ記されていた。付札は通常、物品名かそれを差し出す人名を記す。しかしどちらにも当てはまらないと判断した。

一九九九年にいたり、ようやく近世の農業書『清良記――親民鑑月集』(一七〇二~一七三一年頃成立)に「畔越」というイネの品種名が記載されていることを知った。『清良記』は、伊予国宇和郡の戦国武将土居清良の一代を記した軍物語(全三〇巻)であるが、第七巻「親民鑑月集」(古本・新本の二種あり)は当地の農事を記している。中世農業から近世農業への移行の過程を知ることのできる近世前期の最古の農書とされている。

【古本】

五穀雑穀其外物作と号する事

一古出挙成（ふるしそなし）　一廿日早稲　一四十日早稲　一みのはせ〔蓑早稲〕

一薫早稲（にをのはせ）　一馬嫁早稲（ばか）　一黒はせ〔黒早稲〕　一庭だまり

一内だまり　一丹波早せ〔丹波早稲〕　一九王の子　一畑早せ〔畑早稲〕

右十二品は古来の名なり。此外餅太米にはせあり。二月彼岸に種子を蒔、四月初より同廿日時分植仕廻、六月末七月初刈、其跡へそば小きび小菜を蒔、九月末に取て其後へ早麦を作。此早稲作申事、百姓専一の徳也。此三度の作いづれも左ほど閙敷（さわがし）なき時分なしに仕付て熟す。斯のごとく早稲中田晩田をせんぐりに作出せば男女皆いそがわしき事只一度に重り手廻しよからず。此早稲は百姓のためのみにあらず、公義諸士、百家の御為なり。

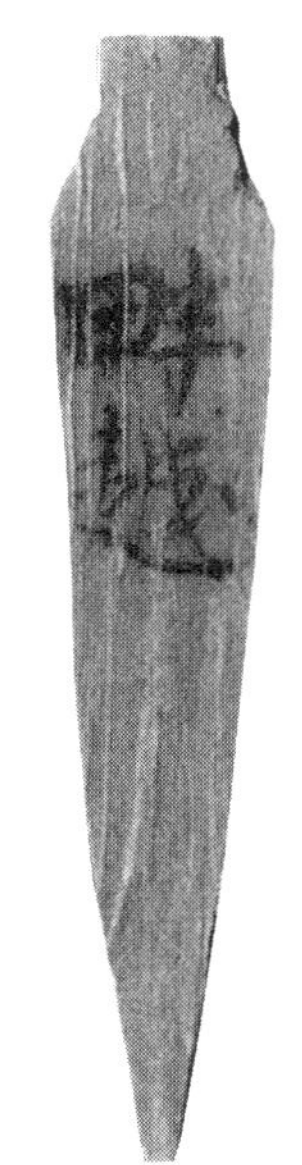

図１　種子札「畔越」
山形県遊佐町上高田遺跡出土木簡

疾(と)中(なかて)稲の事

一仏の子　一一本干　一備前稲　一小備前
一畔越(あごし)　一小畔越　一野鹿(やろく)　一太白稲［大白稲］
一小白稲　一大下馬　一栖強(すくはり)［栖張］　一疾饗膳(ときようぜん)

右十二品は疾中稲にして上白米也。はせの次に出。

一内蔵　一今大塔　一上蜆(えび)の毛　一小法師
一晩饗膳　一大とご　一半毛　一白我社(はれこそ)
一清水法師　一定法師　一小けば　一大ち子

右合廿四品何も上米にて早稲、疾(と)中(なか)稲、はん中稲と巡に植。又そのなりに熟する。三月初に種子をまき、四月末に植て、八月末にかり取也。

晩稲の事

一黒小法師　一黒定法師　一小児(ちこ)　一大白草
一小とこ［小とご］　一下蜆(えび)　一大堂後稲　一大きんばる
一打稲　一辺土稲　一小きんばる　一赤我社
一打手口［井手口］　一小堂後稲　一大へばる　一小白草
一鹿威(しゝおどし)　一小へばる　一晩半毛(おそなからげ)　一赤髯(ひげ)
一小的草　一赤草　一萑(すゞめ)［雀］稲　一霜稲

右廿四品八、晩稲なり。其内上十二はおそ中稲の次、下十二は一の晩稲なり。三月中時分苗代を仕廻、五月中節を前にあて、植、九月初にかり取る。此外種々の名有。

（入交好脩校訂『日本史料選書⑤』近藤出版社刊・［　］は新本）

その中稲（疾中稲）の項に「畔越（あごし）」とあり、「畔越」は近世に中稲の品種名として存在することが明確となった。このほかにも、近世には各地の農業書や古文書に頻出する。

○「地方の聞書」（『才蔵記』一六八八〜一七〇三年、紀伊）

晩稲……「畔こし」

○駿河国・駿東郡茶畑村柏木家文書の『籾種帳』（一七四九〜七二年）（図2）

「あせ（ぜ）越」「あせこし」「畔（畦）越」

よって、イネの品種名を記した付札であると判断できる。

なお、上高田遺跡からもう一点の種子札と考えられる木簡が出土している。

・「<和早稲」

・「<一斛」

図2　柏木家文書籾種帳（延享5〈1748〉年）　静岡県裾野市
写真の中央に見える「あせ越」は、イネの品種で「畔越」と同じである。

長さ六二×幅三〇×厚さ三・八（単位㎜）　〇三一型式
※法量に（　）を付す場合、欠損を示す

以下、小論の木簡についての符号、型式番号は、木簡学会の凡例による。

凡例

釈文に加えた符号は次の通りである。

・　木簡の表裏に文字がある場合、その区別を示す。
「　」　木簡の上端ならびに下端が原形をとどめていることを示す（端とは木目方向の上下両端をいう）。
＜　木簡の上端・下端などに切り込みのあることを示す。
〻〻　抹消された文字であるが、字画の明らかな場合に限り原字の左傍に付した。
◦　穿孔のあることを示す。但し、釘孔などの別の用途の穿孔は省略した。
■■　抹消により判読困難なもの。
□□□　欠損文字のうち字数の確認できるもの。
［　］　欠損文字のうち字数が推定できるもの。
［　］　欠損文字のうち字数の数えられないもの。
×　前後に文字の続くことが内容上推定されるが、折損などにより文字が失われているもの。
『　』　異筆、追筆。
㇀　合点。

釈文の最下段に三桁で示した型式番号は、木簡の形態を示し、次の一八型式からなる。

〇一一型式　短冊型。
〇一五型式　短冊型で、側面に孔を穿ったもの。
〇一九型式　一端が方頭で他端は折損・腐蝕で原形が失われたもの。

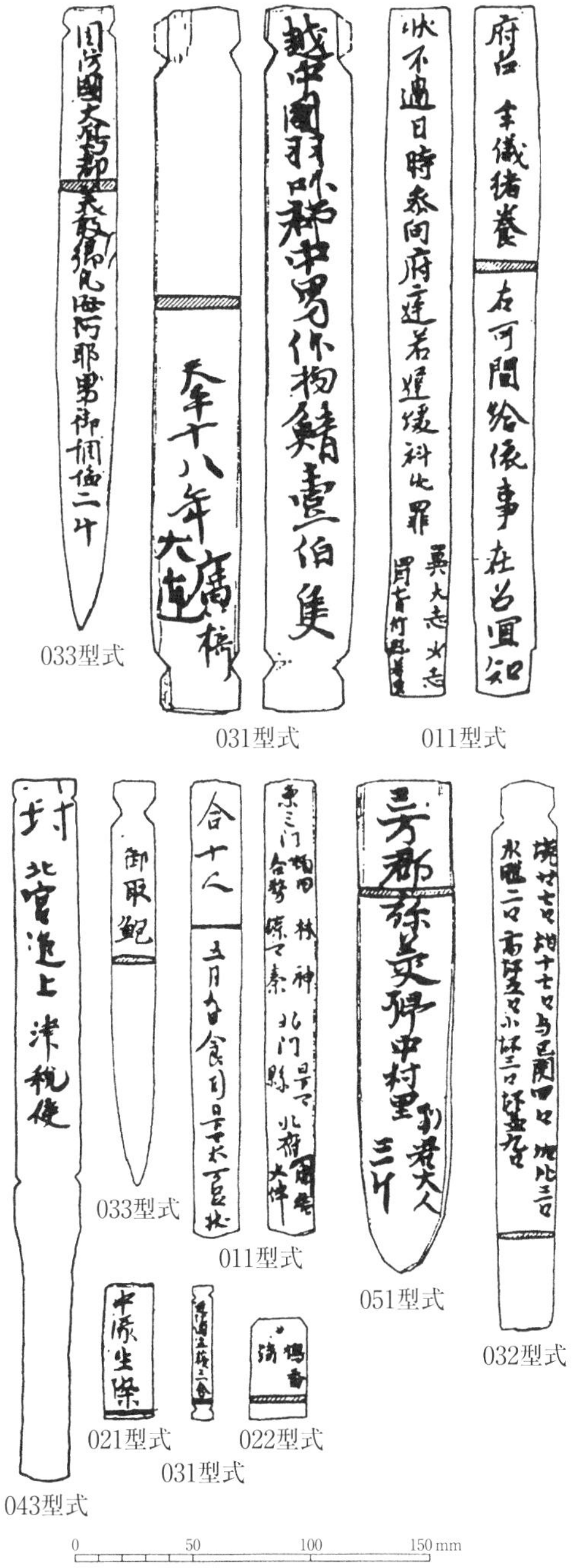

033型式　031型式　011型式

033型式　011型式　051型式　032型式

021型式　031型式　022型式

043型式

0　50　100　150 mm

図3　木簡の形態分類

○二一型式　小型短形のもの。
○二二型式　小型短形の材の一端を圭頭にしたもの。
○三一型式　長方形の材の両端の左右に切り込みをいれたもの。方頭・圭頭などの種々の作り方がある。
○三二型式　長方形の材の一端の左右に切り込みをいれたもの。
○三三型式　長方形の材の一端の左右に切り込みをいれ、他端を尖らせたもの。
○三九型式　長方形の材の一端の左右に切り込みがあるが、他端は折損あるいは腐蝕して不明のもの。
○四一型式　長方形の材の一端の左右を削り、羽子板の柄状に作ったもの。
○四三型式　長方形の材の一端を羽子板の柄状に作り、残りの部分の左右に切り込みを入れたもの。
○四九型式　長方形の材の一端を羽子板の柄状にしているが、他端は折損・腐蝕などによって原形の失われたもの。
○五一型式　長方形の材の一端を尖らせたもの。
○五九型式　長方形の材の一端を尖らせているが、他端は折損あるいは腐蝕して不明のもの。
○六一型式　用途の明瞭な木製品に墨書のあるもの。
○六五型式　用途未詳の木製品に墨書のあるもの。
○八一型式　折損、腐蝕その他によって原形の判明しないもの。
○九一型式　削屑。

「和早」を「わさ」と訓むならば、次の例との関連がうかがわれるであろう。

○『万葉集』巻八
　坂上大娘の、秋の稲の蘰を大伴宿禰家持に贈る歌一首
わが蒔ける早稲田の穂立ち造りたる蘰そ見つつ偲はせわが背　（一六二四番）

大伴宿禰家持の報へ贈る歌一首

吾妹子が業と造れる秋の田の早穂の蘰見れど飽かぬかも　（一六二五番）

（一首略）

右の三首は、天平十一年己卯秋九月に往来す。

天平十一年は七三九年、「早稲田（わさだ）」「早穂（わさほ）」の例から、「和早（わさ）」は、早稲の品種名と理解することができる。

ところで、二〇一六年十二月、木簡学会第三八回研究集会において、東京国立博物館の三田覚之氏は、次のように「法隆寺献納宝物の幡と木簡について」と題して報告された。東京国立博物館の法隆寺献納宝物の未整理資料から、新たに幡芯板（ばんのしんいた）が発見された。幡芯板とは、幡という仏教儀礼で用いる細長い旗が歪まないよう、幡の本体上部に挿し込まれた板のことである。八枚の幡芯板には「千字文」の習字など木簡に転用していることと、その記載内容から七世紀に遡る資料であることが判明した。その中の一点に次のような木簡が注目される。[1]

・『□〔内カ〕』種取稲七束

□　□

「種取稲」は種籾用のイネのこととみて問題ない。しかも七世紀の資料であることから、イネの種籾に関わる最古の資料といえよう。

1　木簡の釈読は、奈良県文化財研究所史料研究室による。

「足張」「白和世」「荒木」「長非子」―福島県会津若松市矢玉遺跡―

矢玉遺跡は、福島県の西部、会津盆地の中心部からやや東寄りの平坦部に位置している。遺跡は古代の会津郡家の比定地である河東町の郡山遺跡から南西に約二・五㎞の地点にある。

矢玉遺跡は、奈良時代後半から平安時代前半にかけての官衙に準じた施設の可能性があるとされている。

一号溝の底に近い下層から中間層にかけての部分から、「足張種一石」ほかが出土している。一号溝は八世紀後半から九世紀半ばの時期に機能していたとされている。[2]

①「<足張種一石　（一六一）×三一×六　〇三九型式（一号溝出土）

先の上高田遺跡の例を参考にすると、この付札は、「足張」の種籾一石という意味と解される。令文の注釈によれば、「種」は殖を指すとされているが、古代の実例では種を「タネ」という名詞で使用しているのである。「足張」はイネの品種名とみて、「足張」の訓みが問題となろう。

〇埼玉県稲荷山古墳出土の「辛亥年」銘鉄剣（辛亥年＝四七一年）

「其児（名は）多加利足尼」

〇群馬県山ノ上碑（辛己歳＝六八一年）

「此新川臣斯多々弥足尼」

2　拙稿「矢玉遺跡出土木簡」（会津若松市教育委員会『若松北部地区県営ほ場整備事業発掘調査報告書Ⅰ　矢玉遺跡』一九九八年）。

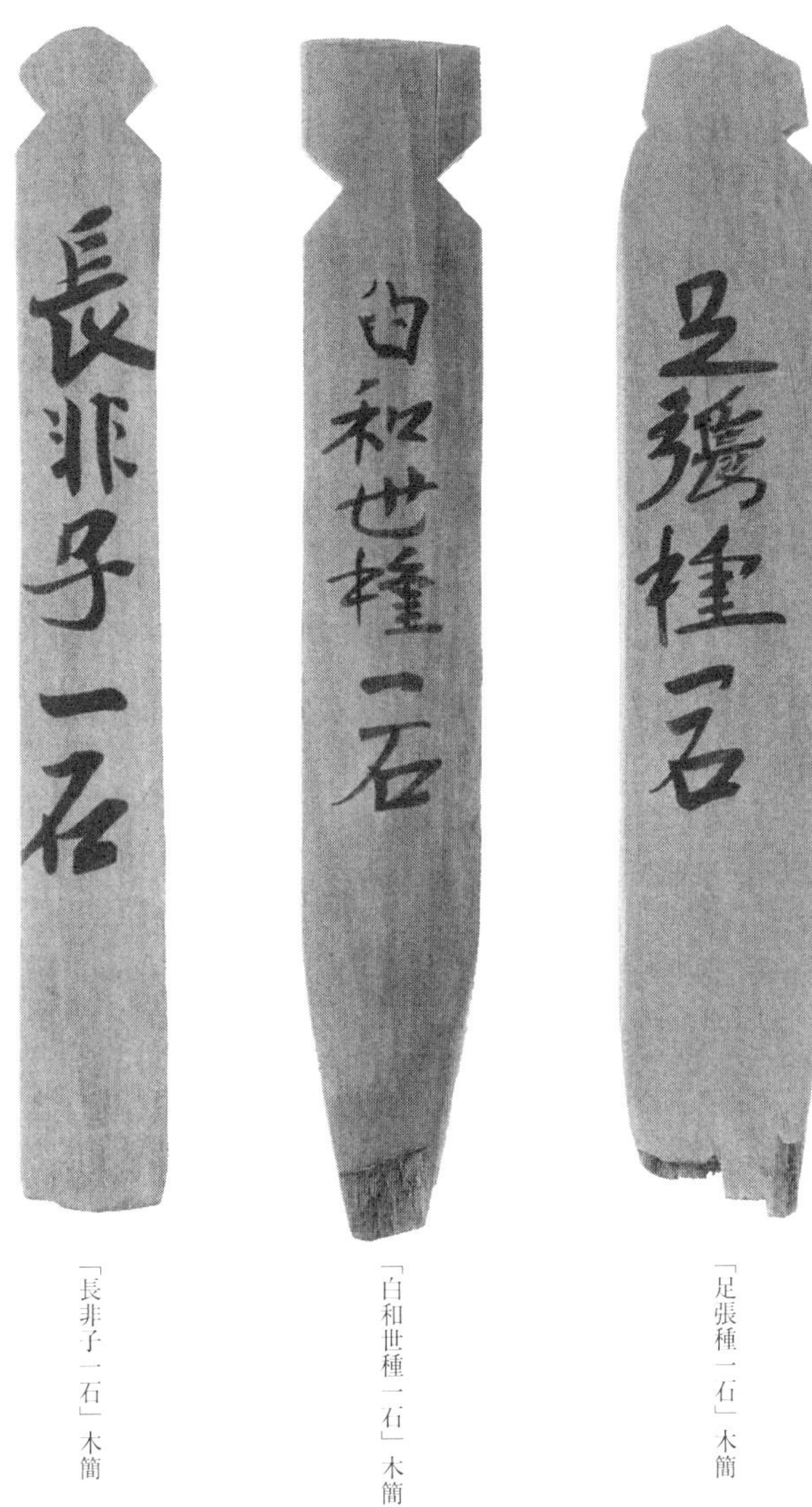

「長非子一石」木簡

「白和世種一石」木簡

「足張種一石」木簡

図4　福島県会津市矢玉遺跡

この二資料の「足尼」は、宿禰のことであり、「すくね」と訓む。「足張」は、「すくはり」と訓み、『清良記』（新本）にみえる中稲の品種名の一つ「栖張（すくはり）」に該当すると判断できよう。栖は音「セイ（サイ）」、訓「すむ。やどる。す。すみか」など「スク」の音はない。おそらく、本来宿「シュク」「スク」が用いられ、「宿張」と表記していたのに基づき、同義語「やどる」の栖にあてたのではないか。

このほかにも、紀伊の「地方の聞書」（『才蔵記』、一六八八〜一七〇三年）に、早稲と晩稲に「すくはり」という品種名が存在する。

②「＜白和世種一石」　一六〇×二五×八　〇三三型式（八号溝出土）

③「＜白和世種一石　（一五六）×三〇×七　〇三三型式（三八号土坑出土）

この付札の「白和世」＝「白早稲」の意とみて間違いない。近世における各地の農書類に「しろわせ」という品種名がみえる。

〇『地方名目』（一七五五年、岩代・磐城）

「白早稲」

〇『八戸弾正知行所産物有物改帳』（一七三五年、閉伊郡横田村）

早稲……「白わせ」

○『享保書上』（一七一六〜三五年、陸中）
早稲……「白わせ」
○『両国本草全』（一七三五〜三七年、周防・長門）
早稲……「白ワセ」
○駿河国・駿東郡茶畑村柏木家文書の『籾種帳』（一七四八年）
「白早稲」

④「＜荒木種一石」　二一七×三七×五　○三三型式（八号溝出土）

「荒木」という品種名は、近世の文献に次の例を見出すことができる。
○「天明四年（一七八四）遠江国周智郡中田村・村鑑明細書上帳」ほか
荒木
○『三国地志』（一六八八〜一七〇三年、伊勢・伊賀・志摩）
髭小粒（黒稲の一種）→荒木白子（荒木）
○『両国本草全』（一七三五〜三七年、長門）
中稲……チモトコ（アラキ）

⑤「＜長非子一石」　一三五×一八×四　○三三型式（八号溝出土）

「長非子」は、「ながひこ」と訓むとすれば、平安時代以降、和歌のなかでさかんに詠われたイネの異名とされる「ながひこ」「長彦」に該当するであろう。

○『夫木和歌抄』一六八二八番（遠江の豪族勝間田長清の私撰類題集。延慶三年〈一三一〇〉ごろ成立）

かぞふればかずもしられず君が代はなかたにつくるながひこのいね（承保三年〈一〇七六〉）

○『新続古今和歌集』八一三番（室町時代の勅撰和歌集。永享十一年〈一四三九〉成立）

万代のためしにぞつく田上や秋のはつほのながひこのいね（暦応元年〈一三三八〉）

○『西国受領歌合』（作者不明。保安年間〈一一二〇～一一二三〉ごろ以前の成立か）

我君の御代長彦の苗をしも引きつらねても植うる田子かな（承暦三年〈一〇七九〉）

「ながひこ」の場合、本来はイネの品種名であったものが、平安時代以降、和歌の世界では、最も親しまれ、イネの異名のように位置付けられたと考えられる。

「古僧子」「白稲」「女和早」「地蔵子」「高木」他―福島県いわき市荒田目条里遺跡

荒田目条里遺跡は、磐城郡家の中心施設のおかれた根岸遺跡、付属寺院の夏井廃寺および条里制遺構を含め、古代の磐城地方の支配拠点である。太平洋とそこに流れ込む夏井川、その夏井川の自然堤防と後背湿地に集落と豊かな水田が展開する。[3]

3 いわき市教育委員会『荒田目条里遺跡』いわき市埋蔵文化財調査報告第七五冊、二〇〇二年

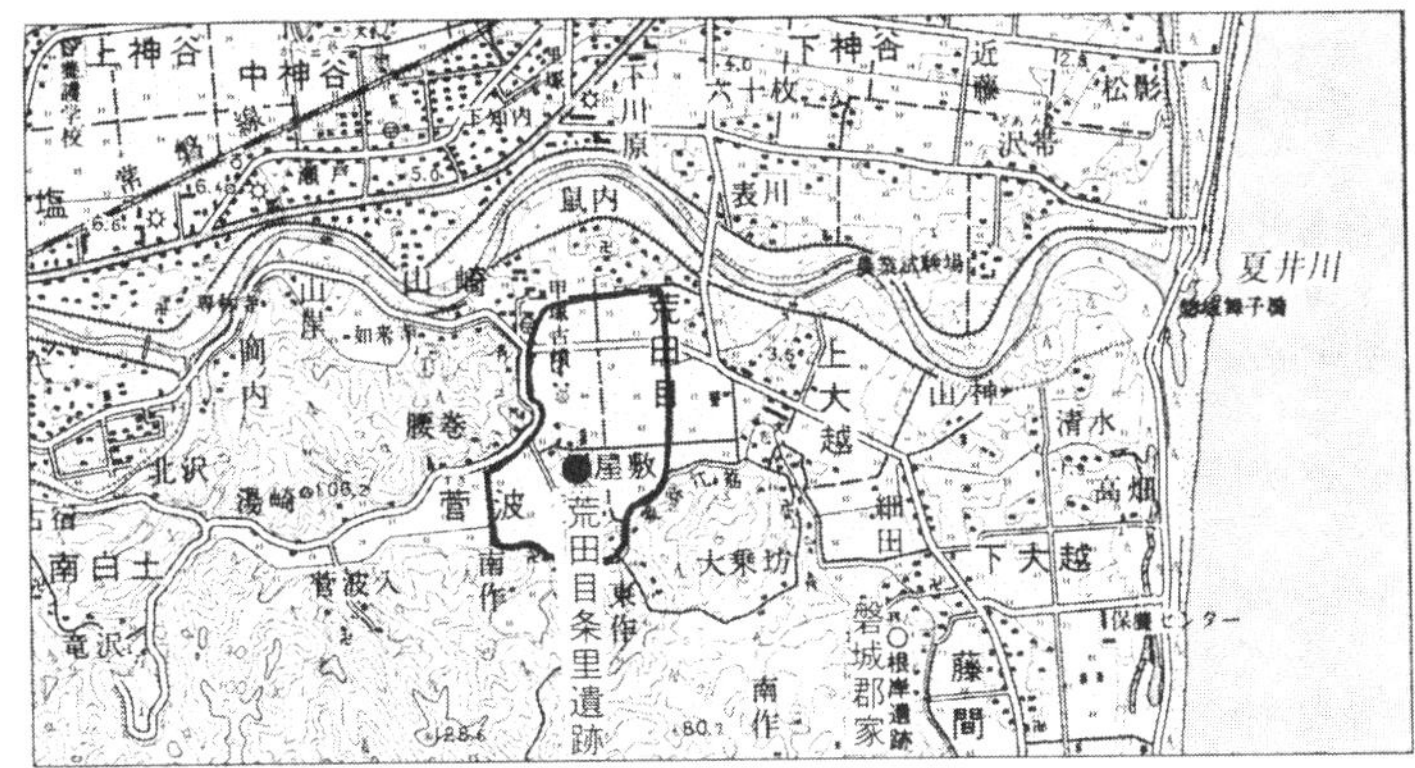

荒田目条里制遺構（枠）と荒田目条里遺跡（点）の位置

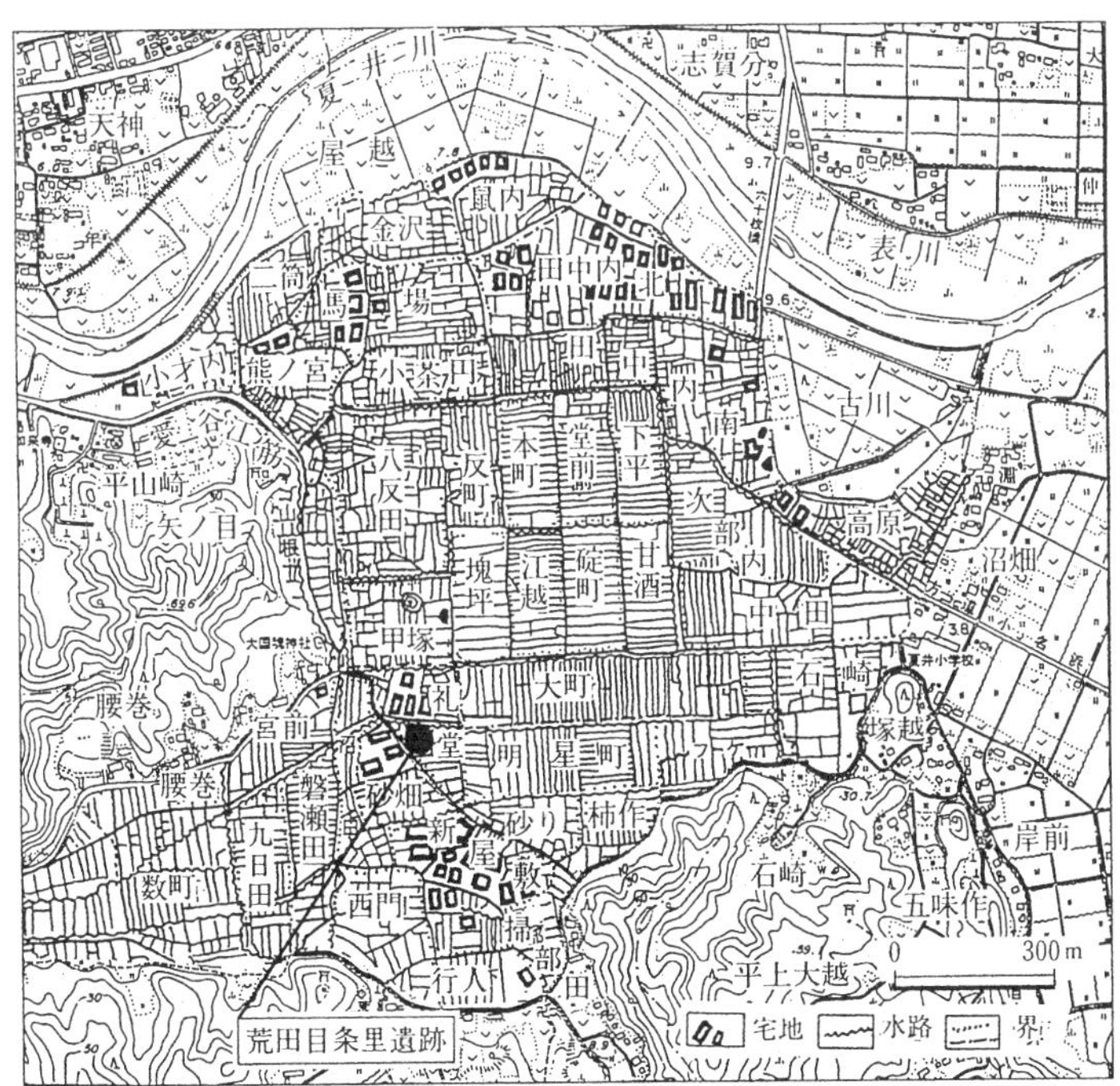

荒田目条里制遺構と条里（鈴木貞夫氏作成）

図5　荒田目条里遺跡の位置および立地

①・「曰理古僧子□〔一カ〕　（六二）×一五×五　○一九型式
・「五月十

「曰理古僧子」のうち、「曰理」は「わたり」すなわち河川の渡河点の意で、地名かと思われる（ちなみに古代陸奥国には阿武隈川河口近くに曰理郡が存在し、養老二〈七一八〉年に、陸奥国から石城郡を中心に石城国が建国された際に、曰理郡も含まれている）。「古僧子」のうち、「僧」は「ほうし」と訓み、「法師」はその通称である。すなわち、「古僧子」は「こほうしこ」と訓む。

○『散木奇歌集』

四七七番
おぼつかなたが袖のこにひきかさねほふしごのいねかへしそめけん

一五五三番
ほふしごのいねとみしまにもちぬればみそうづまでもなりにけるかな

さらに、「古僧子」は『清良記』の中稲二四品種のなかの一つ「小法師（こほうし）」にも該当すると考えられる。

②・「白稲五斗□
・「□　（一九六）×二三×三　○五一型式

「白稲」は「しろいね」、「しろしね」と訓み、近世の文献にイネの品種名として頻出する。

○「地方の聞書」（一六八八～一七〇三年、紀伊）

　中稲……白稲

○『八戸弾正知行所産物有物改帳』（一七三五年、南部）

　中晩稲……白しね

○『享保書上』（一七一六～三五年、南部）

　中稲……しろ稲

　晩稲……白稲

○『両国本草全』（一七三五～三七年、周防、長門）

　中稲……白稲

　晩稲……白稲

　畑稲……白イネ

③「<女和早四斗」　一九七×二四×四　〇三三型式

「和早」は、先に掲げた山形県上高田遺跡の②「<和早稲」と同じ「わさ」と訓み、早稲の品種名とみてよい。このほかにも、形状、記載様式、数量（一石〈斛〉）などから判断して、明らかにイネの品種名を書いた札が数点確認できる。

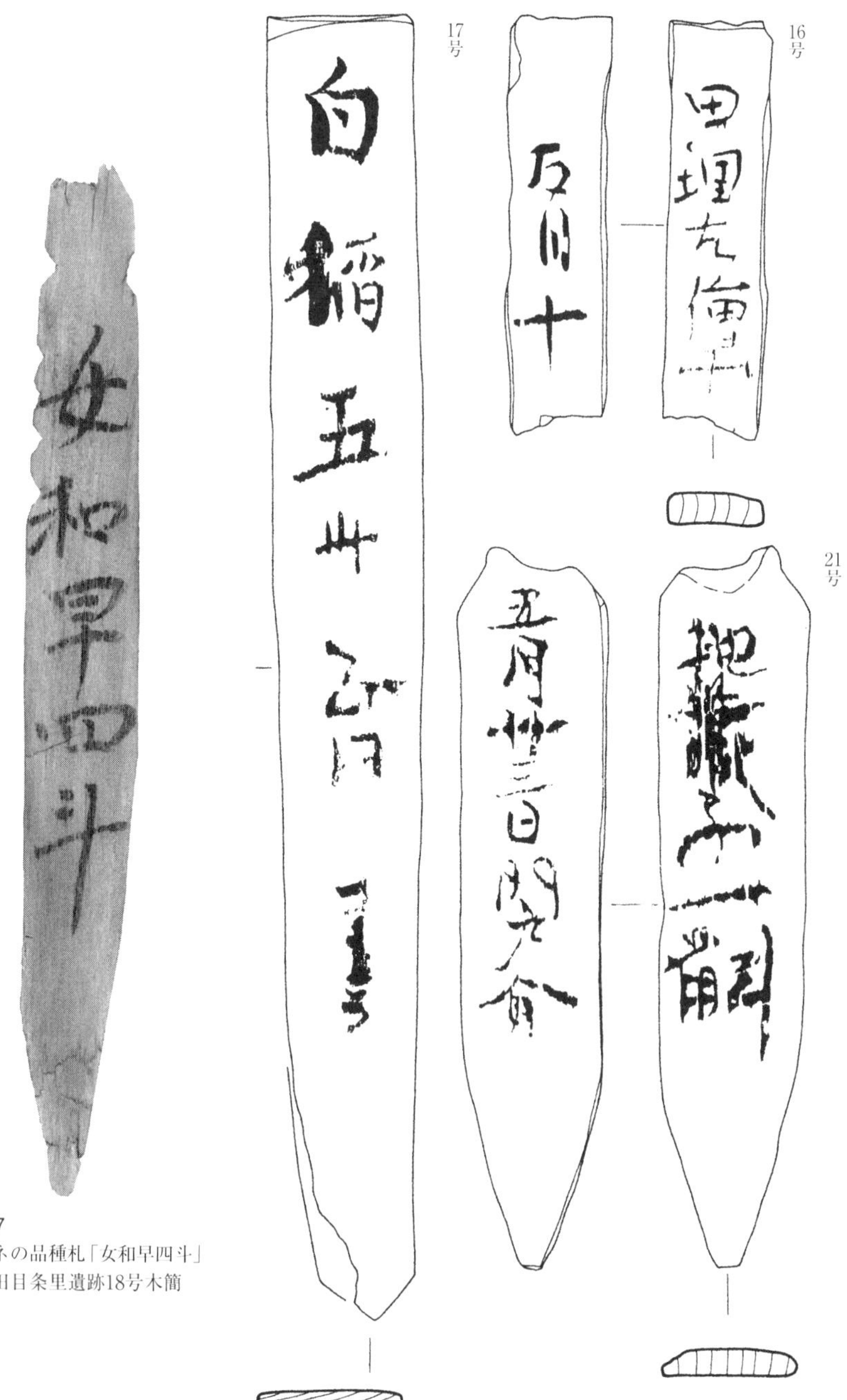

図7
イネの品種札「女和早四斗」
荒田目条里遺跡18号木簡

図6　福島県荒田目条里遺跡出土木簡

④・「<鬼□□□
・「<五月十七日□〔於カ〕」　(八七)×二五×三　〇三九型式
⑤・　□□□子□〔石カ〕」
○
○
・×月廿二日記　」　(一一三)×二三×四　〇一九型式
⑥・<地蔵子一斛　」
・<五月廿三日門戸介」　(一〇九)×二二×三　〇三三型式
⑦・「<高木一斛
・「<　□□　(九六)×一六×三　〇三九型式

品種名と考えられる「鬼□□□」、「□□□子」の二点については、釈文が未確定である。なお、④・⑥号木簡の裏面の月日記載は、①号同様に欠損しているが、本来短形であり、貢進物付札とは異なることから、月日はおそらく播種日とみてよいであろう。⑥号の「門戸介」は管理責任者名か。「高木」については、管見のかぎりでは農書などの文献に該当する品種名がみあたらない。

「和佐□」—福岡市博多区高畑廃寺

木簡が出土した幅一〇m内外、深さ二mの大溝〇一は、八世紀前半から十世紀ごろまでの時期に存続しているとされる。[4]

・「和佐□一石五升〈」

・「三月十日　〈　」　　一八二×二一×三　〇三二型式

「和佐」は、山形県上高田遺跡出土木簡「和早稲」および福島県荒田目条里遺跡出土木簡「女和早四斗」の「和早」同様に「わさ」の意で、「早稲（わさ）」に通ずる。「三月十日」という日付も、早稲種の播種時に該当するであろう。

「はせのたね」―大阪府四條畷市上清滝遺跡

上清滝遺跡の発掘調査では、掘立柱建物をはじめ、石組井戸・素堀井戸・溝・旧河川などが検出された。埋土中からは、木簡のほか、下駄・木製聖観音立像・人形などの木製品が出土している。木製品以外の遺物は瓦器碗・土師質皿・白磁・硯などがある。[5]

「はせのたね」　　一〇三×二二×三　〇五一型式

この木簡と共伴した題簽軸に、

4　柳沢一男「福岡・高畑廃寺」（『木簡研究』五、一九八三年）。福岡市教育委員会『板付周辺遺跡調査報告書（9）―一九八二年度調査概要―』（一九八三年）。

5　村上始・野島稔「大阪・上清滝遺跡」（『木簡研究』一二、一九九〇年）。報告の釈文は「□せのたね」とする。

・「寿永三年」　　　　　　　　　　　　　　　三六一×一九×五　〇六一型式
・「四至内券文」（題箋軸）

とあり、木簡の年代は「寿永三年」＝一一八四年を一つの手がかりとすることができる。

「はせのたね」は、近世の『清良記』には「黒はせ」「みのはせ」などにみえる「はせ」すなわち〝早稲〟であり、「早稲の種」のことである。

「得庭等」—石川県金沢市戸水大西遺跡

遺跡の約一㎞には大野川が流れ、南西約二キロには犀川がある。本遺跡は、両河川にはさまれた標高二m強の低微高地に立地する。検出した主な遺構は、掘立柱建物四〇棟・井戸八基などがあり、東西溝跡からは木簡八点が出土している。遺跡の年代は、八世紀後半〜九世紀代と考えられる。[6]

「＜得庭等一石」　　　　　　　　　　　　　一五二×二九×六　〇三三型式

形状および内容からいえば、イネの品種名付札とみてよい。「得庭等」の部分がイネの品種名といえよう。

6　出越茂和「石川・戸水大西遺跡」（『木簡研究』一六、一九九四年）。

「大根子」「□〔許〕庭」「富子」―石川県金沢市上荒屋遺跡

木簡は、平成二年（一九九〇）の調査で五三点出土したが、そのすべてが幅約八メートル、深さ約二メートルの河川跡からのものである。木簡の時期は、八・九世紀に属するが、共伴する木簡に、「天安元年」（八五七年）の年紀が記されている。これらの木簡のうちには、イネの品種名を記したと思われる付札が数点確認できる。[7]

①「＜大根子籾種一石二斗」　一七五×一八×五　〇三三型式
②「＜□〔許〕庭一石二斗」　一七八×二〇×五　〇三二型式
③「＜富子一石二斗」　（一〇六）×一六×三　〇三三型式

「大根子籾種一石二斗」は「籾種」と明記されていることから、種籾に付した札であることはまちがいない。三点に共通する量目「一石二斗」は、種籾段別二束からいえば、六段分に相当するが、種籾の発芽できないものを想定しての通常種籾俵一石に付加した点を考慮すべきであろう。

図8
「大根子籾種一石二斗」
石川県金沢市上荒屋遺跡出土木簡

7　小西昌志・出越茂和・平川南「石川・上荒屋遺跡」（『木簡研究』一三、一九九一年）。金沢市教育委員会『平成四年度　上荒屋遺跡Ⅱ』（一九九三年）。

以上のように「籾種一石二斗」を理解すれば、「大根子」は種籾の品種名とみることが妥当であろう。

「大根子」と同様に「□〔許〕庭」「富子」も種籾の品種名と判断できる。そのうち、「富子」は「とこ」と訓むならば、『清良記』の中稲の品種名「大とご」、晩稲の「小とこ」に合致するであろう。

二、種子札の形状

古代木簡は、通常、①文書木簡、②付札、③その他の三つに大きく分けられる。②付札は（イ）調庸などの貢進物に付けられた札（荷札あるいは貢進物付札と称す）と、（ロ）物品の整理保管用の付札の二種類がある。

イネの品種名を記した付札は、上記のうちの（ロ）物品の整理保管用の付札に相当する。付札の場合、米は通常五斗単位すなわち五斗俵に札を付ける。それに対して、種籾一石は米五斗に相当することから、この種籾の木簡は一俵（一石入り）に付したものと考えられる。

結局のところ、これらの付札は、種籾一俵ごとにイネの品種名を明記したものであるといえる。

こうした札は、近世以降の農書類（農書はすべて農文協『日本農書全集』による）にも散見する。

○『農稼録』（尾張国長尾重喬の書いた農書で、安政六年〈一八五九〉完成）

稲草の名を札にしるし取違ぬため二枚の札にしるし、俵の中にもいれ外にも建置べし、堅く〆(しめ)て鼠の喰ぬ湿気なき所に収め蓄へ置べし。

品種ごと種俵に品種の名を札に記し、とり違えないように札を二枚作り、俵の中にも入れ、外にも立てておくというのである。

この方法は理にかなっており、古代のイネの品種名を記した付札のうち、二点同一の品種名の場合、留意すべきであろう。

近世後期の代表的農書『農業自得』（天保十二年〈一八四一〉）の著者田村仁左衛門吉茂は、下野国河内郡下蒲生村生れで、その吉茂が明治六年（一八七三）に書いた『吉茂遺訓』には手習いぎらいの吉茂が、「甚不自（由）用ながらむりやりに、種子札、農事の日記等をにじくり記すといへ共、農業ハ寝てもさめても怠ることなく勤めける」と記されている。この「種子札」は、文字どおり、種子を保存するさい、種子俵に品種名を書いて付けておく札のことである。

古代の遺跡出土のイネの品種名を記した木簡の名称は、管見のかぎりでは古代の文献史料に確認できないので、近世から近代にかけての史料『吉茂遺訓』などにみえる「種子札」をもって、その呼称とする。

この種子札は、おそらく播種のときに俵からはずされるであろう。そのさい、苗代に放置されたりするものではなく、籾俵からはずされた札は、それを管理する機関・施設に一定期間保管されるのであろう。上記のすべての遺跡の出土状況から判断しても、そののち、種子札は、文書木簡などとともに溝などに一括投棄されたものと想定できるのである。

図9　品種札を付けた種籾俵（昭和40〈1965〉年代撮影）
『無形の民俗資料』記録第7集　文化財保護委員会編

種子札は、多くの場合、表に「品種名＋数量」のみを記し、その形状は短型のものが多いが、多様な形態を呈しているのが特徴といえよう。

役所で受け取ったり作成した文書は、内容ごとに分けて張り継いで巻子（巻物）として、巻いた状態のままでもその内容がわかるように、表題を軸に記した。その方法は軸の頭部に表題を書くための方形や円形など多様な形状の題籤部を作り出したものである。奈良・正倉院に遺る正倉院文書に伴う題籤部の形状をみると、下端の両側面より斜めに切り込みがある「羽子板」型、上端を尖ら

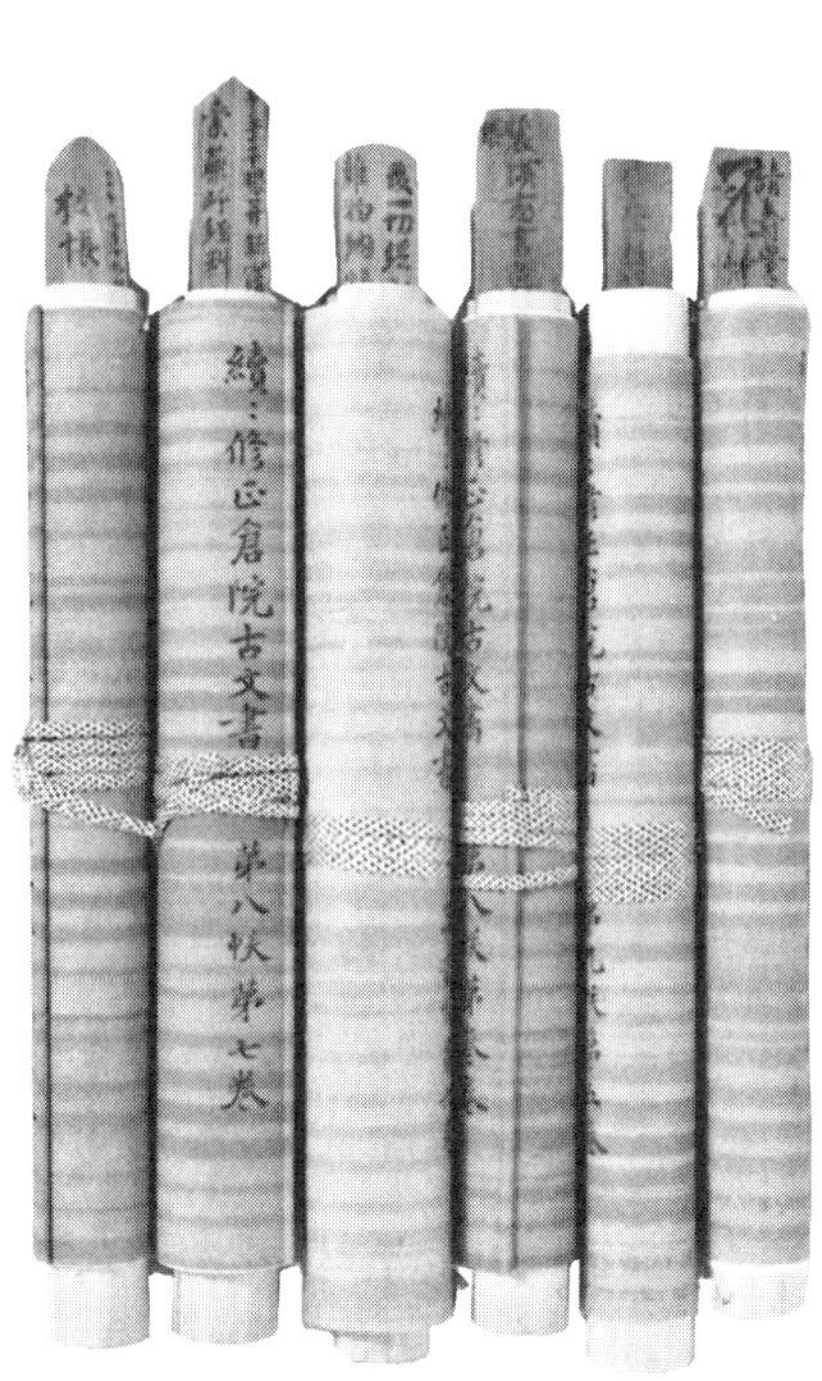

図10　題籤軸
（右）京都府長岡京跡出土
（左）奈良・正倉院古文書
多様な題籤部（複製）
国立歴史民俗博物館蔵

した「圭頭」型、上端が円く仕上げられている「円弧」型など、さまざまである。文書を貼り継いだ巻物を整理・保管用の棚に並べても題籤部の形で文書内容が判断できるように工夫されている。種子札の多様な形状も、題籤部の形と文書内容が対応する方法と同様に種俵内の品種名に対応したものと想定できるであろう。

三、種播きから稲刈り

奈良県香芝市下田東遺跡出土の曲物の底板に記された覚え書き

古代の大和国西部、河内国に接する葛下郡の地・奈良県香芝市下田東遺跡は、古墳時代、奈良、平安そして室町時代まで一貫してこの地の有力者の拠点であったと考えられる。この遺跡から出土した曲物の底板に記された覚え書きは、有力者の〝多角的な生業〟活動を物語っている。

この木簡は、曲物の底板を利用したもので両面に墨書されている。一面は板を縦長に、イネの種播きの日程を記載し、最後にその表面を削ってこの居館の有力者であろう「伊福部連豊足」という人物の解文（上申書）の下書きに利用されている。また、もう一面は、板を横長に、稲刈りの日程や年魚（鮎）の売却に関する事などが書かれている。[8]

・B面（表面）

『和世種三月六日

8　山下隆次「奈良・下田東井関」（『木簡研究』二八、二〇〇六年）。

小須流女十一日蒔』　『臨□臨位別　□持

伊福部連豊足解　申進上御馬事　□□』

『種蒔日』

右依豊足（以）□（今日□）重病御馬飼不堪伏乞（可命死依此御馬於飼不堪）

於畏公不仕奉成命□至死在礼畏公不仕奉也在□□

・A面（裏面）

『　小支石上日七月□

十二日十四□十七日□

小支石田苅五日役又　』

売□前□十一

本員二百八十魚（廿）

前売年魚六十魚

後売百六十魚此売

家売■■（五十）又□十□

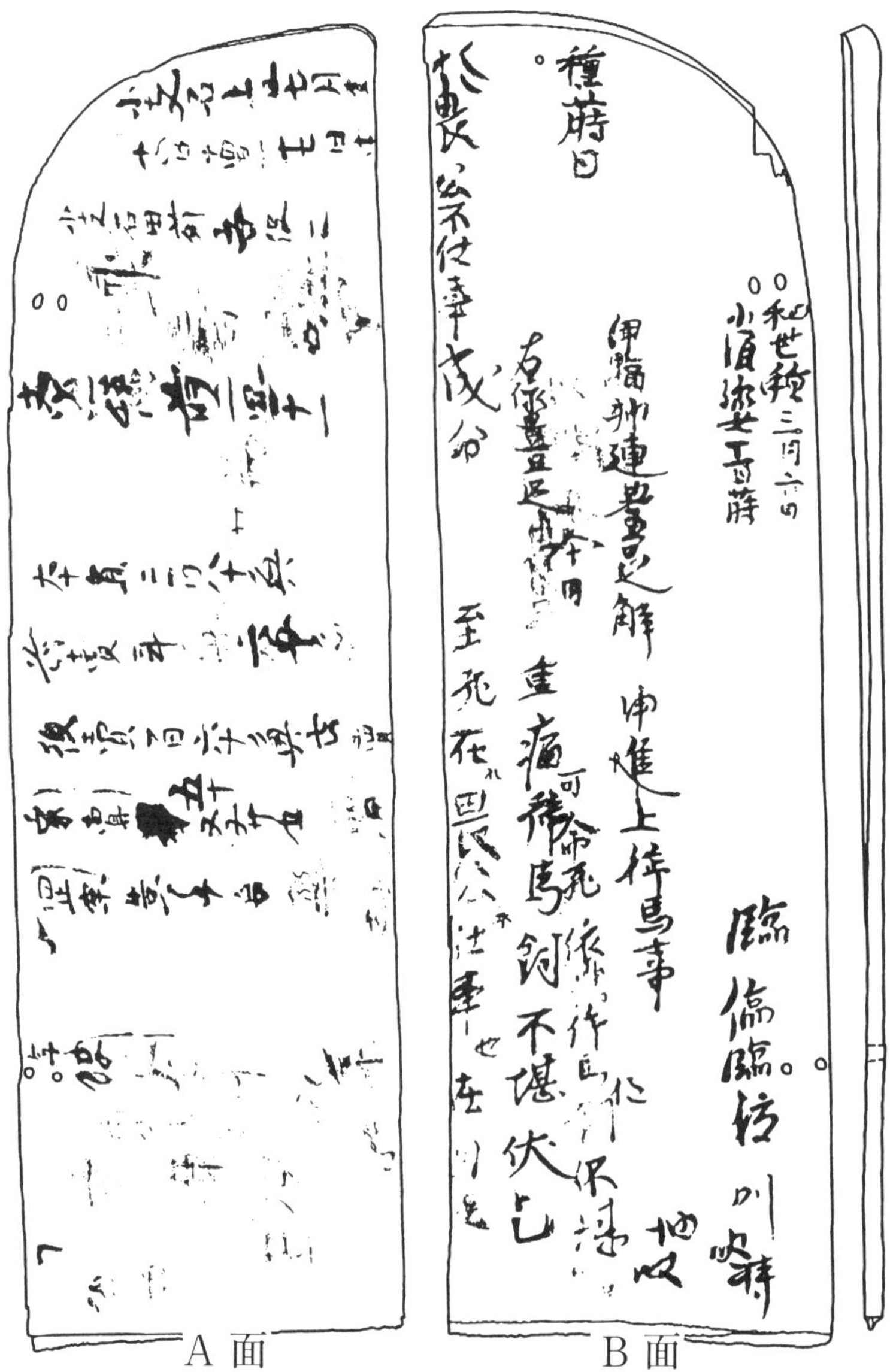

図11　奈良県香芝市下田東遺跡
出土の曲物底板墨書

岡案告万呂□

□

□

□七月□

□

イネの品種名「和世種（わせ）」を三月六日、「小須流女（こするめ）」を三月十一日に播いている。本来は、さらに異なる品種と種蒔日が記載されていたはずであるが、削り取られて解文の下書きとなっている。

「和世種三月六日」は、福岡市博多区高畑廃寺出土木簡に、

（表）・「和佐□一石五升　<」

（裏）・「三月十日　<」

の例があり、大和（奈良県）と筑前（福岡県）両地方で「和世（わせ）」＝「和佐」＝早稲をほぼ同じ三月中旬に種播きしていたことが判明した。

A面（裏面）の冒頭には、

『　小支石上日七月□
　十二日十四日□十七日□
　小支石田苅五日役又
　　　　　　　　　　　』

裏面の冒頭に、「小支石」という人物が上日（勤務日）七月□日、十二日、十四日、十七日、□（日）の五日間の稲苅の役を果たしたことが記されている。

下田東遺跡の木簡の場合、早稲を三月六日播種、七月十二日刈取とすれば、イネの育成には合計おおよそ一二〇日ほどを要したことになる。一枚の板にイネの種播き日と刈取日が明記された木簡の発見は画期的な意義がある。

以下、このテーマに関する諸資料の検討を試みてみたい。

イネの品種は、『万葉集』をはじめとする和歌に数多く詠み込まれている。

『万葉集』
　娘子（をとめ）らに　行（ゆ）きあひの早稲を　刈る時に　なりにけらしも　萩の花咲く　（二一一七番）

『好忠集』（よしただしゅう）（歌人曾禰好忠（そねのよしただ）の家集。平安時代末期までに成立か）
　我守る　なかての稲も　のぎはおち　むらむら穂先　出でにけらしも　（一九七番）

『躬恒集』（みつねしゅう）（平安時代中期の歌人　凡河内躬恒（おおしこうちのみつね）の私家集）

あきののにたかがり
みやまだの　おくてのいねを　かりほして　まもるかりほに　いくよへぬらむ
（一五四番）

『万葉集』の「早稲」、『好忠集』の「なかての稲」（中稲）、『躬恒集』の「おくてのいね」（晩稲）は、古代において、イネの品種が大別して早・中・晩稲の三種存在したことを明確に示している。

この三種にもとづいて、律令（養老令）の規定（仮寧令・給休仮条）によれば、都の役人には一か月に五日の休暇を与えるとともに、それぞれの地域の田植えと刈り取りにあわせて、中稲を基準として農繁期の五月と八月には休暇を給すると定めている。

奈良時代に都の置かれた大和国では、田植えと刈り取りの時期が郡によって異なり、添下郡・平群郡などでは四月に植えて七月に刈り取り、葛上・葛下・内（宇智）などの郡は、五月・六月に植えて八月・九月に刈り取りを行っている。

これは、早稲・中稲・晩稲の三種を郡単位で時期をずらして栽培していたことを示している。また、多くの下級役人は都の周辺に土地をもち、農業にも従事しているので、役所の業務に支障が起こらないように、それぞれの地域の農繁期に時差を設定していたといえる。農繁期における労働力の確保も目的のひとつで、他地域（郡）からも恒常的に供給されたのだろう。

まず、中世の文献資料を見ると、永正十四年（一五一七）の春日神社の記録には、つぎのように書かれている。

潤種（じゅんしゅ）三月十九日――（五二日間）――田植え五月十日――（九九日間）――刈り取り八月一七日
潤種四月八日――（五七日間）――田植え六月四日――（一〇七日間）――刈り取り九月一九日

種籾を水に浸し発芽を促す潤種（浸種（しんしゅ））から田植えまでの期間は五二日および五七日で、田植え適期を播種後四〇日から五〇日としている。そして田植え後一〇〇日前後で刈り取られるという。潤種から刈り取りまでに要する期間は約一五〇日間となる。

また、近世農書類によれば、播種から刈り取りまで次のように述べられている。

種子浸（ひたす）定法附早稲実

種子籾を浸す日数は元よりも　三十日を法とする也
たねあげて（種子揚げ）萌（もや）す日数の定法ハ　いつれの里も十日とそ云
種子蒔（まき）て日数三十五日過　早苗をとるハ法の定り
苗植て日数七十五日めに　みのるハいつもわせ（早稲）の定法
定法の日数ハ凡百五十　七月中にあたりこそすれ

（『会津歌農書・上之本』、本書は著者佐瀬与次右衛門が貞享元〈一六八四〉年に著述した『会津農書』の二〇年後に書かれたものであり、いわば姉妹編ともいうべきもの）

早稲の場合、潤種三〇日、萌芽一〇日、播種三五日、田植えから刈り取りまで七五日、合わせて一五〇日間で、播種から刈り取りまでは約一一〇日間となる。

また、出土資料では以下にあげる木簡から、イネの播種・田植え・刈り取りなどの時期、さらには播種から刈り取りまでの日数が判明している。

荒田目条里遺跡出土の郡符木簡

・「郡符　、里刀自　、手古丸　、黒成　、宮澤　、安継家　、貞馬　、天地　、子福積　、奥成
、得内　、宮公　、吉惟　、勝法　、圓隠　、百済部於用丸　、真人丸　、奥丸　、福丸　、蘓日丸
、勝野　、勝宗　、貞継　、浄人部於日丸　、浄野　、舍人丸　、佐里丸　、浄継　、子浄継
、丸子部福継『不』足小家　、壬部福成女　、於保五百継　、子槐本家　、太青女
、真名足『不』子於足　『合卅四人』

・「　奉宣別為如任件□[宜カ]
大領於保臣
以五月一日
五九二×四五×六　〇一一型式

右の木簡は、郡司などがその管下のものに命令を下す際に用いた郡符木簡である。その内容は、三六人の田人（農民）を五月三日に郡司職田（郡司に支給される田）の田植えをする労働力として雇用するという命令である。この木簡が出土した福島県いわき市の荒田目条里遺跡は、郡家の中心施設の置かれた根岸遺跡の西北にある。磐城郡大領於保（磐城）臣は、その郡司職田（大領は六町支給

される）をおそらく荒田目条里内に所有し、従来からの強い支配関係に基づいて、里人を動員することを磐城郷の里刀自（里長の妻）に命じたのである。

東北地方南部における五月三日の田植えは、早稲種と判断してよいだろう。

一方、郡符木簡と共伴している「種子札」のうち、月日を記す三点は、「五月十」「五月十七日」「五月廿三日」といずれも五月の日付であることから、五月を播種とすれば、七月田植、十月刈り

表1 農書や木簡に見るイネの品種別耕作時期

資料名		品種名	早・中・晩	播種	田植え	刈り取り
筑前国	高畑廃寺出土木簡	和佐	早稲	三月一〇日		
伊予国	清良記		早稲	二月彼岸	四月初め～二〇日	六月末～七月初め
			疾中稲	三月初め	四月末	八月末
			晩稲	三月なかば	五月なかば	九月初め
大和国	令集解古記（添下・平群郡）（葛上・葛下・内郡）		早稲	二月	四月	七月
			中稲	三月	五月	八月
			晩稲	四月	六月	九月
	賀茂馬養啓	越持子	中稲	三月	五月	八月二七日
陸奥国	荒田目条里遺跡出土木簡	古僧子	晩稲	五月一〇日		
		鬼□□□	晩稲	五月一七日		
		地蔵子	晩稲	五月二三日		
			早稲		五月三日	

取りとなり、晩稲種に相当すると判断できるであろう。

鳥取市青谷横木遺跡出土の種子札「長比子」（外盛土〈十世紀後半？〉出土）と共伴の稲刈日を記すと想定される木簡が二点出土している（本遺跡出土の種子札については、第六節で詳述する）。

(14)
・「九月十五日苅　□□　□□廿四束　放□　貞吉卅二束
□田廿七　□□卅束　□□卅束　真廿□□　□廿束
□□田　□□廿一束　寛丸廿一束　十人　」
・「　二百十六束　」
三八〇×三五×五　〇一一型式

(16)
九月十八日苅員七十束　辻七十束
廿六横木田　穂一束四把　食料一束
（二三〇）×三二×五　〇八一型式

この二点とも、稲刈日「九月十五日」「九月十八日」と、九月中旬に刈り取っている。すでに福島県荒田目条里遺跡の種子札の「五月十日」「五月十七日」「五月廿三日」といずれも五月を種播とすれば、七月田植、十月刈り取りとなり、晩稲種に相当すると解釈している。この東北地方南部の荒田目条里遺跡の種子札のケースを参照すれば、青谷横木遺跡出土の刈取日を明記した二点の品種札は晩稲種の可能性があろう。

四、品種名の分析

まず、これまでの列島各地の遺跡から出土した木簡のうち、イネの品種札と想定できるものを一覧表にすると左記のとおりである。

品種名は、

①成長願望的なもの

②種籾の形状を含む品種の特性そのもの

に二分されよう。

①の類型

畔越（あぜこし）

足張（栖張・すくはり）

荒木（あらき）

酒流女・須留女・須流女（するめ）

否益（いなます）

狄帯建（えみしたらしたける）

表2　古代におけるイネの「種子札」一覧表

番号	品種名	出土遺跡名
1	畔越（あぜこし・あこし）	山形県上高田遺跡（九～一〇世紀）
2	足張（すくはり）	福島県矢玉遺跡（九世紀前半）
3	長非子（ながひこ）	〃
4	荒木（あらき）	〃
5	白和世（しろわせ）	〃
6	曰理古僧子（こほうしこ）	福島県荒田目条里遺跡（九世紀半ば）
7	白稲（しろいね・白しね）	〃
8	女和早（めわさ〈せ〉）	〃
9	地蔵子（ちくらこ？）	〃
10	子白	滋賀県柿堂遺跡（奈良末～平安前半）
11	はせのたね	大阪府上清滝遺跡（三世紀後半）
12	和佐（わさ）	福岡県高畑廃寺（八世紀前半～一〇世紀）
13	大根子（おおねこ）	石川県上荒屋遺跡（九世紀半ば）
14	許庭（こば？）	〃
15	富子（とこ？）	〃
16	酒流女（するめ）	石川県畝田ナベタ遺跡（九～一〇世紀）
17	酒㐬女（するめ）	〃
18	否益（いなます）	〃
19	比田知子（ひたちこ）	〃
20	須留女（するめ）	石川県西念・南新保遺跡（八世紀後半～九世紀前半）
21	三国子（みくにこ）	石川県吉田C遺跡
22	狄帯建（えみしたらしたける）	山形県古志田東遺跡（九世紀後半～一〇世紀）
23	和世種（わせ）	奈良県下田東遺跡（九世紀初頭）
24	小須流女（こするめ）	〃
25	黒稲（くろいね・黒しね）	鳥取県青谷横木遺跡（一〇世紀後半～一一世紀前半）
26	赤稲（あかいね・赤しね）	〃
27	須留女（するめ）	〃（一〇世紀後半）
28	伊□子	〃（一〇世紀後半～一一世紀前半）
29	長比子（ながひこ）	〃（一〇世紀後半？）
30	志保生（しほう？）	〃（一〇世紀後半）
31	赤尾木（あかおき）	〃（一〇世紀代？）
32	赤稲（あかいね・赤しね）	〃（一〇世紀代）

全国各地の遺跡から出土したイネの種子札のうち、イネの成長を願って名を付したと考えられる木簡は次のとおりである。

「畔越」は文字どおり田の畔を越す勢い、「足張」は足＝直、まっすぐ張るような勢い、「比田知子」（ヒタチ）は、常陸国の国号の原義、ヒタミチ＝直路の意味に近いと理解でき、「足張」と同様にまっすぐ成長することの意と考えてよいであろう。「須流女」も駿河国の国号の原義が速い川の意の「スルドガハ」の略とされ、「須流」は速い、「女」は発芽の「芽（メ）」と解し、早い発芽を願った品種名と解釈できよう。「否益」は「イナマス」と訓み、「否」という漢字の「否定」の意味を無視してあてる日本の古代社会特有の漢字の使用例として貴重な用字法である。本来はイナは「否」ではなく「稲」の意、「稲益」であり、イネの豊作を願う品種名と理解できる。

①の類型の特異なイネの品種名――山形県米沢市古志田東遺跡木簡

遺跡は、山形県の最南端部の米沢市林泉寺に所在する。松川扇状地の扇央部から末端部にあたり、平坦な水田地帯の標高二五七ｍに位置している。

この段丘は、旧松川（最上川）によって沖積世初期に形成されたもので縄文時代の早期や前期を中心とした集落跡と中世期の城館跡が数多く分布している。旧松川（最上川）は、縄文後期から晩期に入ると急速に進路を東側へと変えていく。河川の移動に伴って残された跡には、窪地状に続く低湿地帯と枝分かれして新たに北流する旧堀立川が緩やかに流れていたものと推測される。肥沃な

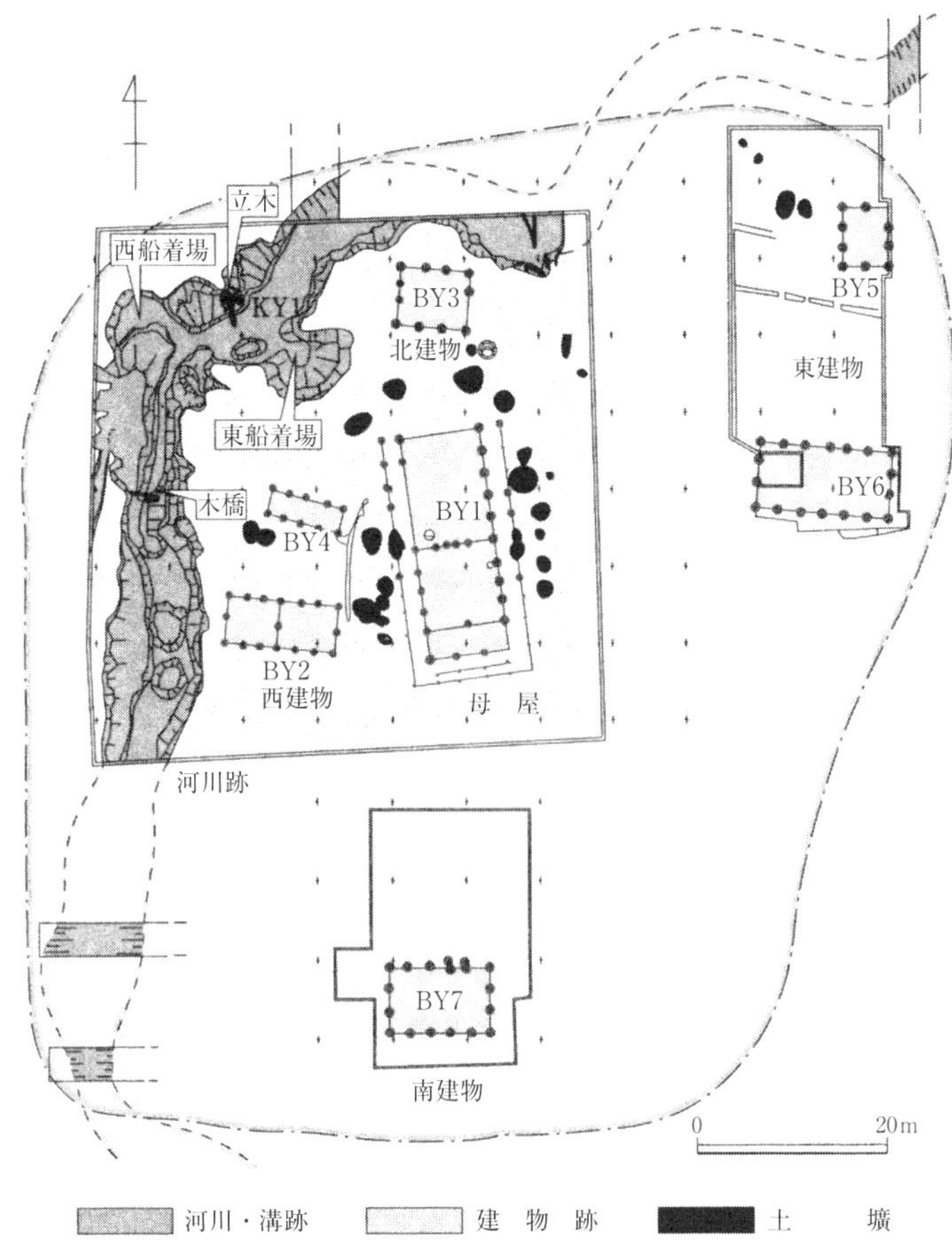

図12　山形県米沢市古志田東遺跡構全体図（地方豪族居館跡）

堆積物で覆われる湿地帯は水稲栽培に適しており、河川は運河としての利用も可能と考えた在地豪族らは河川が大きく蛇行する対岸を選定し居館を構えた。

河川跡の東側に沿って大型建物一棟を含む七棟の建物、井戸二基などが検出されている。また、河川跡には東西二基の船着場と木橋一基が設けられている。

本遺跡は古代置賜郡内の地方豪族にかかわる居館跡と考えられる。そして遺跡では、大規模な農業経営と河川を利用した物流が推し進められ、そこが独立した行政機能を備えていた施設であることを十数点の木簡は如実に物語っている。

「<狄帯建一斛」　　二四〇×三二×五　〇三三型式

材の上部の左右に切込みを入れ、下端を尖らせた付札状の木簡である。裏面には全く墨痕はない。表面に「狄帯建一斛」と書かれている。本木簡は九世紀後半から十世紀にかけての出羽国南部、しかも「狄」と表記される蝦夷からの貢進物とは理解しがたい。古代において、出羽国は北と位置づけられ、中国の中華思想「東夷・西戎・北狄・南蛮」に基づき、北と位置づけられた出羽国

図13
「狄帯建一斛」
山形県米沢市古志田東遺跡出土木簡

側の蝦夷を「狄」と表記した。形状と一斛単位そして以下にみるように「狄帯建」という表記から推してイネの「種子札」とみてよいであろう。近代前半に著わされた石川理紀之助の『稲種得失弁』に、品種名として「赤夷」「白夷」「おく夷」などが存在している点に注目したい。「狄」（えみし）は蝦夷（北狄）をあらわし、「帯」（たらし）は貴人の弓の意、「建」（たける）は勇猛な者の意であり、「帯」および「建」は「大帯日子於斯呂和気天皇」（おおたらしひこおしろわけのすめらみこと）（景行天皇。『古事記』）、「倭建命」（やまとたけるのみこと）（『古事記』）などに用いられている。「狄帯建」は品種名「えみしたらしたける」とみておきたい。おそらくイネが頑強で勢いよく成長する意味で品種名とした可能性を指摘できよう。

石川県七尾市吉田C遺跡木簡

種子札「三国子」は、「みくにこ」と訓み、加賀・能登・越中三国の国境に近い地に由来する品種名か。現在も、石川県かほく市と富山県小矢部市の両県の県境に「三国山」（標高三一四m）が所在する。

②の類型

白稲（しろしね）

黒稲（くろしね）

赤稲（あかしね）
和早稲（わさいね）
女和早（めわさ）
和佐□（わさ□）
白和世（しろわせ）
和世種（わせしゅ）
はせのたね
大根子（おおねこ）
小白（しょうはく）
古僧子（こほうしこ）
長非子・長比子（ながひこ）

②の類型は、稲穂・種籾など、品種そのものとその外形的な特徴による命名とみられている。イネの品種名「和早稲」「女和早」「和佐□」「白和世」「和世種」「はせのたね」は、すべて早稲（わせ・わさ）種に属するであろう。

次に外形的な特徴による典型例は、白稲・黒稲・赤稲であろう。石川県上荒屋遺跡出土の「大根子」については、次のような解釈を参考までに記しておきたい。

> 種おろし（籾を苗代に播くこと）の完了したとき、籾播き祝いとか種あがりなどといい、祭りが営まれるが、酒井卯作氏の『稲の祭』（岩崎書店、一九五八年）によれば、石川県において、これを「大（おう）

根(ね)おろし」と呼んでいる。すなわち村祭りをもって種播き日としているが、当日おろした大根のような白い飯が喰えることから出た名称であるという。この石川県における「大根おろし」と同県内の遺跡から出土した種籾の品種名「大根子(おうねこ)」との関連を想定できるのではないか。

古僧子は『散木奇歌集』（歌人源敏頼の私歌集。大治三年〈一一二八〉の成立か）のなかに、このような歌がある。

ほうしこのいねとみしまにもちぬればみそうづまでもなりにけるかな（一五五三番）

「古僧子」のうち、「僧」は「ほうし」と訓み、「法師」はその通称である。すなわち、「古僧子」は「こほうしこ」と訓む。

さらに、「古僧子」は『清良記』の中稲一四品種のなかの一つ「小法師(こほうし)」にも該当する。イネは外花穎(がいかえい)の先端から出る剛毛状の突起いわゆる芒(のぎ)（禾）の有無・長短・形態が分類上の特徴となる。「僧子」「法師」は芒が無または短のイネを剃髪の僧侶になぞらえた呼称である。

五、種子札の出土地は地方豪族の拠点

福島県いわき市荒田目条里遺跡

磐城郡の第一の特質は港湾都市であるといえよう。

夏井川の河口右岸の台地上に位置する根岸遺跡（いわき市平下大越字根岸）は、古代磐城郡の郡家である。根岸遺跡は、夏井川の河口右岸に位置し、間にラグーンである横川を挟んで太平洋を望む。西方のわずかに離れた位置に夏井廃寺跡、さらに西側に約一・五km離れて、荒田目条里遺跡および荒田目条里制跡、また緑釉陶器を数多く出土した小茶円遺跡や『延喜式』に記載のある大國魂神社が所在している。

荒田目条里遺跡出土の郡符木簡

・「郡符　、里刀自　、手古丸　、黒成　、宮澤　、安継家　、貞馬　、天地　、子福積　、奥成
、得内　、宮公　、吉惟　、勝法　、圓隠　、百済部於用丸　、真人丸　、奥丸　、福丸　、蘓日丸
、勝野　、勝宗　、貞継　、浄人部於日丸　、浄野　、舎人丸　、佐里丸　、浄継　、子浄継
、丸子部福継『不』足小家　、壬部福成女　、於保五百継　、子槐本家　、太青女
、真名足『不』子於足　『合卌四人』
右田人為以今月三日上面職田令殖可扈發如件

・「　大領於保臣　奉宣別為如任件□〔宣カ〕
以五月一日

郡符は、裏面に記された文書の年紀・五月一日に発行され、五月三日の郡司の職田（大領の場合六町、少領の場合四町支給された田）の田植えのために、「扈発（こはつ）」（扈役（こえき）、労賃と食料を支給して労役させる

こと）によってある里（磐城郷）の農民を召し出したものである。名簿には里刀自を含めて、三六人の名前が記されているが、実際は里刀自が三三人の農民を率いて郡家に赴いた。そこで郡の役人は郡符に記された人名と召し出された人物とを照合（右上に「丶」の印を付す）した結果、二人は不参加であることが判明し、その人の左上に「不」と記し、総計を「合卅四（三四）人」と記載したのである。

荒田目条里遺跡は、広大な荒田目条里遺構に隣接し、郡家の中心施設が置かれた根岸遺跡の西北に位置しており、郡家所在郷である磐城郷に所在する。磐城国造の系譜を引く大領於保磐城臣は、その郡司職田を荒田目条里内に有し、従来からの強い支配関係にもとづき、郡司職田の田植の雇傭労働力の動員を磐城郡家の置かれた磐城郷の里刀自（里長の妻）に命じたのであろう。

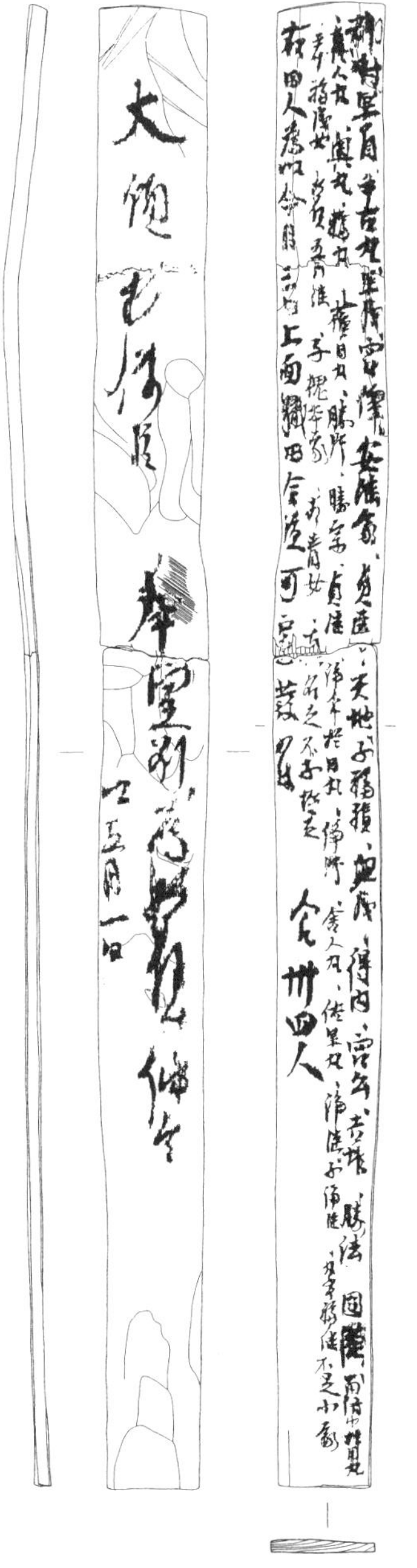

裏　　表

図14　五月三日の田植えのために合計34人を召し出した郡符木簡
（福島県いわき市荒田目条里遺跡）

石川県金沢市畝田ナベタ遺跡、西念・南新保遺跡、上荒屋遺跡

能登・越前（加賀）地方は、日本海に突出する能登半島と、その基部を成す標高二七〇二mの白山に育まれた加賀平野から成り、南北に細長い形をとっている。

古代の越前（加賀は弘仁十四〈八二三〉年に分国）・能登二国は、朝鮮半島や大陸と日本を結ぶ海の玄関口であった。特に渤海国との交流に際して、渤海国が九世紀にランドマークとしたのは能登半島であろう。

石川県金沢市西部、日本海に臨み、犀川と大野川に挟まれた標高一・五m前後の微高地上には、畝田遺跡群をはじめ、多くの古代遺跡がある。

手取扇状地は、要部分から諸河川がかなりの急傾斜を流れ、犀川河口に至る。湧水は扇端部の河口付近に集中するため、砂丘の後背湿地とともに広大な水田耕作地を生み出した。

犀川河口の畝田・寺中遺跡、金石本町遺跡などは郡司（主政・主帳）の管理する港湾施設、戸水C遺跡などは河北潟津として加賀国立国（八二三〈弘仁十四〉年）後の国府の管理する港湾施設とみることができる。十世紀に編纂された『延喜式』神名帳には加賀郡に「大野湊神社」の名がみえる。加賀郡に大野郷があることから、郷名を冠した湊と考えられる。大野湊は八世紀までは犀川河口にあり郡津であったが、加賀国立国以後の九世紀には、それとは別に大野川と一体になった河北潟水系に移り、国が関与した津が新設されたと理解されている。

また犀川の流域には、横江庄遺跡が存在し、『日本霊異記』にみえるように横江荘の有力者と考えられる「横江臣」の一族が大野郷畝田村に居住していたことが知られている。おそらく多くの在

地有力者および中央の貴族や寺社の現地管理者などが、河口に住居とともに物資と収納の倉を設置していたことであろう。犀川河口および河北潟付近は、郡家や国府の管理する数多くの官の施設と在地有力者や中央の貴族・寺社の現地管理者の住宅や倉庫、さらに渤海使を迎える施設などが建ち並ぶまさに古代港湾都市の景観を呈していたと考えられる。また上荒屋遺跡は、手取川扇状地の先端、安原川流域の微高地に立地している。奈良・平安時代の遺構は、東西・南北方向に走る二本の条里溝（幅約一m）と東西方向から南北方向に直角に曲がる溝に囲まれたほぼ一町四方内に建物群が展開している。この溝には数ヵ所の船着場状遺構が確認され、近接して二間×五間西庇付の大型掘立柱建物も二棟確認している。なお、遺跡の南約八〇〇mには、東大寺領横江荘の荘家跡がある。

砂丘の後背湿地、手取扇状地の網目状の大小河川と扇端部の湧水を利用した水田稲作や現在の〝加賀ハス〟の源流ともいうべき蓮栽培（上荒屋遺跡出土第四〇号木簡「□月八日蒔料蓮花種一石」）も盛んに行われていたと考えられる。

とくに畝田ナベタ遺跡出土木簡「酒流女（スルメ）」、西念・南新保遺跡出土木簡「須留女（スルメ）」、上荒屋遺跡出土木簡「大根子（オオネコ）」などは、いずれもイネの品種名を記したいわゆる種子札とみられる。こうした種子札は各地の有力者層の支配拠点付近から出土しており、イネの品種改良・管理は各地の先進地帯と呼ぶべき地域で実施されていたことをうかがわせるものである。

○上荒屋遺跡出土第二七号木簡

『四段二百卅二歩』庄　五条十九町三段三□　　（一七四）×二〇×五　〇八一型式

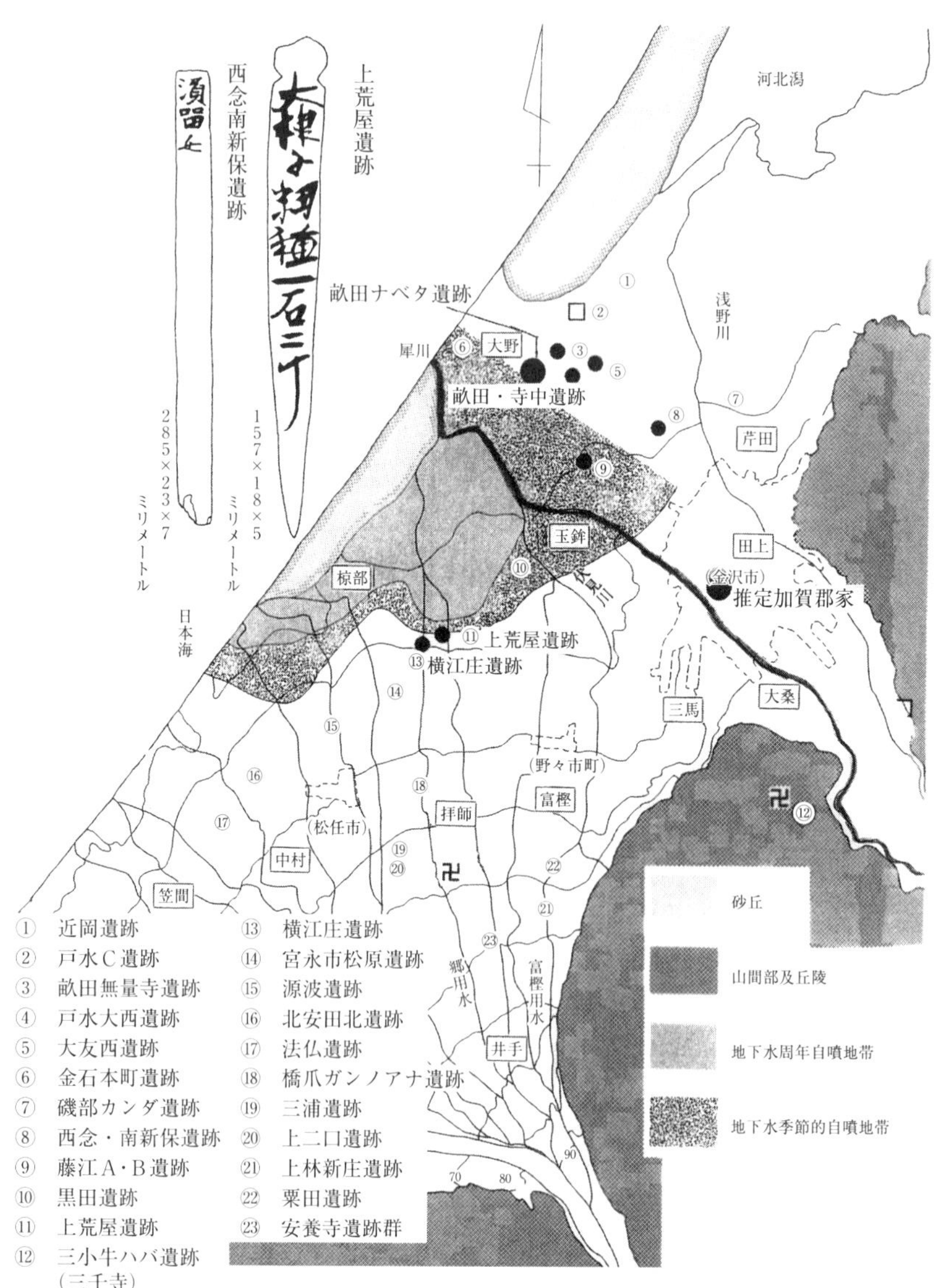

図15　加賀平野の古代主要遺跡(●初期庄園遺跡)

○同第五二号木簡（条里坪並の読取り札）

・「十二　十一　十　九　八　七　」

・「　　十二　十一　十　九　八　七

一　二　三　四　五　六」

七五×（一六）×二　〇一一型式

これらの木簡からも明らかなように、こうした先進的水田耕作地において条里制施行の明確な立証資料を見出すことができる。水田耕作に最適な地形などの条件のもと、条里制が施行され、優良品種を意識的にその一帯に栽培していたと考えられる。古代港湾都市はこうした高い生産地帯を背景にさまざまな物資を港に集積し、隆盛をきわめたのであろう。

一方、日本海側は潟湖に開かれた津の多いことが特色とされている。潟津から河北潟の水上交通を利用して潟の東北隅にいたり、北陸道と接する地点が〝都（津）幡津〟とされる港で、物資が陸揚げ・積込みされる交易の中心であった。また、加賀・能登・越中三国の国境にも近く、しかも能登の福浦港は渤海使が出発・来着し、向京の際に通過する能登と加賀の国境近くのこの地には、津幡町加茂遺跡出土の過所木簡（通行札）から推して〝深見剗〟が設置されていたと想定できる。

福岡市博多区高畑廃寺

高畑遺跡の北方五〇〇mに弥生時代の代表的遺跡である板付遺跡が存在する。高畑遺跡は板付遺跡において水稲耕作を開始した前後に集落が形成されている。高畑遺跡での水田は未検出であるが、水利のうえでは板付遺跡と同一水系（御笠川・諸岡川）を利用し、かつ上流に位置する。

この高畑遺跡の台地上に、奈良時代創建寺院跡すなわち高畑廃寺が確認された。高畑廃寺は筑前国那珂（なか）郡家推定地（現博多区那珂）の南約一・五㎞と近接した位置にあり、郡寺的な性格が想定されている。

奈良県香芝市下田東遺跡

大和国西部、河内国に接する葛下（かつらきのしも）郡の地・奈良県香芝（かしば）市下田東遺跡は、古墳時代、奈良、平安そして室町時代まで一貫してこの地の有力者の拠点であったと考えられる。この遺跡から出土した曲物の底板に記されたメモ書は、地方豪族による〝多角的な生業〟活動を物語っている。

この木簡は、曲物の底板を利用したもので両面に墨書されている。一面は板を縦長に、イネの種播きの日程を記載し、最後にその表面を削って「伊福部連 豊足（いおきべのむらじとよたり）」という人物の解文（げぶみ）（上申書）の下書きに利用されている。また、もう一面は、板を横長に、稲刈りの日程や年魚（あゆ）（鮎）の売却に関する事などが書かれている。

この居館の主「伊福部連豊足」は、稲作の管理栽培を主たる生業とした。前章で指摘したように、そのなかで、大和の有力者が新しい品種「小須流女」を生み出し、おそらく自らの北陸地方の荘園において、すでに栽培されている「須流女」に代えて播種したという想定も成り立つかもしれない。

次に下田東遺跡内を走る自然河道では、魞（えり）（河川などの魚の通り道に袋状に竹簀（たけす）を立てて魚を捕らえる装置）の遺構も検出され、木簡には年魚（鮎）を採り、売却していた商業活動が記録されている。

さらに、伊福部連豊足が馬の進上に関する上申書を出すための下書きを記している。その内容は、豊足が重病を患ったため、預かっている馬を飼育し、進上することができないというわび状に近い。上司に差し出す弁明書のような文書だけに何度も言いまわしを推敲し、数文字の習書も行っている。

「伊福部連豊足」は連（むらじ）姓をもち、おそらくはこの居館の主であろう。

都周辺では東国から送られてきた御馬（みま）を調教し、都の儀式などに供していた。この地の近くには、河内に居住する馬飼いの渡来系氏族田辺史（たなべのふひと）の拠点もあるなど、河内・和泉そして大和国内にこのような牧（まき）が集中していたと考えられる。

稲作・漁撈・馬飼いに従事するこの地の有力者の多角的経営に関することが、再利用した曲物の底板にメモ書きされている点に大きな意義がある。すなわち、通常の文書木簡などは動きがあり、ほかの機関から発信したか、この地で作成したものか、あるいは、召還木簡のように、この地で作成し、ほかの機関に差し出し、召し出した人とともに木簡が戻ってくる場合も想定できるなど、きわめて複雑である。しかし、再利用の曲物の板にメモ書きしたものは、通常動きのない資料である。メモ書きのすべての作業がこの地で実施され、地方豪族の稲作などの多角経営の実態をものがたっているのである。

六、地方豪族間交流による品種改良と「種稲分与」の新たな展開―むすびにかえて―

品種改良―石川県金沢市畝田ナベタ遺跡出土木簡―

前章で詳述したように、近年、北陸地方の石川県金沢市西部において、大規模な発掘調査が実施され、その生業活動に根ざした港湾都市のほぼ概要が明らかになってきている。その遺跡群のうち、ここでは畝田ナベタ遺跡を主として取り上げたい。

第一号木簡

「<酒流女一石余」　一六〇×三一×三　〇三二形式

「一石余」の表記から、籾俵に付けた札と考えられる。

第二号木簡と同様の内容と判断される。

第二号木簡

「<須充女一石一斗」　一四七×二四×二　〇三二型式

第二字の「充」は「流」の旁(つくり)のみを記したもの。

第三号木簡

「＜否益一石一斗」　　一七〇×一八×五　〇三二型式

完形で頭部に切り込みを入れた付け札である。裏面の下端両側面に鼠の歯形と判断される痕跡が遺されている。本木簡が籾の付け札であり、その保管施設と鼠の存在は密接な関連を想定することができ、全国的に報告例を聞かない貴重な資料として注目してよいであろう。

第四号木簡

・「＜比田知子一石二斗」

・「三月廿七日」　　二三五×二一×七　〇三三型式

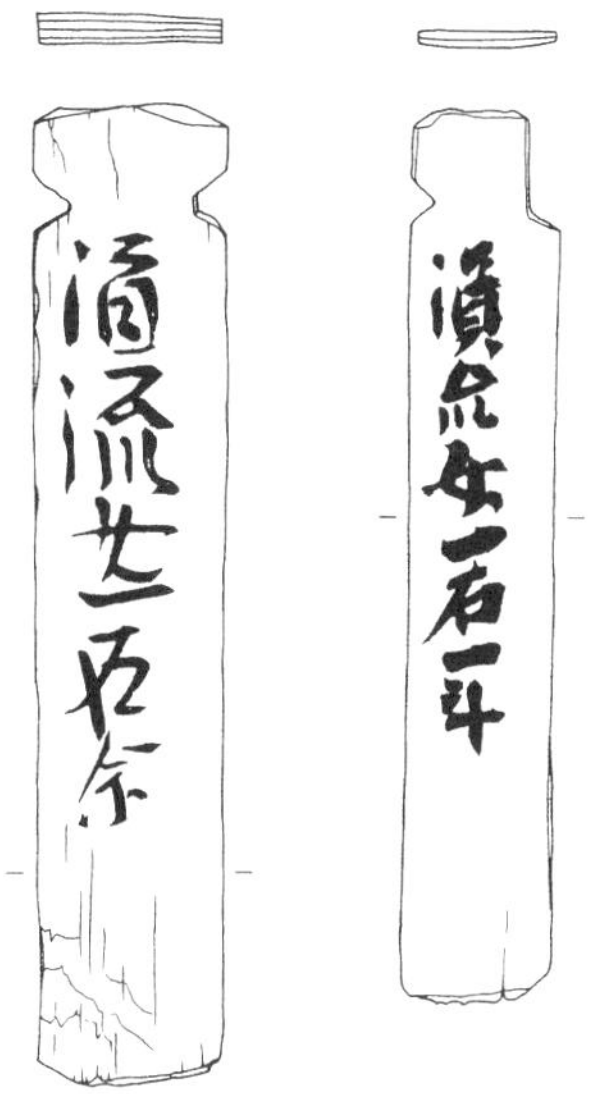

図16　石川県金沢市畝田ナベタ遺跡出土木簡

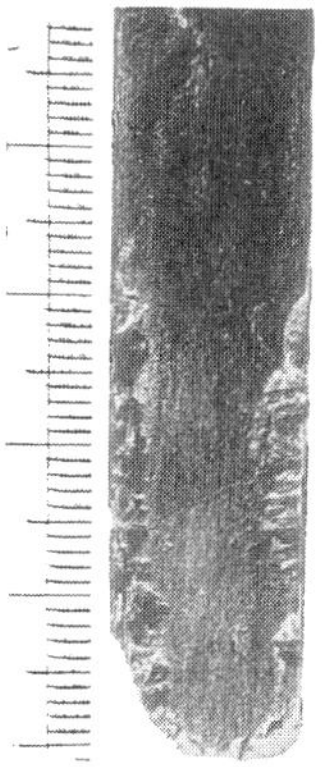

図17　鼠の歯形の遺る第三号木簡（金沢市畝田ナベタ遺跡出土）

畝田ナベタ遺跡出土木簡では、第一号、第二号、第三号、第四号木簡がほぼ同様の性格を有していると考えられる。

「酒」は「須」と同様に「ス」の字音として用いられている。類例として金沢市西念・南新保遺跡出土木簡の「須留女」（〈二八五〉×二三×七　〇一九型式）があげられる。「酒流女」「須流女」はともに「スルメ」と訓むのであろう。「否益」は「否」を「イナ」と訓むとすれば、「稲益」に通ずる。「スルメ」に加えて「否益」から推測するならば、イネの品種名を書いた札（種子札）と考えられる。木簡の形状観察で興味深い事実は次のとおりである。種子札と推定した木簡は全体的な形状に差違があるが、第一号・第二号木簡は長さは異なるものの頭部の特有の成形が合致する。これはおそらく、文字による識別とともに、形状でも識別できるように二重のチェックを考慮したものと理解できる。また、種子札に記載された数量は第一号木簡の「一石余」が端的にものがたっているように、種播の際の発芽状態などを考慮して一斗～二斗範囲内で増量していたのであろう。

この種子札「須流女」については、奈良県香芝市下田東遺跡出土木簡の「小須流女（コスルメ）」が、密接な関連をもつ資料として注目される。

また、「小」については、近世のイネの品種名から以下のように考えられる。

『清良記――親民鑑月集』（新本）（一七〇二～一七三一年頃成立）

疾中稲（となかて）の事

一仏の子　一一本千　一備前稲　一小備前

一畔越（あぜこし）　一小畔越　一野鹿　一大白稲

一小白稲　一大下馬　一栖張（すくはり）　一疾饗膳

右十二品は疾中稲にして、上白米也。早稲の次に出（枠囲みは筆者による）。

右の史料には

畔越　→　小畔越
備前稲　→　小備前
大白稲　→　小白稲

のように、同一名（もしくは一部同じ）に「小」を付けたものが見える。こうした品種名の付け方は、品種改良に伴うもので、同一系統の品種において「畔越」→「小畔越」のような品種名が登場すると理解できるであろう。

これらの例から推して、畝田ナベタ遺跡および西念・南新保遺跡出土木簡「須流女」「酒流女」と下田東遺跡出土木簡「小須流女」の関係が密接であるといえよう。「須流女」「小須流女」の関係は加賀国と大和国において共通する品種名のイネが栽培されていたことを示している。

古代のイネの「種子札」は本章二節で詳述したが、各地方における中心的な地域、すなわち地方豪族の拠点から出土している。

金沢市西部地域の犀川河口付近には、畝田・寺中遺跡および畝田ナベタ遺跡などの遺跡群が、その支流域には横江庄跡や上荒屋遺跡群などの初期荘園が分布している。

横江荘は、朝原内親王の遺領が弘仁九年（八一八）三月二七日に母の酒人内親王によって東大寺

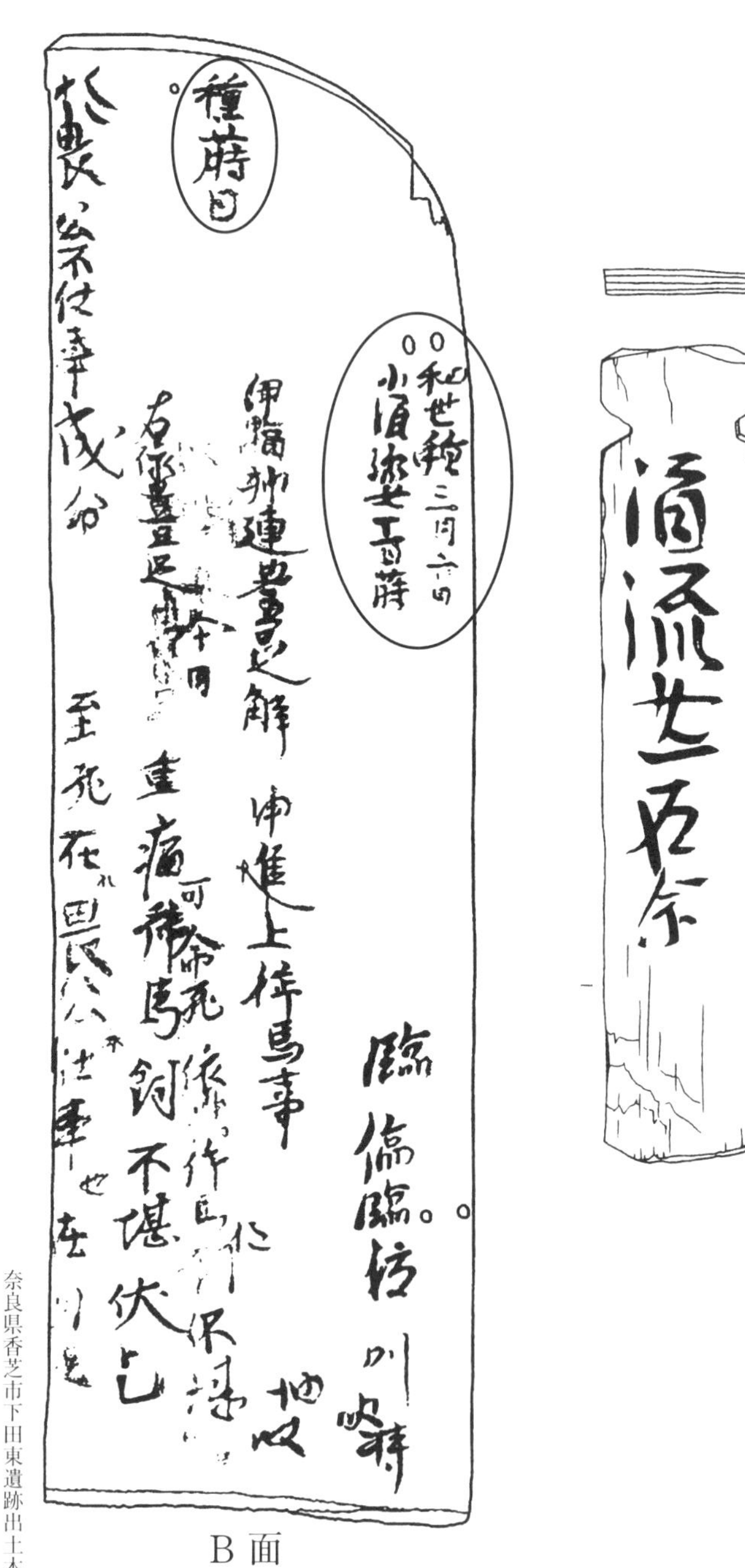

図18　種子札「酒流女」と「小須流女」（◯は筆者）

に寄進されたもので、墾田一八六町五段二〇〇歩に及んだとされる。一九七〇年に現在の松任市横江町北西郊の地で、平安初期の五棟の掘立柱建物跡と「三宅」「寺」などの墨書土器などが出土し、東大寺領横江荘の荘家跡であることが判明した。

上荒屋遺跡は、横江荘の荘家跡の北約八〇〇メートルに位置し、溝に囲まれたほぼ一町四方内に多くの建物群が確認されている。その大溝には数ヵ所の船着場状遺構が存在し、安原川を経て犀川河口への連絡網として注目される。なお、上荒屋遺跡から出土した木簡のなかに「大根子籾種一石二斗」をはじめ数点の種子札が確認されている。

犀川およびその支流域には多くの在地有力者や中央の貴族、寺社の現地管理者による生産拠点が存在し、港湾周辺では広大な低湿地地帯に水田が営まれていたと考えられる。すなわち、金沢平野西部一帯は中央貴族・寺社などの荘園が形成され、先端的な農業経営が行われ、イネの品種改良が盛んに行われていたことが十分に想定できるであろう。

「種稲分与」の新展開―鳥取県鳥取市青谷横木遺跡の種子札―

日本列島の沿岸部では、太平洋は干満の差が大きく、北海道から東北で〇・八〜〇・九m、関東から九州にかけては一〜二mある。一方、日本海沿岸は、北海道の稚内から島根県西部の浜田までは、潮位の差がもっとも大きい大潮のときでも〇・一〜〇・二mで、干満差があまり認められない。

地理学者・日下雅義氏は、古代景観の先駆的復原を実践している。特に日本列島の古代における砂質海岸とその砂堆背後のラグーン（潟湖）に港が成立した景観復原を試みた。[9]

島根県の西端に近い有名な大国主神「稲羽の素兎」説話のある山陰海岸、現在このあたりは〝白兎海岸〟と呼ばれており、近くの小高い丘の上には白兎神社も鎮座する。日本海に面したこのあたり一帯では、風波が激しいため、海岸付近には河口を塞ぐようにして砂州が発達している。現在、国道九号線は砂州の上を走っており、その背後にかつてはラグーンが存在し、汽水ないし淡水のところにヨシやガマが茂っていたらしい。現在もそこに小さな河川がみられ、当時の有様が彷彿としてくる。少なくとも、『古事記』が編まれたころ、ここが「水門（港）」の景を呈したことはほぼまちがいない。

こうした白兎海岸と同様の「水門」がそのすぐ西方の鳥取市青谷地域にかつて存在した。青谷の地にも海岸砂州背後のラグーンに港湾施設があったが、そこはきわめて不安定な地形環境であったため、津波や高潮、さらにその後の土砂の堆積によって跡形もなくなってしまったと推測される。

鳥取市の西端に広がる小規模な青谷平野はその南を小富士山（標高七六八メートル）などの中国山地から派生した山地に囲まれている。さらに、この山地が日本海へ舌状に張り出して延びており、東を長尾鼻、西を尾後鼻として青谷平野の東西を仕切っている。南側の山地を水源とした日置川、勝部川が日本海めがけて貫流し、さらに東西二つの狭い谷底平野が形成されている。青谷横木遺跡が立地するのは東側の日置川が形成した平野東岸で、背後には長尾鼻につながる山地の斜面となっている。本遺跡周辺は地下水位が高く、有機物の保存状態が非常に良好である。[10]

9　日下雅義『古代景観の復原』中央公論社、一九九一年。

10　青谷横木遺跡および木簡の概要については、梅村大輔（鳥取県埋蔵文化財センター）「鳥取県青谷横木遺跡の発掘調査と出土文字資料（続～報）」（木簡学会第三八回研究集会　二〇一六年十二月四日研究報告）による。

古代の本遺跡とその周辺は因幡国気多郡と推定され、因幡国の西端にあたり伯耆国と接している。気多郡家は、本遺跡の東側の尾根を越えた大坂郷の「上原（かんばら）遺跡群」（七世紀末～九世紀）であったと推定されている。本遺跡の北西一・五キロにあり、弥生時代の遺跡として著名である青谷上寺地遺跡は多くの朝鮮半島系文物の他、北近畿系土器や北陸系土器が出土していることから、環日本海地域の交流ネットワークにおける主要な物流拠点集落として位置づけられている。[11]

青谷横木遺跡の調査は二〇一三～二〇一五年度実施された。その結果、古代と推定される方向性や区画規模から、条里に伴う盛土が確認された。また山裾部分の道路遺構は、本遺跡周辺に想定されていた古代山陰道の一部とされた。

木簡は、八四点出土し、道路遺構（七世紀末～八世紀初め）からの木簡群を最古として、八世紀代・九世紀代と確定できる木簡はない。十世紀・十一世紀の木簡は、「天慶十年」（九四七年）と記された題箋

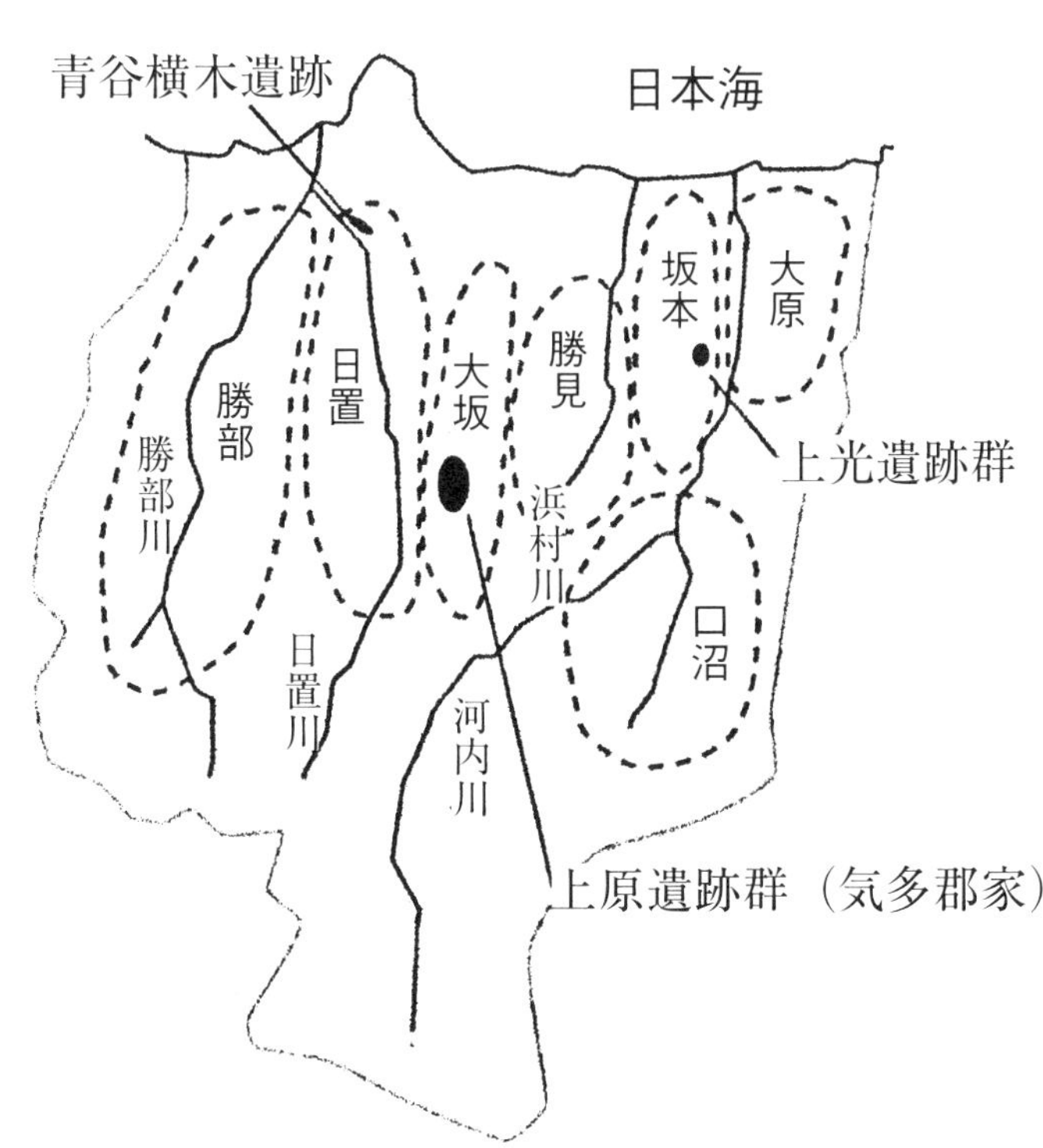

図19　鳥取市青谷横木遺跡と古代因幡国気多郡郷
『鳥取県史』第１巻より一部改変

が外盛土から出土し、共伴する土師器の供膳具の年代観とも合致することから、外盛土の構築年代は十世紀後半以降とされている。本遺跡から出土した種子札に関する木簡は八点と判断できる。

次にその八点の木簡を列記する。

①「<黒稲一石」	二〇〇×三二×八	〇三三型式	十世紀後半～十一世紀前半
②「<赤稲一石」	（一三五）×二九×七	〇三九型式	十世紀後半～十一世紀前半
③「須留女	（一八四）×二四×六	〇一九型式	十世紀後半
④「<伊□子籾一石」	二〇四×二五×五	〇三三型式	十世紀後半～十一世紀前半
⑤「長比子	二七〇×三七×六	〇一一型式	十世紀後半？
⑥「<志保生籾」	一二四×二二×三	〇三三型式	十世紀後半
⑦「<赤尾木」	二五〇×三〇×六	〇三三型式	十世紀代？
⑧「<赤稲」	一三二×一九×三	〇三三型式	十世紀代

この種子札と想定できる八点のうち、古代以降の史料等で同一品種名と特定できるものは、次のとおりである。

①「黒稲」は、近世の遠江国引佐郡気賀村「万延元年（一八六〇）米秋の覚帳」に「黒稲」（くろしね）とある。

②・⑧「赤稲」は、近世の遠江国引佐郡気賀村「天保六年（一八三五）米秋の覚帳」に「赤稲」（あかしね）と記されている。

11　青谷上寺地遺跡の弥生時代における北陸系土器の存在については、島根県教育委員会の池淵俊一氏の教示による。

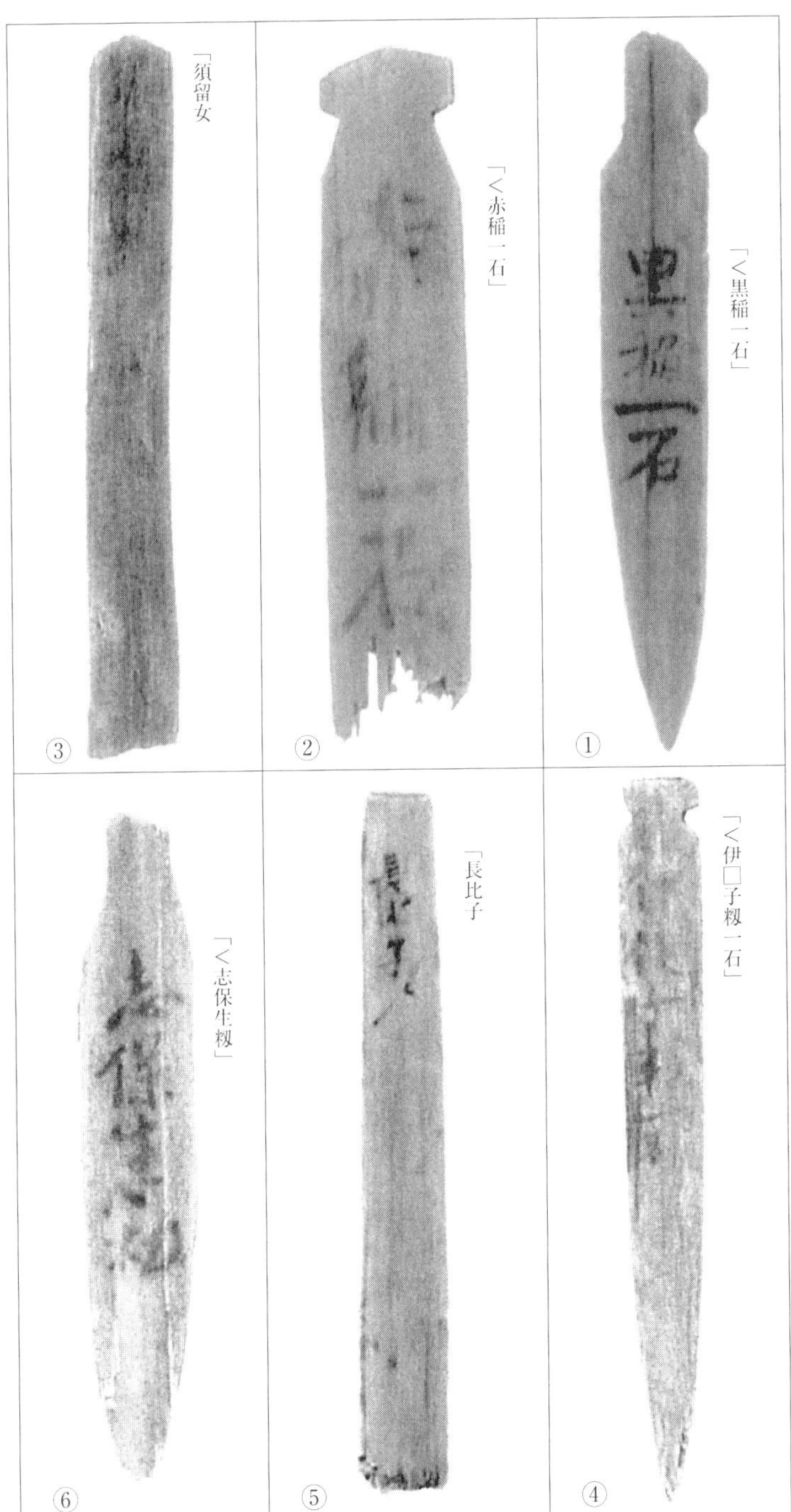

図20　鳥取市青谷横木遺跡出土木簡
梅村大輔氏報告（2016年12月4日木簡学会）資料図版「種子札の可能性のある木簡」

ここで注目すべきは、③「須留女」と⑤「長比子」は、列島内の他の古代遺跡で同一品種名が出土している点である。「須留女」は、石川県金沢市畝田ナベタ遺跡木簡に、

①「＜酒流女一石余」　一六〇×三一×三　〇三一型式

②「＜須充女一石一斗」　一四七×二四×二　〇三二型式

さらに、近接する金沢市西念・南新保遺跡木簡にも、

③「須留女」　（二八五）×二三×七　〇一九型式

と記されている。「酒」は「須」と同様に「ス」の字音として用いられている。「酒留女」「須充女」「須留女」はすべて「スルメ」と訓むのであろう。

両遺跡は石川県金沢市西部、日本海に臨み、犀川と大野川に挟まれた標高一・五メートル前後の微高地上に位置する。このうち、畝田ナベタ遺跡に近接する畝田・寺中遺跡からは「津司」と記された墨書土器が出土している。「津司」とは津を管理する役所や役人を意味している。旧河道以北の溝からも「津」と墨書された八世紀半ばの須恵器五点が出土している。これらの「津司」

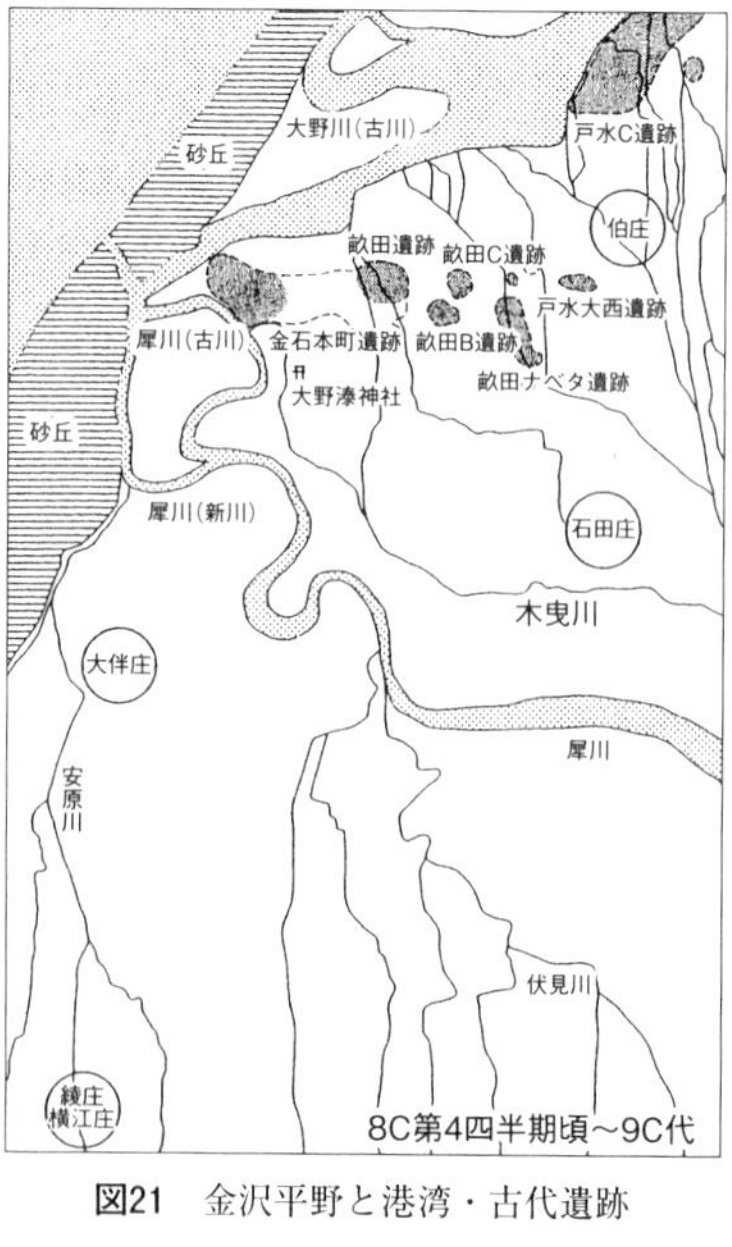

図21　金沢平野と港湾・古代遺跡

「津」墨書土器は、畝田遺跡群一帯が犀川河口の津（港）であることを証する重要な資料である。

畝田遺跡群を中核とする古代港湾都市は、犀川河口、河北潟の潟津を直接的な玄関口として、さらに河北潟の水上交通を利用して東北隅の都（津）幡津の地で能登・越中の地と北陸道を通じて結節していたのである。一方、「長比子」は福島県会津若松市矢玉遺跡木簡に

「＜長非子一石」　一三五×一八×四　〇三二型式

とあり、「長比子」は「長非子」と同じ「ながひこ」という品種名とみなしてよい。

矢玉遺跡は、福島県の西部、会津盆地の中心部からやや東寄りの平坦部に位置している。遺跡は古代の陸奥国会津郡家の比定地である河東町の郡山遺跡から南西に約二・五キロの位置にある。矢玉遺跡は奈良時代後半（八世紀後半）から平安時代前半にかけての官衙に準じた施設の可能性があるとされている。

「長非子」は、平安時代以降、和歌のなかでさかんに詠われたイネの異名とされる「長彦（ながひこ）」に該当する。

〇『夫木和歌抄』一六八二八番（前掲）

かぞふればかずもしられず君が代はなかたにつくるながひこのいね

「ながひこ」の場合、本来はイネの品種名であったものが、平安時代後半以降、和歌の世界では、

最も親しまれ、イネの異名のように位置付けられたと考えられる。

列島の西や南から越地方（この場合、のちの越前国〈福井県〉・越中国〈富山県〉）の端である新潟県域（のちの越後国）に、古墳およびその文化さらには人々などの移動も行われた。新潟平野では前方後円墳や前方後方墳が発見され、北陸から会津盆地にいたるルートの中継地点といわれる。土器の面からも、北陸系の土器や東海・信濃系の土器が新潟県の南端、頸城平野に持ち込まれている。七世紀半ばには、県の中央から北に渟足柵・磐舟柵という行政・軍事の拠点施設が置かれた。これらの推定地は、阿賀野川河畔とその北である。阿賀野川は、福島県では阿賀川と呼ばれ、その源流は福島県・栃木県境の荒海山にある。会津盆地の中心を貫く阿賀川は四方から水量の多い川が流れ込み、水の利と肥沃な地を形成し、はやくから水田稲作が開始されたと考えられる。阿賀川・阿賀野川は会津盆地から山間部を貫き、越後平野を流れ、下流部の河川水流量は日本最大級の水系である。

福島県会津地方は、古代には陸奥国会津郡とされ、その会津郡内で九世紀の米や穀物などの煮炊き用土器は北陸あるいは越との人々の交流を確認することができるとされている。以下、その論旨を要約して紹介したい[12]。

九世紀代の陸奥国域に広く普及していたのは、ロクロで作った底の平らな長胴甕である。一方、北陸や越後、出羽では、ロクロで作りながらも底の丸い長胴甕が普及している。会津では、この両者のタイプと会津に独特な中間的なものがある。これは会津で陸奥国の一般的な製作技法をもつ工人達が、北陸系の長胴甕を模した中間的なタイプを作ったのであろう。

また、現在までに会津で調査された古代の集落遺跡の多くは、九世紀代から十世紀代に営まれて

12　山中雅志「古代の越と会津―九世紀の煮炊き用土器に見る人々の交流―」（新潟県立博物館企画展示図録『越後佐渡の古代ロマン―行き交う人々の姿を求めて―』二〇〇四年十月）

おり、九世紀代に会津地方の開発が飛躍的に進んだ様子を示している。会津の工人達が北陸系の長胴甕を模した中間タイプが出現する時期と重なる。

会津の地には、「耶麻郡」が史料初出の八四〇（承和七）年以前に成立している。すなわち会津の地は、盆地南東部を中心とする会津郡と、会津盆地を西流する阿賀川以北の耶麻郡に分立している。おそらく長胴甕や集落形成などの考古学上の状況からみて、九世紀初めに越方面より人々が流入し、会津盆地北西部の開発が進み、会津郡から新たに耶麻郡を分立させたのであろう。

陸奥国にとっても、会津盆地を貫流する阿賀川（阿賀野川）は、日本海側へと開いた唯一の河川であった。古代越後における内水面（河川）交通の重要性と同様に、会津における内水面（河川）交通もきわめて重要であり、古代にかぎらず、その後の会津地方の歴史においても、河川を介して越後が深く関わっている。

ところで、岡田精司・榎英一両氏の大王―首長、首長―農民という二重構造による種稲分与が王権および各地域の首長権の確立に実質的な意味を持ち続けたという指摘は本論との関連から再検討してみたい[13]。

岡田精司氏は、大王の新嘗（イネの収穫を祝う神事）に初穂とみつぎものをもって参集した地方首長が、それぞれ大王から種稲を授けられて下向していたこと、七世紀後半からの律令国家においては、祈念祭の班幣（神前の供物をわかつこと）が、地方に種稲を下賜するものであったことを指摘している。

祈念祭とは「としごいのまつり」といい、「とし」は穀物のみのりを意味し、その年のイネの豊作をすべての神々に祈願する祭りのことである。祈年祭の幣帛

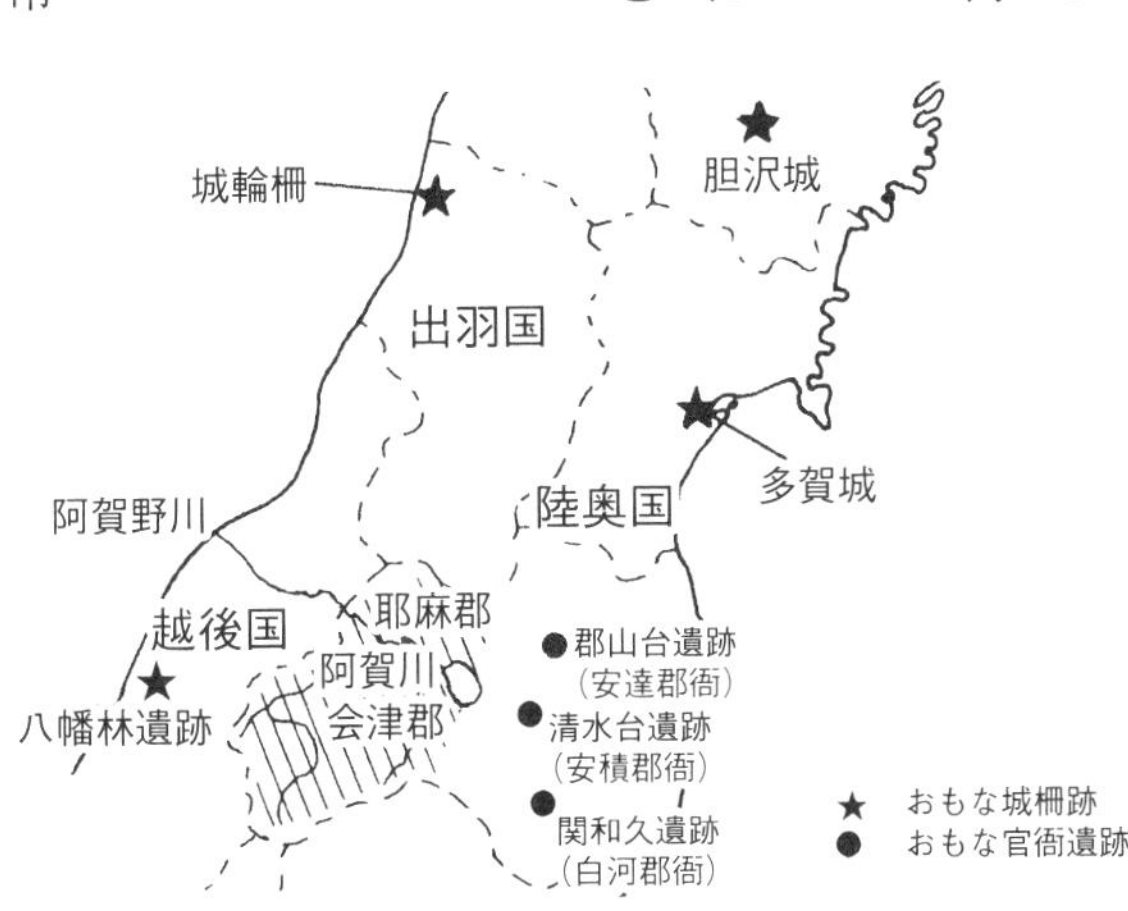

写真22　越後・出羽と会津の位置

を授けるために、全国から新国造たちを召集することは、この班弊の儀式が大化前代の種稲分与の伝統に立つ、服属儀礼としての色彩の濃厚なものだったからと思われる。

このようにして、大王の手から授けられる初春の種稲分与は、大王家の稲魂を頒つという意味をもち、それによって農業生産そのものが大王に宗教的に支配されるという重要な意味をもったと指摘した。

以上の岡田氏の見解をさらに展開した榎氏は、次のように強調している。

大王の支配下のすべての土地と農民は、象徴的には、大王が賜与する種稲を幡き、大王に初穂を捧げる。こうした体制が日本列島の大部分を覆うようになるのは、おそらくは七世紀後半に入ってからであろうし、その場合も実際は、天皇—首長、首長—農民、といった重層構造が基本であったとみるべきであろうが、その体制は八世紀においても、なお依然として、実質的な意味を持ち続けていたようであるという。

しかし、大化前代の種稲分与の伝統に立つ服属儀礼として、八世紀以降も農業生産そのものが大王に宗教的に支配されていたあるいは実質的な意味を持ち続けていたという両氏の指摘は、文献史料にもとづく律令国家による中央集権的支配体制を強調する従来の解釈ではないか。

まず、八世紀の実態からいえば「種稲分与」は、出挙(すいこ)との関連も配慮しなければならない。出挙とは、「出」が貸与、「挙」は回収の意味で、利息付き貸借である。種稲分与と出挙との関連は、次の史料が如実にものがたっている。『続日本紀』天平神護三年（七六七）二月十一日条によると、淡路(あわじ)国が旱魃(かんばつ)（ひでり）のため、播種すべきイネが欠乏しているので、播磨(はりま)国加古(かこ)・印南(いなみ)二郡のイネを転送し、農民に貸し出すことを命じている。

13 岡田精司「律令的祭祀形態の成立」（『古代王権の祭祀と神話』塙書房、一九七〇年）。榎英一「田租・出挙小論—その起源について—」（日本史論叢会編『論究 日本古代史』学生社、一九七九年）。

また、「稲種分与」と出挙関係の木簡資料も地方官衙遺跡から出土している。

○石川県金沢市・金石本町遺跡

本遺跡は金沢市内を流れる犀川右岸の河口付近にあり、自然涌水や水運に恵まれた場所に位置する。奈良・平安時代を中心とした遺跡で、三間×九間の大型掘立柱建物や倉庫群、河道跡などが確認されている。このうち河道跡は、幅は広い地点で二〇～三〇m以上、深さは二m以上ある。この遺構からは、古墳時代から奈良・平安時代にわたる遺物とともに、次の木簡が出土している。

□稲　大者君稲廿三」　（一八九）×三七×四　〇一九型式

下端と両側面は原形をとどめているが、上端部を欠損している[14]。

この木簡の文意は、「大者君」の稲廿三（束）ということであろう。「大者君」を尊称とみれば、出挙にかかわる木簡とみなすことができる。

これは首長層による種稲分与の意味をより直接的に表記した種稲の付札と解することができるのではないか。金石本町遺跡出土の木簡は、出挙の貸付にあたり、貸付主体の尊称を「大者君稲」と明記することで、首長による種稲分与の意を体現させたものといえる。

さらに、地方社会において圧倒的な権力を誇った地方豪族とされた郡司層は、なによりもその経済的優位性に着目すべきである。

考古学的事例としても、たとえば、丹波国氷上（ひかみ）郡（兵庫県丹波市）の郡家別院と想定される山垣遺

14　拙稿「金沢市金石本町遺跡木簡」（石川県立埋蔵文化財センター『金石本町遺跡―銭五記念館（仮称）建設工事に係る埋蔵文化財発掘調査報告書―』一九九七年）。

跡（丹波市春日町）では、縦杵・鋤・えぶり・鍬・槌の子など、農耕具の未製品が数多く出土している。また駿河国志太郡家跡（静岡県藤枝市）では、鋤・大足（おおあし）・えぶりなどの農耕具、土錘約三〇〇点など漁具、糸車・きぬたなどの織物具などの生業用具が多量に発見されている。とくに郡家による多量の農耕具の専有は、地方における稲作農耕が郡司層によって統制・管理されていたことをものがたるものであろう。

これまでの古代史研究においては、地方における生産活動は律令国家の租税体系のなかでとらえられ、簡単にいえば、税金を納めるための生産と、税金を調えるための国府付属の工房の役割ばかりが強調されてきた。しかし、地方において圧倒的な権力を誇った豪族は、律令制以前に着々と築き上げた生産構造と、その経済活動とくに地方豪族による地域間交流を律令期にも変えることなく、莫大な財力を蓄えていったと思われる。地方社会における郡司層の伝統的勢力を考えるならば、何よりもその社会における経済的優位性に着目しなければならない。

以上のような列島内における古代社会の状況のなかで、鳥取県青谷横木遺跡出土木簡「須留女」「長比子」と金沢市畝田ナベタ遺跡など出土木簡「酒流女」「須宍女」「須留女」、および福島県会津若松市矢玉遺跡木簡「長非子」の存在は、大王と地方首長、首長と農民とは異なる列島内の地方豪族による地域間交流を通しての「種稲分与」が実施されたことをものがたっている。青谷横木遺跡に近接する弥生時代の青谷上寺地遺跡から北陸系土器が出土している事実は重要である。鳥取県青谷遺跡群も金沢市畝田遺跡群も、環日本海地域の交流ネットワークにおける主要な物流拠点であった。また、さらに北上し、越後国の阿賀野川河口も物流拠点であり、その阿賀野川を遡上し、福島県会津盆地の古代の陸奥国、会津郡家に近い矢玉遺跡出土種子札「長非子」に辿り着く。

列島内の地方豪族間の「種稲分与」が鳥取県青谷横木遺跡の種子札「須留女」「長比子」の出土により、鮮やかに立証されたといえよう。ただ、「種稲分与」の実態は優良な「種稲」をもって、他の地域の貴重な物品などとの交換も想定しておくべきであろう。いずれにしても前章で述べたように、現段階までに確認された大部分の種子札は、地方豪族の拠点とされる遺跡から出土したものである。各地における自然環境の変動の中、地方豪族はそれぞれの地域に、より適したイネの品種改良を試み新たな品種を生み出したことであろう。自然災害に対して多品種による壊滅的被害の回避など、それぞれの地域社会における、実践に裏付けられたイネの品種改良に基づく地域間交流による「種稲分与」と理解すべきであろう。

長い間栽培されてきた在来種は特殊な優良遺伝子をもつとはいえ、その総合的な実用価値が低下し、すでに栽培されなくなってしまっている。そこで農林省は、昭和三七年（一九六二）から同四〇年（一九六五）までの四年間にわたって、全国的規模で、イネの在来種の収集と特性調査を実施

付表1　一九六二〜六五年ごろまで栽培されていた在来品種のうち「種子札」にその名称が認められるもの

品種名	採集地
「あぜこし」	三重県北牟婁郡長島町ほか
「白早生」	石川県鳳至郡柳田町
「白稲」	徳島県那賀郡上那賀町
「あらき」	島根県飯石郡赤名町ほか
「亀治」	長野県飯田市ほか「亀治」は一八七五（明治八）年、「縮張」＝「足張」を現在の島根県安来市の広田亀治が品種改良したもの。

した。その調査結果は、農林水産技術会議事務局『わが国の在来稲品種の特性』（一九七〇年）として刊行された。その報告書によれば、本稿の古代の「種子札」にみえる品種名がいくつか確認できるのである（付表）。

付表2
『わが国の在来品種の特性』の一事例（LO366、「あぜこし」の例）

主項目	
LO番号	三六六
品種名	あぜこし
地域別	近畿
種類別	ウルチ
一九六三：収集者	志村
取寄先	奈良県古座川流域
集収地	奈良

『農林水産省ジーンバンク稲遺伝資源特性調査』（北陸地域基盤研究部稲育種素材研究室：一九九七年〜二〇〇一年）にみえる「あぜこし」などの品種名をもつ在来品種

品種系統名	保存番号	原産地
赤米屋代(一)	00009752	長野
青鬼	00010391	三重
・新木二号	?	富山
・新木二号	00010958	島根
●あぜこし	00010265	奈良
●あぜこし	?	和歌山
●あぜこし	?	和歌山
あずま	00010811	島根

第3章　赤米・黒米・香り米

変わりものの品種たち

猪谷富雄

一、イネ遺伝資源の多様性とその活用

著者らは、国内外から収集してきたイネ800系統を対象に、その形態・生理・生態的特性の調査と理化学的な分析によって、変異に富んだイネをいくつかの品種群に分け、その特性解明と利用面の開発を目指してきた[1]。赤米および黒米の色素発現に対する環境の影響や抗酸化活性を調べ、色素を生かしたパン、めん、酒などの食品開発も行ってきた。また、香り米における香気の品種間差異と登熟期間中の気温や貯蔵の影響などを明らかにした。

私たちが食べるお米はジャポニカに属し、粘りがありモチモチしている。しかし、世界全体では粘りがなくパサパサした食味のインディカが主流で、東南アジアではめん類やライスペーパーにもなる。日本でも、歴史的には、イネは多収品種から、良食味品種、さらには健康でいたい、簡便なものがいいという、ニーズの多様化に向けた育種目標の変化があり、最近は赤米や黒米などの有色米、炊飯すると特別の香りを発生する香り米、米パンやヌードルに向いた高アミロース米、また健康機能性に注目した低アレルゲン米、低グルテリン米、巨大胚米が、在来稲や海外の品種あるいは突然変異体をもとに育成されている。一方、家畜用の飼料米、水田アート用の観賞稲なども あり、様々な用途に向けたお米の品種が開発されている[2]。

コシヒカリ一辺倒からイネ品種の多様化を図ること、食用でなくても構わないからイネが作られ続けること、そのことが日本の水田を守り、後世の安全保障につながることになると思う。

本章では、赤米・黒米・香り米など変わりものの品種について、その栽培と利用の歴史や現状を

1　猪谷富雄（二〇〇〇）「赤米・紫黒米・香り米―『古代米』の品種・栽培・加工・利用」農文協。猪谷富雄編・スギワカユウコ絵（二〇一〇）『赤米・黒米の絵本』農文協。

2　猪谷富雄（二〇一三）『多様なイネで日本の水田を守る―県立広島大学で収集してきた国内外の稲遺伝資源の栽培特性と活用事例―』平成二二～二四年度科学研究費報告書、県立広島大学生命環境学部。

紹介しながら、イネ遺伝資源の多様性とその活用について説明したい。主要な引用文献も示したので、関心のある方は是非このような分野にも目を向けていただきたい。

二、イネの起源と日本への伝播

イネ（オリザ）属は、研究者により分類法が異なるが、現在二一あるいは二三種がアジア、アフリカ、オーストラリア、中南米に分布する。栽培稲は植物学的に二種があり、アフリカイネ *Oryza glaberrima* はニジェール川流域で栽培されてきたが、収量が低く、現在世界で栽培されるほとんどはアジアイネ *Oryza sativa* である。アジアイネは、さらに生態型によってインディカとジャポニカ、ジャポニカはさらに熱帯型と温帯型に分けられる。インディカは南・東南アジアをはじめ世界中の多くの地域で、熱帯ジャポニカ（ジャバニカ）はインドシナ半島や東南アジアの島々で、温帯ジャポニカ（狭義のジャポニカ）は日本を含む東北アジアで栽培されている。一般に、インディカは粘りが少ない長粒種、熱帯ジャポニカは粘りのある大粒種、温帯ジャポニカは粘りのある短粒種と理解されているが、例えばインドには短粒の米が広く栽培されており多くの変異がある。[3]

アジア稲の祖先は、アジアの熱帯や亜熱帯の湿地に生えている多年生の野生稲 *Oryza rufipogon* で、日本のイネが収穫後、暖かい日が続くと切り株から葉や穂を青々と出しているのがよく見られるが、これは多年生の性格を受け継いでいる証拠である。アジアイネの起源地については、①インドや東南アジアの低湿地帯説、②アッサム・雲南の山岳地帯説、③ジャポニカ長江起源説、という三つの説がある。最近とくに注目されているのが③で、中国・長江（揚子江）の中下流域で一万年

3　佐藤洋一郎（二〇〇八）『イネの歴史』京都大学学術出版会。石川隆二（二〇一〇）「イネの原産地と日本への伝播」、『食品と容器』五一、四七〇−四七七頁。

前の野生稲を利用した遺跡、七〇〇〇年前の稲籾と水田跡が見つかったことなどから、ジャポニカはこの地域で生まれ、インディカは異なる起源を持つという説である。また両者ともこの地域が起源という説もある。将来、遺跡の発掘や分析技術が進歩すれば、さらに明確になるであろう。

イネの日本への伝来は、アジア大陸からのいくどもの波があったであろうが、大きく三回に分けることができる。第一次の伝来は雑穀の一つとしてのイネの伝来で、そのイネは焼き畑農耕として水陸未分化の陸稲的なイネ（熱帯ジャポニカ）で縄文時代中期（約三五〇〇年前）、第二次の伝来が水稲（温帯ジャポニカ）の伝来で縄文晩期から弥生時代初め（約二五〇〇年前）、第三次の伝来は大唐米（インディカ型赤米）の伝来で中世の十一～十四世紀である。日本にやってきたイネには、白米（しろごめ）も赤米（あかごめ、あかまい）もあったと思われる。

三、イネ品種群の分類

イネは、六大陸一一〇数カ国で栽培され、栽培法もその種類も多様である。かつては、世界と日本の各地で、それぞれの自然環境や栽培法、調理法、嗜好などに適応した、無数の在来稲が栽培されていた。ところが、これら人類の文化ともいうべき遺伝資源とそれに関わる技術・伝統は、収量・品質・市場性に優れた改良品種の普及や農村社会の変化などによって激減し、永久に失われようとしている。

イネは多種多様な環境に適応して生育することができる。また、米の品質や食味は食生活や人々の好みと関連して変化する。生態学的には、水条件に対応して陸稲・水稲さらに乾稲・深水稲・浮稲、出穂期では早生・中生・晩生、形態学的には、草型では穂重型・穂数型、草丈では矮性（わいせい）・半矮性・巨大稲（二〇〜二〇〇㎝）、芒（ぼう、のぎ）の有無と長短でも分けられる。デンプンの性質ではモチ・半モチ・ウルチ（アミロース含量〇〜三五％）、米の香りでは香り米、玄米の色では赤米・黒米・緑米、葉の色では紫稲・黄稲・縞稲（しまいね、白と黄）、米粒の大きさでは小粒・中粒・大粒（玄米一粒重一〇〜五〇㎎）、粒の形では円粒・短粒・中粒・長粒・細中粒（長幅比一〜四）に分類できる。国内外から収集した玄米・籾の形態的変異の写真（図1＝口絵3）と様々な特徴を持った日本国内の品種を整理した（表1）。以下、各品種群を説明していく。

図1　収集した各種イネの玄米

最上段：コシヒカリ、日本晴、亀の尾、ヒエリ、万石モチ、SLG
二段目：バスマティ、New Bonnet、べんがら茶籾、紫稲（濃色）、矮性紫稲、矮性黄稲、紫大黒
三段目：対馬赤米、種子島赤米、総社赤米、唐干、八月糯、Simanoek、紅香
最下段：朝紫、紫黒苑、修善寺黒米、香血糯、緑糯、緑米（韓国）

表1　様々な特徴を持ったイネ品種

グループ	特徴	品種（例）
赤米	タンニン系赤色色素を糠層に含むイネ。ジャポニカとインディカがある。	ベニロマン、つくし赤もち、夕やけもち
黒米	アントシアニン系黒紫色色素を糠層に含むイネ。紫黒米、紫米とも。	朝紫、おくのむらさき、紫宝
緑米	クロロフィルが残っているうちに収穫したコメ。	あくねもち
香り米	ポップコーンのような香りを持つイネ。	サリークイーン、はぎのかおり、キタカオリ
低アミロース米	アミロース含量が５％から16％程度まで。粘りが強く、ブレンド米や冷凍米飯に向く。半モチとも。	ミルキークイーン、柔小町、おぼろづき
高アミロース米	アミロース含量が25％以上、固くぱさぱさしており、カレー、チャーハン、ライスヌードルの製造に向く。	ホシユタカ、夢十色、越のかおり
低グルテリン米	易消化のグルテリンが少ない。実用的な低タンパク米。	LGC-1、LGC ソフト
低アレルゲン米	米アレルギーの原因物質を遺伝的に減らしたコメ。	LA-1
巨大胚米	胚芽の部分が大きく、浸漬によって血圧降下作用などのあるギャバを生成する。	はいみのり、めばえもち、あゆのひかり
大粒米	普通の米粒の２～３倍（40～50mg）の米。パフなど菓子原料に向く。	SLG、オオチカラ
小粒米	普通の米粒の半分程度（10mg）の米。パフなど菓子原料やブレンド用に向く。	つぶゆき、紫こぼし
観賞稲	葉が紫色、黄色、縞模様（白・黄）のものや、穂が赤、紫、ピンクを呈したイネ。紫稲は茎葉にアントシアニンを含む。	べにあそび、ゆきあそび、祝い茜
矮性稲	草丈が20～50cm のイネ。大黒稲とも。	矮性黄稲、紫大黒
鎌不要	茎葉の細胞壁が薄く、成分も変化し、弱い力で折れる変異体。	鎌いらず
長芒稲	芒（ボウ、ノギ）が非常に長いイネ。	対馬赤米
長護頴稲	籾の基部の外側についている護頴が非常に長いイネ。	桃太郎、二重皮
もつれ	茎が負の屈地性を失い、斜めに伸長する。	紫もつれ
濡れ葉	葉が水をはじかず、濡れる。	
糖質稲	スイートコーンのように甘みを保つイネ。	
飼料イネ	茎葉をサイレージにする、あるいは米を家畜の飼料として利用するイネ。	クサノホシ、たちすずか

四、有色米の定義と分類

イネの中にはその玄米が遺伝的に普通米とは異なった色を呈するものがある。それらは「有色米」あるいは「色素米」と総称される。有色米の色素は通常玄米の種皮あるいは果皮、すなわちいわゆる糠層の部分に含まれ、完全に精米するとほとんど白色系の普通米と区別できない。したがって、その特色を活かすために玄米または軽く精白したもの、あるいはそれらを粉末にしたものが利用される。色素の種類によってタンニン系の赤色系色素を持つ「赤米」、アントシアニン系で黒色に近い黒紫色系色素を持つ「黒米（紫黒米）」、さらにクロロフィル（葉緑素）による「緑米」に分類できよう（表2、図2＝口絵4）。三つの品種群とも玄米の着色の程度には変異がある。

イネは開花、受粉、受精した後に雌しべの子房が発達し玄米となる。したがって玄米はイネの果実である。普通米の子房壁は最初緑色を呈しているが登熟に伴って収縮し、最終的に玄米の外層部は淡い飴色となる。赤米とは玄米の外層部の種皮層に赤色系の色素が蓄積した米またはそれを有するイネのことである（図3）[4]。普通米の種皮や果皮細胞は登熟に伴い細胞の形の確認が難しいほどまでに収縮するのに対して、よく発達した赤米の種皮細胞には色素が充満し、完熟期に至っても種皮細胞の形態を保持していることが赤米の特徴である。赤米の玄米を完全に搗精（精米）すると赤色を帯びた糠が得られ、精米にはほとんど赤い色素が残らない。

黒米は完熟しても玄米の果皮層が収縮せずに、主としてそこに黒紫色の色素が蓄積した米またはイネのことである。

4　永井威三郎（一九三五）『日本稲作講義』養賢堂。石川潤一・渋谷常紀（一九三〇）「赤米の組織学的特徴に就て」、熱帯農学誌二（一）、六五－七〇頁。

表２　有色米の分類

種類	玄米色	色素	分布
赤米	赤褐色	タンニン系	日本、中国、南・東南アジア、USA、イタリア、ブラジルなど
黒米（紫黒米、紫米）	黒紫色	アントシアニン系	東南アジア、中国、ネパールなど
緑米	緑色	クロロフィル	系ネパール、ラオスなど

３品種群とも玄米色には斑～全面、淡～濃の変異がある。

図２　３種類の有色米（玄米）
上段：ウルチ品種、左からベニロマン、おくのむらさき、コシヒカリ
下段：モチ品種、左からつくし赤もち、朝紫、緑米

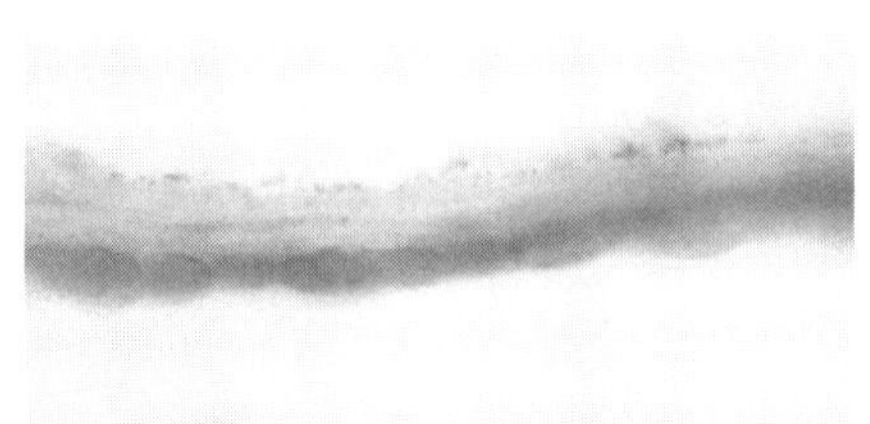

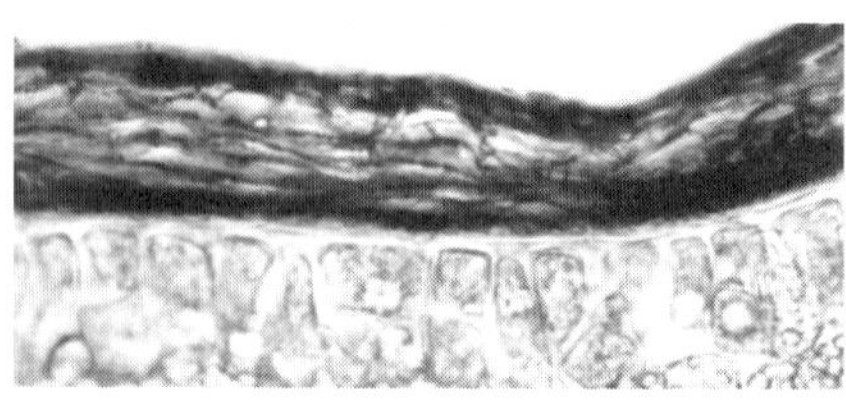

図３　有色米玄米の断面図（糠層）
左：種皮に色素が沈着した赤米、右：果皮に色素が沈着した黒米　梁取昭三（新潟市）撮影

緑米は本来なら登熟過程で消失するクロロフィルが収穫期まで残存し、玄米表面が緑色を呈している米である。極晩生や収穫後の切り株から生じた米など、低温のため登熟が不完全なまま収穫されたものも緑色を呈する可能性があり、緑米になりやすい品種はあるものの、その玄米色については特に環境の影響を大きくうける。

赤米の種皮に含まれる赤色系色素についてはカテキン、カテコールタンニンおよびフロバフェンが報告されている。[5] また近年赤米にはカテキン類を構成単位とした重合度一から三八で平均重合度一〇のプロアントシアニジンの存在が証明され、後述するが赤米が持つ生理機能との関連が明らかにされている。[6] 結論として赤米の赤色系色素はカテキンなどのタンニン系色素などから成っているものと考えられる。他方、黒米の色素の本体はアントシアニンであることが明らかになっている。[7]

五、日本の赤米には温帯ジャポニカとインディカの二型がある

赤米は、「古代米」ともいわれるが、野生のイネはほとんどすべて赤米であること、米を赤くする遺伝子は白くする遺伝子に対して遺伝的に優性であること、種子島、対馬および総社の三つの神社で古代より受け継がれてきたイネが赤米であることなどから、かつて日本列島に渡来したコメの一部は赤米であり、時代とともに白米（しろごめ）へと置き換わっていったと推測される。お祝いの時に食べられる赤飯は現在モチ米にアズキを入れて蒸して作られるが、その起源は赤米である可能性を民俗学者の柳田國男が言及している。[8] しかし、アズキは縄文末期にはわが国に渡来して焼畑に栽培されて以来、日本人の生活に密着したものとなっており、赤飯の重要性・霊験性などはアズ

5　Nagao. S. et al. (1957) Genetical studies on rice plant 21. Biochemical studies on red rice pigmentation. *Jap.J. Genet.* 32 : 124–128. 前川雅彦・喜多富美治（一九八三）「イネにおける遺伝的着色粒の抽出色素の分光分析」、『北大農場研究報告』二三、一一-一二頁。

6　Oki. T. et al.(2002) Polymeric procyanidins as radical-scavenging components in red-hulled rice. Agric. *Food Chem.* 50 : 7524–7529.

7　名和義彦・大谷俊郎（一九九一）「有色素米の色素特性」、『食品工業』一一、一二八-一三三頁。

8　柳田國男（一九七一）「赤米のこと」、『定本　柳田國男集　別巻3』、筑摩書房、四〇九-四一〇頁。

キそのものにあるという説もある。[9]

わが国の赤米は、古くから日本に入っていた温帯ジャポニカ型と中世の十一世紀後半から十四世紀に中国から導入されたインディカ型に分類できる。嵐嘉一は古い農書などによる文献調査で、温帯ジャポニカ型赤米はかつて広く分布していたものの、しだいに西南暖地の山間部や離島、北日本に最近まで細々と残るのみとなったことを明らかにした[10]（図4）。それはこの赤米が低温下でもよく発芽し、苗の生長もよいという耐冷性を持っているからであるとしている。「赤室」は冷害に強いイネとして明治三〇（一八九七）年代には青森県下で一〇〇ha以上も栽培されていた品種である。これら赤米は、いずれも明治以降、雑草として日本の水田から排除され急速に姿を消した。これら赤米の一部はジーンバンクに収集され、あるいは神事などのために残った（図5＝口絵2）。

最近、農業生物資源研究所の研究により、米を赤くする遺伝子のDNA配列が明らかにされ、その遺伝子の一つの一四塩基のDNA配列が欠損することで、遺伝子機能が失われ白米となることがわかっている。[11] 赤米の色素の構成成分や濃度に関して品種間に差異があるようだが、その詳細については今後の問題である。開花後登熟期間中に玄米色は徐々に濃くなっていくこと、高気温で促進され、遮光条件下で抑制されること、そして晩植えの多肥栽培で赤色の発現が不良となることが観

図4　18世紀前後における温帯ジャポニカ型とインディカ型赤米の栽培地域区分（嵐1974の図をもとに修正）

図5　対馬の多久頭魂神社に伝わる赤米の稲穂

9　小川正巳・猪谷富雄（二〇〇八）『赤米の博物誌』大学教育出版の「第9章　赤飯の起源は赤米か」。
10　嵐嘉一（一九七四）『日本赤米考』雄山閣出版。
11　Fukawa et al.(2007) The *Rc* and *Rd* genes are involved in proanthocyanidin synthesis in rice pericarp. *The Plant Journal* 49: 91-102. 門脇光一（二〇〇七）「赤米が白米になった原因を解明」、『農業および園芸』八二、五三九-五四二頁。

察されている。また、赤色を帯びた玄米は収穫後の貯蔵中に一般にはより濃い赤褐色に変化する。

六、中世に伝わり江戸時代に拡がった赤い米「大唐米」

中世になって人口が増えてくると、食糧増産のために氾濫原や干潟を排水して開田するようになった。このような水田は一般に強湿田であり、それまでの品種はよく育たなかったので、不良条件に強いインディカのイネが十一世紀後半から十四世紀に華中方面から導入された[12]。これらは、大唐米（だいとうまい）あるいは唐干（とうぼし）・唐法師・秈（せん）とも呼ばれ、早熟で不良環境や病害虫に強く、江戸時代には関東から北陸地方以西において、とくに低湿地や新たに開発された新田などに植えられた。また、これらインディカの赤米は耐干性も強く、天水田と呼ばれる灌漑設備がなく雨水を貯めるだけの水田で、広く栽培された。明治初年の九州における産米の一割は赤米であったとの見方もある。大唐米には赤米と白米があり、赤米は貯蔵がきいたので備荒用や兵糧として利用されたという。釜殖えはするが不味く腹持ちが悪かったという。明治時代以降は意識的に駆除されるようになった。

「日本のものの口のひろさよ／たいとうをこかしにしてや／飲みるらん」（犬筑波集、十六～十七世紀）の「たいとう（大唐）」には、大唐米そのものと、偉大な中国という二つの意味が含まれている[13]。まずい大唐米を、はったい粉（香煎）や菓子にして利用していたことがうかがわれる。大唐米は品質が劣り、低価格で、炊飯米以外に漢方薬や菓子類として広く利用されていた。『御前菓子秘伝抄』（一七一八）には、南蛮菓子、餅、団子、羊羹、飴など一〇五種の菓子の製法が記載され、そのうち一五種の菓子が大唐米を利用している。大唐米の糯（餅）についても、『和漢三才図会』や

12　猪谷富雄・小川正巳（二〇〇四）「わが国における赤米栽培の歴史と最近の研究情勢」、『日本作物学会紀事』七三、一三七－一四七頁。

13　前掲：小川・猪谷（二〇〇八）。

と思われる。

『本草綱目啓蒙』をはじめ、最古の農書と言われる『清良記』など史料がたくさんある。各地でその種のイネが栽培されていたようだが、明治期以降の資料にはほとんどなく、現物も残っていないと思われる。

七、黒米

黒米は、筆者の日本産収集系統にはなかった。文献的にも古代の日本にはなかったと推測される。東南アジアや中国で古くから栽培されていたが、日本には戦後多くのルートで導入され、注目され始めた。日本で初めての黒米モチ品種として記録に残っているのは「紅血糯」であり、九州大学に一九二三年に導入されている。[14]

黒米は、中国では皇帝にささげる薬膳米として扱われていた歴史を持ち、今でも多くの在来種や半改良種がある。古くからモチ性の黒米を「薬米」として薬膳料理や漢方薬として用いたり、病人や産婦の栄養食品としていた。最近では、黒米がビタミン類やミネラルが豊富であることから、黒米酒、黒米酢、スポーツ選手用飲料、乳酸飲料、幼児用ビーフン、黒米粉、蒸し菓子、餅、缶詰ご飯などが製造されている。[15]

タイなどの東南アジアでは、竹筒にモチ性黒米とココナツミルクを注いでから栓をして、焚き火にかざして焼く竹筒飯（タイ語でカオ・ラーム）が販売されている。ネパールには「チューラー」という米の食べ方がある。数日間、水につけておいた籾を炒り、臼と杵または機械でつぶし、籾殻を取り除く。赤米のほうがおいしく、お茶の時間や祭りの時に食べるという。[16]

14　鳥山國士（一九九七）「古代米よもやま話」、『研究ジャーナル』二〇（七）、四三―四八頁。

15　曹海緑ら（二〇〇三）『黒水稲の品種と加工利用』金盾出版社、北京。

先述のように、アントシアニン系色素は玄米の糠層に分布し（図6）、米の中まで色のついた品種の選抜や育成が試みられたが成功していない。また、最近、国の農業生物資源研究所と富山県との共同研究で、黒米の起源は、イネが栽培化された後、熱帯ジャポニカで起こった*Kala4*遺伝子の働きを制御する配列に起こった突然変異であり、その突然変異は自然交配によりインディカにも移り、アジア地域に拡がったと推測されている。[17]

八、香り米

香り米は古くから日本あるいは世界各地に分布する、炊飯すると独特の香りを漂わせる米である。その香りは、炊飯米だけではなく植物体全体からも発し、特に開花中はかなり遠くからでもそれとわかる品種もある。炊飯時の香りは、煎りダイズやポップコーン様、またはネズミ尿臭と形容され、好き嫌いは香りの強さ、調理法、経験や慣れなどで判断が分かれる。

香り米は、普通米と同様、イネの起源地と推測される中国南部から東南アジアにかけての地域からわが国に渡来したものであり、わが国最古の農書『清良記』（一七〇二～一七三一）には薫早稲、香餅（こうばし）の名がみられるように、その栽培は非常に長い歴史をもっている。わが国の香り米は、小規模ながら各地で古くから栽培されてきた（図7）。[18] しかし、この匂いは食べなれた農家にとっては快適なものの、未経験者には異臭として感じられ、外部へ販売される場合には忌避されたという。明治以降、近代的育種によって育成された良質多収の普通米品種の普及が進むにつれて在来の香り米の栽培は減少し、多くの品種が失われていった。わが国の香り米は、現在では九州、紀伊半島およ

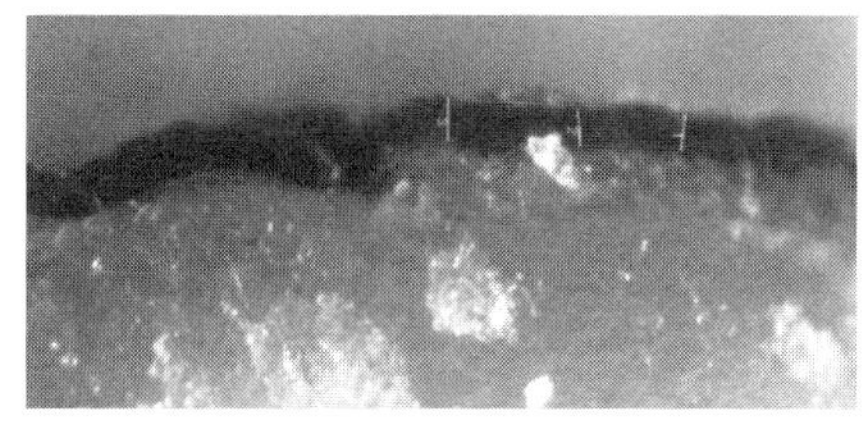

図6　黒米の糠層に分布するアントシアニン系色素

16　安本義正（一九九五）「日本とネパールの有色米に関する比較研究」。『京都文教短大研究紀要』三四、一二一五–一二二四。

17　Oikawa, T. et al. (2015) The birth of a black rice gene and its local spread by introgression. *The Plant Cell* 27: 2401–2414.

18　嵐嘉一（一九七五）「香稲に関する考察」、『近世稲作技術史—その立地生態的解析』農文協、四六三–四九〇頁。

図７　18〜19世紀における香り米の分布（嵐1975）

び東北の中山間地帯などにおいて、自家用として小規模な生産が行なわれているにすぎないが、高知県のように、香り米を特産品として取り上げ、県経済連が中心となって組織的に香り米の生産、販売を行ない、生産が定着している例もある。

外国においては、香り米は南アジアや東南アジアの諸国を中心に、古くから栽培され、珍重されてきた。現在これらの諸国においては、香り米はパキスタンの「バスマティ」、タイの「カオドマリ（ジャスミンライス）」を中心に、高価格で取引きされ、世界の米市場でも一種の特別な地位を占めている。

香り米は、品種によって混米型と全量型に区分される。混米型は普通の米に数%混米して炊飯するもので、古米臭のマスキング効果が知られている。不適切な乾燥調製や貯蔵によって、香りの損なわれた米に添加することによって、食味を改善できる。全量型のサリークイーンはアミロース含量が高く、カレーやピラフに適する。インドやパキスタンから輸入されたバスマティは、炊いたときに非常にソフトでかつ米粒が伸長し、世界で最高の米と評価されている。

香り米の香気成分について、アメリカ農務省の研究で、バスマティ、カオドマリ、ヒエリなど八種の香り米から、白米乾物に対して〇・〇四〜〇・〇七ppm、普通米品種に比較して数倍から十数倍の2-アセチル-1-ピロリン（2AP）を検出した。[19] タイやフィリピンなどでは、香り米が高価なため、その代用としてパンダン（アダン科タコノキの一種）の葉を飯米と一緒に炊き込んだり、吸水させた糯米と一緒に石臼で挽きプトという蒸しパンをつくるが、この葉からもこの物質が検出されている。このように香り米を特徴づける主な香り成分としては、2APが指摘されており、ほかに数種のカルボニル化合物が推定されている。しかし、微妙な香りの品種間の違いは化学的には解明されていない。なお、山形県のダダ茶豆のエダマメのにおいも2APがキー物質であるが、完熟するとにおいは消える。[20] 香り米品種ではベタインアルデヒド脱水素酵素を発現する遺伝子*BADH2*が働かなくなる変異によって生まれたことが報告されている。[21]

栽培地の標高が高く、登熟期の気温が低めで、早刈りの香り米は香りが高く、一方籾の著しい高温乾燥や高温・高水分での貯蔵は香りを低下させることが指摘されている。また、玄米の表層ほど多くの2APを含むので、精白歩合に留意する必要がある。[22]

九、江戸時代の史料に見るイネの変異種といわゆる「古代米」

「古代米」（または古代稲）とは学術的な用語でなく人により定義も違うであろうが、昔のイネが持っていたであろうと推測される特徴を今なお色濃く残すイネ品種群である。昔のイネは現在のイネに比べて、草丈（背）が高く、穂は大きいものの穂数は少なく、倒れやすく、収量が低く、芒（のぎ）が長く、脱粒性や種子休眠性があることなどが特徴として挙げられるが、こういった性質はあまり栽培に当たっては歓迎されないだろう。野生のイネはそのほとんどが玄米表面に赤い色素を含む赤米

19　Buttery, R. G. et al. 1983. Cooked rice aroma and 2-acetyl-1-pyrroline. *J. of Agr. & Food Chem.* 3: 823–826.

20　吉橋忠（二〇一一）「香り米と茶豆特有の香り成分2APの生成を制御する機構の解明」、『におい・かおり環境学会誌』四二、二五七―二六四頁。

21　Kovach et al. (2009) The origin and evolution of fragrance in rice (*Oryza sativa* L.). *PNAS* 106: 14444–14449.

22　猪谷富雄（二〇〇五）「香り米とその香気発現に及ぼすプリハーベストおよびポストハーベストの影響」、『美味技術研究会誌』六、三一―三九頁。

であり、また古くからの稲作地帯には必ず香り米があるが、このように米が赤いとか香りがあるとかの特徴を持つために通常の品種改良の対象としては排除されてきた品種群を古代米と言っていいのかもしれない。古代米とは、赤米・黒米・緑米のような有色米および香り米・紫稲などの普通の米でない、「変わりだね」がそのように呼ばれるようである。

なお、芒とは籾の先端に着いている毛のようなもので、野生稲はよく発達した芒を持ち、芒や籾には小さく堅い剛毛がびっしりと生えている。滋賀県の在来稲「猪喰わず（ししくわず、いくわず）」（図8）は、かつては鳥獣害を被る地域で栽培され、おそらく自家用米の食糧として利用されていた[23]。長護顕稲の「ハネ」は耐風害・耐鳥害性を持つといわれていた（図9）。脱粒性は、種子脱落性ともいい、種子が穂から落ちやすい性質であり、種子休眠性は、外見上は実っている種子が温度や水分などの条件が整っても発芽しない性質である。栽培稲は、いずれの性質も失っている。また、成長・成熟も斉一になっている。古代の田んぼは、様々な姿かたちのイネが混然としていたことが最大の特徴であったかもしれない。

江戸中期に出羽国において作成された『羽陽秋北水土録』には、「田の神稲」の記載がある。このイネは、草丈がきわめて低く、分げつは非常に多く、茎葉は硬く、濃緑色を呈し、米は小粒で、農民たちは水田の一角で栽培し続け、神聖視されていたことがうかがわれる。江戸後期の『本草図譜』は、わが国最初の本格的な彩色の植物図鑑であり、矮性稲や紫稲、大唐米の記載がある（図10）。同じく、江戸後期の新潟・新発田藩の農書に、「紺稲」別名「ビロウドイネ」が記載され、葉の表面がビロードのような感じの、茎葉が紺色の品種であり、紫稲の一種がすでに存在していたことがわかる。

23　前掲：小川・猪谷（二〇〇八）。

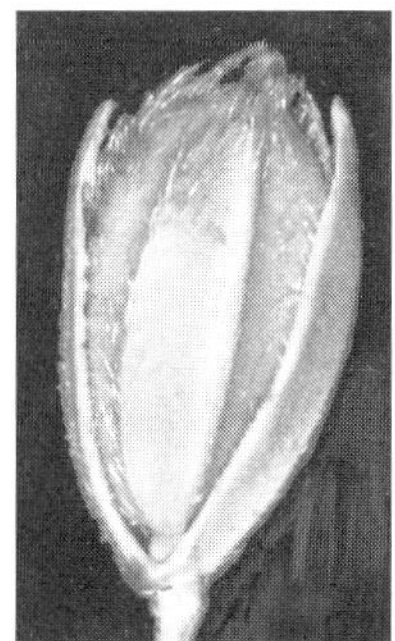

図9　長護穎稲「ハネ」稲の籾の外側の基部に付いている一対の小器官が非常に長いイネ

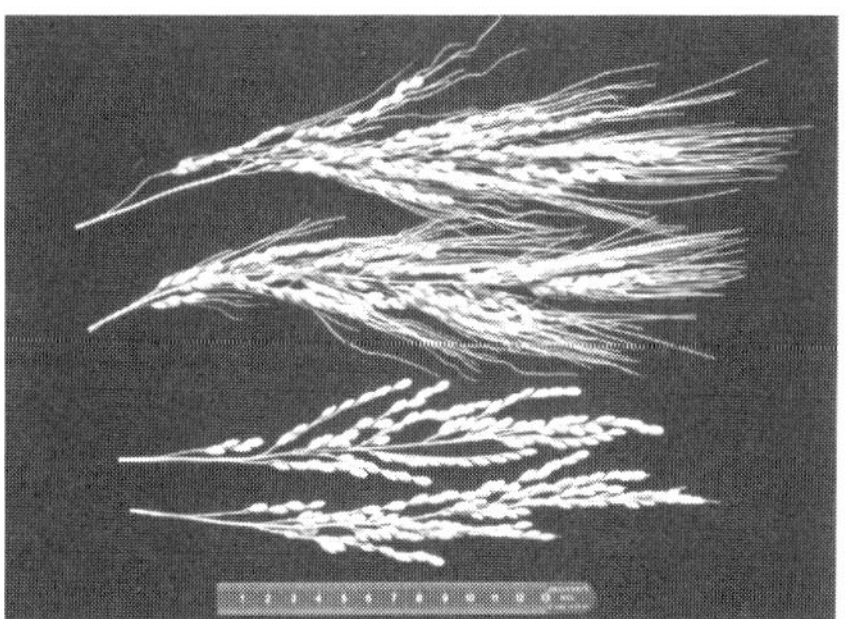

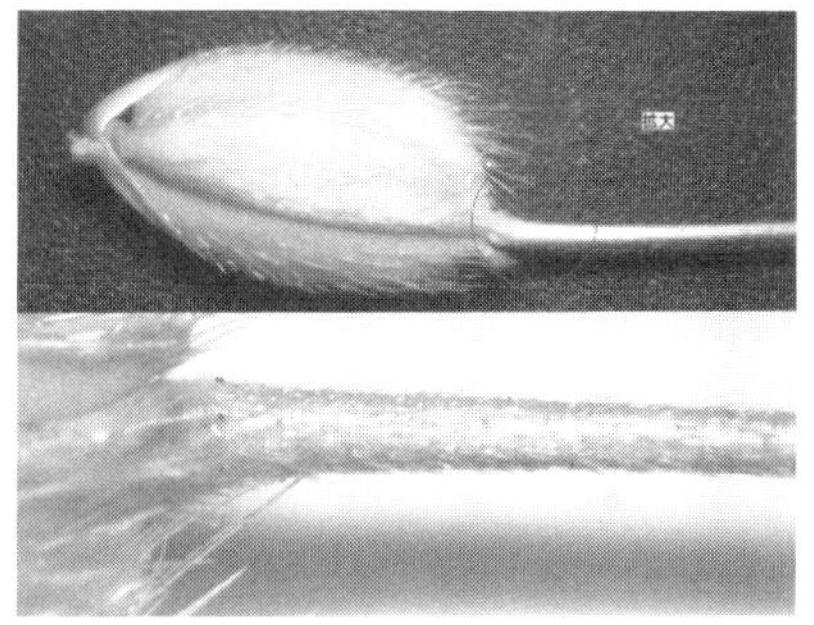

図8　「猪喰わず」の穂と籾の形態
上図：穂、下段2穂は「日本晴」。
下図：籾および芒の基部付近の拡大図（下）

図10　江戸時代の史料にみる稲の変異種
岩崎灌園著『本草図譜』(1844) の「こびとのいね」「むらさきいね」「秈」(たいとうまい、たうぼうし、左下に赤い米が描かれている)

時代や人により定義は変わりうるが、玄米が赤いものを赤米と呼ぶのがよい。「赤もち」や「赤わせ」のように品種名に「赤」を冠するからといって、その稲は赤米とは限らない。外観の赤いイネであることも少なくない。穂が出そろった時期（穂揃期、ほぞろいき）に観察すると、普通のイネは、籾は緑色で、芒はほとんどないのに対して、多くの在来稲は、籾はピンク、赤、紫、黒、黄金色、芒は白、ピンク、赤など、非常にカラフルである。葉は、黄色、紫、白あるいは黄色い縞（しま）のものがある。縞も縦縞と横縞があり、黄色の横縞はゼブラ斑とよばれる。[24]

赤や紫はアントシアニン系色素を含むことで、黄色はクロロフィルが少ないためにキサントフィルが目立つことで生じる。アントシアニン系色素は、色素原遺伝子と分布遺伝子によって、籾の先、雌しべ、葉の一部などにも発現する。[25]

十、有色米・観賞稲などの利用例と地域おこし

有色米・観賞稲などの利用例と地域おこしの例を表3に整理した。有色米は、玄米のまま、または軽く精白して、または玄米の米粉にして利用される。利用法は、米飯、料理、菓子類、めん類、酒類、その他多くの食品への利用が開発されている（図11）。食品以外でも、天然色素として紙や布の染色も工夫されている。

黒米は中国では古くから病人や産婦の栄養食品とされており、ネパールでも赤米は薬用として食されている。[26] 赤米のタンニンも黒米のアントシアニンもいずれもポリフェノールの一種であることから、抗酸化性や抗変異原性などさまざまな生理的機能にわが国でも関心が高まっている。わが国

24 滝田正（二〇〇一）「観賞用イネ育成の現状と展望」、『農業および園芸』七六、五五一-五五六頁。

25 高橋萬右衛門（一九九〇）『アントシアン 色素的形質』、「稲学大成3」（遺伝編、松尾孝嶺編）農文協、二二六-二四二頁。佐藤光（一九九〇）「葉緑体 色素的形質」『稲学大成3』（遺伝編、松尾孝嶺編）農文協、二四一-二四八頁。

26 前掲：安本（一九九五）。

では、赤米はお赤飯のルーツではないかといわれ、中国では黒米が慶事に用いられるという。黒米は、島根県飯南町赤来や静岡県伊豆市修善寺などで、薬膳料理として生かされている。

醸造酒を着色する場合、法律の制約を受け各種色素は使用できない。赤い酒を醸造するには、中国で古くから使われている麹（コウジ）の一番モナスカスという紅麹（あんか）を用いる方法と、赤色色素を生産、分泌するアデニン要求変異株の酵母を用いる方法が、従来知られている。しかし、これらの方法でできる赤色色素は温度や光によって不安定であり、退色しやすかった。

有色米を酒に使用する方法が、一九八三年蔭山公雄によって開発された。有色米をそのまま或いはこれを破砕して蒸煮し清酒の仕込みまたはもろみの発酵中に添加する、あるいは酒類の製造中に有色米の酒精浸出液を添加することを特徴とする着色酒類の製造方法で

図11　炊飯玄米添加のパン（県立広島大学）上から、対照区：小麦粉100%、つくし赤もち30%、朝紫30%

表3　有色米・観賞稲などの利用例

種類	加工品
玄米	米飯添加用、黒米雑穀
米飯	赤飯、お粥（レトルト、缶詰）、赤餅、桜餅、おはぎ、茶漬け
菓子	まんじゅう、せんべい、おかき、らくがん、あめ、クッキー、ポン菓子、カステラ、ういろう、ちまき
めん類	うどん（乾・半乾）、ざるそば風うどん、そうめん、紅切
酒類	日本酒、黒ビール、甘酒、ライスワイン
その他の食品	パン、味噌、醤油、玄米茶、米粉
工芸	布・和紙の染色、しめ飾り、リース、ドライフラワー、活花、鉢植え
景観	水田アート（文字・図）

ある。インターネットの検索で全国二〇近くの醸造酒が確認できた。一部、材料が赤米か黒米か不明の場合もあるが、全国各地の酒造所や公立の研究機関でも有色米を利用した醸造に関して創意工夫がなされている。[27]

兵庫県立考古博物館は、歴史教育の一つとして、地域の子供達と赤米二種と黒米を栽培した。できたお米の一部を用いて、明石市の酒造所の協力を得て、ボランティアが管理しながら木製四斗樽で日本酒を作った。[28] できた酒は、「穂摘」（ほつみ、長崎県赤米）、「酔故」（すいこ、鹿児島県赤米）、「あかね空」（あかねぞら、黒米）と名づけられた（図12左）。穂摘はむかし石包丁を使った収穫にちなんで、酔故は酔いながら古代を思い、あかね空は農作業中に見た夕焼けと群れて舞う赤とんぼをイメージしたとのこと。

公立大学法人・大阪府立大学は、河内長野市の老舗の酒造会社と連携し、黒米を使ったピンク色の日本酒「なにわの育（はぐくみ）」を商品化した。[29] イネの生産は市内の農家が協力し、市も田植えや稲刈り体験を企画、生命環境科学部の「府大ブランド商品開発研究会」の開発商品第一号として完成した。学部附属教育研究フィールド（大学農場）が収集・保存している品種の中から、アントシアニン含量が多い有色米品種「朝紫」を原料にして、会社との共同で作成した。鮮やかなピンク色と独特の芳香、

図12　赤米酒（兵庫県立考古博物館）と黒米酒（大阪府立大学）

芳醇な味わいを楽しめる商品となっている（図12右）。また、アントシアニンには抗酸化作用・抗ガン作用などの生理活性作用があるので、機能性についても検討を加え、今後さらに多様な品種・系統を利用して新しい酒類の開発も予定しているとのことである。「なにわの育」という名前は、人類が古代から「育んできた」貴重なイネの遺伝資源を歴史ある地「なにわ」の大阪府立大学で「育んできた」技術によって、地域社会に貢献するという思いを込めて命名された。

葉の色、穂の色が違う品種を用いて、日本各地で水田（田んぼ）アートが行われてきた（図13＝口絵1）。中でも、青森県田舎館村は弥生時代の水田遺跡である垂柳遺跡で有名であるが、巨大な水田アートに一九九三年から取り組み、二六年の歴史がある。大きな水田に紫稲と黄稲、普通の緑のイネ「つがるロマン」で描いた「モナリザの微笑み」（二〇〇三）は圧巻であった。タイガースを応援する岡山県美作市の「トラちゃん田んぼ」、京都府宇治市の「源氏物語千年紀」、庄原・備北丘陵公園の「黄と紫の市松模様」などなど、日本中で地域おこしの一つとして行われている。葉が紫色や黄色のものは、それぞれ紫稲（むらさきいね）あるいは黄稲（きいね）と呼ばれるが、矮性で背丈が二〇～五〇cmのものもある。その米粒の大きさは普通の半分くらいの小粒が多いが、普通の大きさに近いものもある。実際の利用にあたっては、草丈、出穂期、色調、さらには見ごろの時期とその継続

図13　葉色変異稲の展示圃場（広島県三次市）
左より、けんみモチ、紫稲岡山、黄稲、祝い茜、ゆきあそび、べにあそび、次世代の夢

27　門倉利守ら（一九九五）「黒米および赤米を原料とした赤ライスワインの試醸」『東京農大農学集報』四〇（一）、一―七頁。

28　高瀬一嘉（二〇一一）「古代における米の収穫量推定の可能性と課題について―赤米の栽培実験の結果から」、『兵庫県立考古博物館研究紀要』四、一九―三三頁。

29　大門弘幸（二〇一四）「大学の育みを見える化、清酒『なにわの育（はぐくみ）』」、『生物工学』九二、一九六―一九七頁。

期間の長さなどの情報が重要である。たとえば、黄稲はいくつかの系統を調査したが、一般的には分げつ盛期から出穂期後一～二週間が最も美しく、その後、急速に退色、枯死するものもあれば、それなりに長期間鮮やかなものがある。縞稲あるいは白稲は、田植え時は緑であった葉が突然白くなり、その後緑に戻って種子も採れる。白色化は温度が影響しているようである。[30]

一方、色以外に草型や穂の形態も観賞の対象となる。矮性稲は草丈が著しく低い稲で、大黒稲ともいわれ、葉色、草丈、出穂期で多くの系統がある。その一種である「短銀坊主」はジベレリンの生物検定にも利用される。表1に示したように、垂れ葉、濡れ葉、もつれ、多分げつ性、直立穂、ぜい弱性（鎌不要）なども注目されてよい形質である。濡れ葉は葉が水をはじかず濡れた状態であり、もつれは茎が負の屈地性を失ない斜めに伸長し、鎌不要は茎葉の細胞壁が薄く成分も変化し、弱い力でポキポキと折れる変異体である。

小学校や資料館などでの学習教育の場や地域おこしなどにおける比較的小規模に栽培される赤米は主に在来の赤米で、少肥料・少農薬でやや粗放的に栽培されることが多い。田植え、収穫や米の調製は数十年以上前の古い方法によって行なわれ、そこでは稲作技術の変遷などを学ぶことも目的としていることも多い。また、栽培している在来の赤米の中に変種を見つけ出し、それを増殖させ大切に育てている例も見られる。

このように、九州から北海道まで、いわゆる古代米を活用した地域おこしが行われ、学校教育や食品加工、芸術工芸分野でも使われている。

30　滝田正（二〇〇一）「観賞用イネ育成の現状と展望」、『農業および園芸』七六、五五一–五五六頁。

十一、有色米の生理機能性

紫外線はエネルギーが強いので植物にとって有害である。有害な理由の一つは、紫外線が当たると生物の体の中に活性酸素が発生するからである。活性酸素は動脈硬化、糖尿病、ガンなどの各種疾患や老化を誘発すると言われている。果実や野菜では、強い太陽光や紫外線を浴びるほどアントシアニン等が作られる。アントシアニンのようなポリフェノールは、活性酸素が体の中の物質と化合する「酸化」という反応を防ぐ働きがある。

我々の研究室では、分子状酸素から最初に発生する活性酸素であるスーパーオキシドアニオンを消去する活性酸素消去活性とエタノール溶液中で安定なフリーラジカルを消去するラジカル消去活性を測定し、赤米と黒米の玄米が白米よりも著しく強い抗酸化活性を示し、かつその活性は果・種皮すなわち糠層に局在すること、活性本体はポリフェノールであることを明らかにした（表4）[31]。また、ラット腎臓脂質過酸化における保護効果も明らかにした[32]。その他、高コレステロール食を摂取させたウサギでの粥状動脈硬化病変形成の減少、ラットの血糖値上昇の抑制作用などが報告されている。アントシアニンの多面的な機能性が明らかになりつつある。

玄米の玄は黒を意味するように、普通の米でもやや茶褐色の色がついて

表4　有色米および普通米品種の玄米のエタノール抽出液の抗酸化活性

品種群 品種名	ラジカル50%消去の値[1] スーパーオキシドアニオン消去活性（亜硝酸法）	ラジカル消去活性（DPPH法）	ポリフェノール含量（没食子酸換算、mg/g）
普通品種			
コシヒカリ	50.50　a	22.0　a	0.94　a
中生新千本	46.17　a	22.5　a	1.00　a
赤米			
総社赤米	0.73　c	1.1　d	7.54　b
ベニロマン	2.41　bc	1.9　c	6.04　c
黒米			
朝紫	2.29　bc	2.2　c	6.50　b
中国黒米	6.22　b	6.5　b	2.40　d

1）EC_{50}（抽出液 μL／反応液 1 mL）

3回測定の平均値。同一の文字を付した平均値間では5％レベルで有意な差がないことを示す。赤米、黒米は普通品種に比べて著しく高い活性酸素消去活性とポリフェノール含量を示している。

いる。精米すると白くなり、食味や消化性は向上するが、食物繊維、ビタミン、ミネラルなどの健康機能性成分が失われる。玄米は、アワ、キビ、ヒエ、アマランサスなどのような「雑穀」の一つとして、いつも食する精白米に混ぜて炊けばよい。有色米の糠層には、有用な成分があり、食事を見た目にも精神的にもカラフルに豊かにしてくれる。

十二、品種選択と栽培上の注意点

海外での稲作は大半が直播栽培によるが、多くの地域で雑草イネの蔓延による被害が大問題になっている。[33] 熱帯アジアの雑草イネには栽培イネと野生イネとの交雑後代と考えられるバイオタイプも含まれる。わが国では古くから栽培されてきた在来系統を含む栽培品種が雑草化したものと考えられる。赤米混入被害をもたらす雑草イネは二〇一四年までに一五都道府県で発生しており、ごく最近の特徴は移植栽培での発生であり、低密度でも品質低下に大きな影響をもたらす。耕運機やコンバインに付着して蔓延するとともに、近年開発されている除草剤およびその使用法の水稲に対する高い安全性と関係していると考えられる。一方で、飼料イネのようにインディカ品種などの外国稲から多収性を獲得した品種では、種子休眠性が深く、脱粒性を有するなどにより、収穫時の落下籾が翌年の作付け時に「漏生イネ」として出芽する可能性が高まる場合もある。雑草イネは、栽培イネと同じ植物種で、水稲除草剤では防除できない。中央農業研究センターは、長野県との共同研究結果に基づいて、被害軽減のための「雑草イネまん延防止マニュアル」をネット上で公開している。

31　猪谷富雄ほか（二〇〇二）「有色米の抗酸化活性とポリフェノール成分の品種間差異」、『日本食工誌四九』五四〇-五四三頁。

32　Toyokuni S. et al. (2002) Protective effect of colored rice over white rice on Fenton reaction-based renal lipid peroxidation in rats. *Free Radical Res.* 36 : 583-592.

33　萩原素之ら（二〇一六）「「米」になるイネ、ならないイネ―雑草イネの来た道と今後、研究先進地長野県からの最新情報―」（日本作物学会第240回講演会シンポジウム2）『日作紀』八五、八九-九四頁。

変わりもののイネを栽培する際の品種選択のポイントとして、①在来種か改良種か、②モチかウルチかなど加工特性、③早生か晩生か、④収量、倒伏性、脱粒性、芒性、⑤栄養・機能性成分、⑥普通米との識別性、⑦色素など形質の発現程度、⑧地域の文化・歴史との関連性などが挙げられる。花粉の自然交雑や混種によって周辺の普通米に混入しないよう、栽培場所、出穂期、農機具などに留意するとともに、水田での異穂抜きが欠かせない。

具体的な品種名は既刊の書籍に譲るが、それぞれの品種には栽培適地がある。例えば、黒米は夏季が高温の場合、着色不良となる。温暖地では標高の高い地域で栽培したり、栽培時期を遅らせたりすることで登熟期間の気温を低くすれば、玄米中のアントシアニン含量が高くなることが実験的に確認されている[34]。反対に、赤米は気温が低く日照が不足した場合は着色が悪く、収穫時にまるで緑米のようになることが、栽培農家から指摘されている。

十二、植物はなぜ色や香りを持つのか

生まれ育った場所から自分では動くことのできない植物は、暑さ、寒さ、乾燥、動物、植物、病原菌などから身を守る手段を獲得してきた。例えば、葉を食べる昆虫や大型動物から身を守るために、ある種の植物は針、棘、芒などの防御的形態を持ち、また有毒成分や味をまずくする成分を生産したり、茎葉に花外蜜腺を装備してアリにパトロールさせたりしている。クログルミの木の下には雑草が生えないなど、ある種の植物は環境中に化学物質を放出して、周囲の生物に何らかの影響を与えていることがわかってきた。この現象はアレロパシー（他感作用）といわれており、多くの

34　小林明晴ら（二〇〇一）「紫黒米の登熟期の平均気温と色素含量の関係」、『北陸作物学会報』三六、三三―三五頁。小林祐太ら（二〇一一）「登熟期間中の温度条件が紫黒米の着色及びアントシアニン含量に与える影響」、『日本作物学会紀事』八〇（別二）、二四―二五頁。

植物で知られている。[35] イネでも「阿波赤米」などアレロパシーの強い系統が知られており、除草剤の使用軽減につながることが期待されている。

赤米の色素成分でもあるタンニンは、もともと植物が虫などの食害から身を守るための物質であると考えられている。[36] タンニンは、タンパク質などの物質と結合して凝集させる作用を持つ植物成分の総称である。薬をお茶で飲んではいけないというのも、タンニンが薬に含まれる金属塩やミネラルと結合して薬の薬効を失わせてしまうからである。漢方薬草のゲンノショウコは「現の証拠」と呼ばれるほど、よく効く下痢止めだが、これはタンニンが食物のタンパク質と結合し、組織を収斂させて下痢を止める。

また、タンニンは酸化すると細胞を堅くする働きがある。この働きによって物理的にも虫に食べられにくくする。果実や野菜の切り口を空気に触れさせておくと茶色に変色してしまうのも、タンニンが酸化して切り口を守ろうとしているからである。タンニンは、アルカロイドなどの有毒物質と比べると低コストで生産することができるので、多くの植物が防御物質として利用しているのかもしれない。赤米は古くなっても、白い米よりもしっかりとその形を保っているのもこのためであろう。

黒米の色素成分であるアントシアニンは、病気や虫から身を守る効果や、紫外線から身を守る効果がある防御物質であり、鮮やかな赤紫色をしている。植物はこの色素で花や果実を染め、花粉や種子を運ぶ虫や鳥を呼び寄せようと進化したのである。

一方、香り米は乾燥ストレスに対して適合溶質であるプロリンを生成し、それから香り米の香気成分である2APに変化させるという研究がある。[37] ネズミや虫も香り米を好むという観察もある。

35　藤井義晴（二〇〇〇）『アレロパシー——多感物質の作用と利用』農文協。

36　稲垣栄洋（二〇〇六）『蝶々はなぜ菜の葉にとまるのか——日本人の暮らしと身近な植物——』草思社。

37　吉橋忠（二〇〇一）「タイの香り米品種カオドマリ105の評価方法」、『栄養と健康のライフサイエンス』五、三五四–三五七頁。

香り米の場合は、外敵から身を守るというよりも、アジアの多くの人々に好まれて選択され、米のエリートとして残されてきたのではないかと思われる。

十四、遺伝資源保存の重要性

収集してきた品種の中には、品種改良の素材として有益なものがある。香り米の遺伝資源を例にあげるとすれば、第一にネパール産の香り米の「ブリムフル」はタンパク質の含量が高く、そのアミノ酸組成が優れ、リジンの含量が高いことが発見された。[38] さらに「ブリムフル」と「日本晴」や「コシヒカリ」との交配により新品種が作出されている。[39] 一般にイネはタンパク質含量が低く、その中のアミノ酸のスレオニンおよびリジンの含量の占める割合が低いため、これらの含有量を高めることが育種目標の一つとなっている。第二に中国の華北地方産の香り米である「長香穀」はカドミウム汚染土壌を使用したイネの試験において供試された一〇〇種余りの品種のうち最も強くカドミウムを吸収し、土壌中のカドミウム含量の軽減化に効果的であることが明らかにされた。このようなファイトレメディエーションの検討とともに、カドミウムの吸収性の機構および茎葉部への蓄積機構の解明は今後の重要な課題である。第三にタイ産の香り米「ダウダム」は、脂質酸化酵素すなわちリポキシゲナーゼの活性が「コシヒカリ」の一〇分の一以下であった。「ダウダム」はタイの陸稲のモチ種であり、分類上では熱帯ジャポニカに属するイネである。日本種を交配して、わが国に適したリポキシゲナーゼ欠失の品種の育成が試みられている。その目的は長期間貯蔵しても古米臭のしない、新鮮味が保たれた米を生産するイネ新品種の作出である。

38　続栄治ら（一九七九）「香り米の特性に関する研究　第5報　タンパク質およびアミノ酸含量について」、『宮崎大農報』二六、四三三-四四一頁。

39　続栄治・志田庄二郎（一九九八）「高タンパク質水稲品種〝ヒムカライス〟について」、『宮崎大農報』三五、一二七-一三四頁。

現在、イネの品種は、日本で流通しているものだけで三五〇以上はある。その中には、ウルチ、モチ、酒米、陸稲、そして一九八九年に開始した農林水産省のスーパーライス計画により開発された高アミロース米、低アミロース米、低アレルゲン米、香り米、有色米などの新形質米も含まれる[40]。世界の栽培イネの品種数は、一〇～二〇万はあると推定されている。しかし、世界のいずれの国も良質・多収の近代品種へと集約している。多様性から画一化への変化は、工業製品のみならず食の世界でも世界中において進展している。流通優先の流れは後戻りできないであろうが、「古代米」は農民の好む品種を消費者とともに一人でも栽培しようという、画一化への抵抗かもしれない。

多様なイネで日本の水田を守る。北から南まで長い日本列島で、一九五六年に品種登録されたコシヒカリとコシヒカリが片親である品種が、それぞれ三分の一の田んぼを占めている。もっと様々なイネを栽培してほしい。本稿では、多様なイネをこれからの農業や食育にどう生かせるのかを紹介した。子供たちに変わりもののイネへの関心を契機にして、イネを育てることの楽しさを知ってもらい、日本人の主食であるコメについて種類、育て方、食べ方、歴史、地域とのつながりなど、食・健康・環境・歴史から総合的に考えてほしい。生まれ育った地域を知り、愛し、誇れる人になってほしい。子供達の成長、コミュニケーションの広がり、将来のストレス対応など、稲や身近な植物の持つ教育力を役立たせたいものである[41]。

40　櫛渕欽也監修（一九九二）『日本の稲育種―スーパーライスへの挑戦』農業技術協会。堀末登（二〇一〇）「新形質米」、『地域食材大百科　第1巻』農文協、八二―九〇頁。

41　猪谷富雄（二〇一八）「イネの多様性と古代米」（その1、2）『食生活研究』三八、一九六―二〇四頁、二七三―二八〇頁。

第4章　お米の祖先

「愛国」と「神力」

花森功仁子

コシヒカリにつながる大品種「神力」

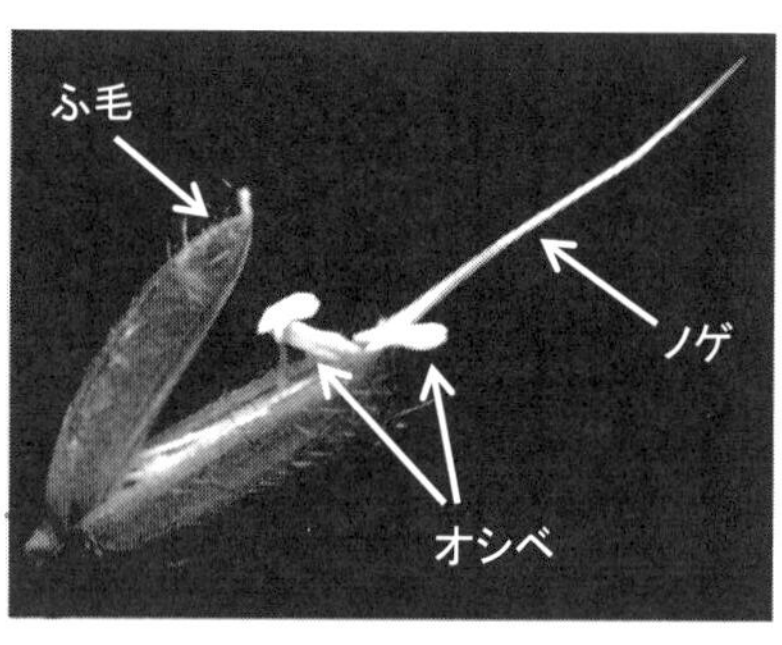

図１　イネの花（開花した頴）

ごはんや酒、和菓子、あるいは酢やみりんなどさまざまな形で、我々は日に茶碗二杯ほどのコメを口にしている。そのコメのほとんどは、明治から大正にかけて水稲三大品種といわれた「神力」や「愛国」、「亀ノ尾」の子孫である。では、これらのコメはどのように生まれたのだろうか。

一八一五年、兵庫県南部の揖西郡中島村（現たつの市御津町）の農家に生まれた丸尾重次郎は各地から品種を取りよせて育てる研究熱心な農家であった。還暦を越えた丸尾は一八七七年（明治十年）、芒のある品種「程善」の水田で三本の芒のないイネをみつけた。[1]芒は籾の先端部分から伸びる棘のような突起物で長いものは一〇cmを越え、刺さると痛い（図１）。このため種まきや収穫のじゃまになり、農家は芒のないものを「坊主」と呼び、好んで栽培していた。佐々木定の「酒米『神力』の復活」によれば、丸尾が翌年、この籾を栽培したところ、「二斗四升六合を収穫し、『器量良』と名づけた。翌一八七九年には他品種に比べて収穫が二割五分を超す増収」であった。[2]この「器量良」は草丈が短く、株の根張りも良かったため、近郷近在に普及していき、丸尾はこのイネの収量がこれほど多いのは神様のお力添えに違いないと「神力」と改名した。[3]品質は中程度で粒はやや小さかったが、晩生で背が低いため倒伏しにくい短稈穂数型であった。[4]背が高いと大風や台風で倒れてしまう。このため背を低くする改良（これを短稈化という）は当時から重要な選抜の対象

1　農商務省農事試験場（一九〇八）「米ノ品種乃其分布調査」『農事試験場特別報告第二五号』四一頁。
2　佐々木定（二〇〇〇）「酒米『神力』の復活」『日本醸造協会誌』九五、二二一―二二六頁。
3　菅洋（一九九八）「稲―品種改良の系譜」『ものと人間の文化史』八六、法政大学出版、三一八頁。
4　伊藤隆二（一九六二）「第一編稲―Ⅵ水稲の栽培」、『作物大系』一三頁。

であった。現在でも背が低く、株がよく分げつする穂数型のイネが農家には好まれる。一八八二年には兵庫県の揖東郡と揖西郡の作付面積の五、六割を神力が占め、一八八六年以降、九州から関東まで優に五〇町歩を越えた。[5] また、嵐嘉一の『近世稲作技術史』の「府県別にみた神力の普及状況」の一九一一年の欄では、神力の水田は岐阜、和歌山、徳島、福岡、熊本の六割に達している。[6] 魚かすや大豆かすの肥料が広く出まわり始めた当時、穂数型の「神力」は肥料を多く吸収しても倒れないという耐肥性にも優れていたため「奇跡の米」と呼ばれた。[7] 一九〇七年には西日本を中心に南は九州から東は栃木県まで五二万haの水田で栽培された。さらに、最盛期の明治末期には当時の水稲面積の三分の一、約六一万haに及んだ。[8]

遺伝学からみた「神力」

農業生物資源ジーンバンクのホームページにアクセスして、品種名や和名に「神力」が入っている系統を調べてみた。二〇一五年当時、「神力一号」や「神力七九八号」、「神力糯」、「野神力」など、北海道から沖縄までの原産地が表示された在来品種が検索された。品種名に「神力」の入った十七の育成品種を加えて、六一点をつくばのジーンバンクから取り寄せた。六一点のなかには、図2の写真のように籾に白く光る細かくて短いふ毛のあるもの、籾の先端に芒（のげ）があるもの、籾が黄色いもの、さらに、籾を剥いてみると心白がほとんどないものやもち米のように真っ白に見えるものまで外見だけでもさまざまであった。なかには水稲ではなく、陸稲として畑で栽培される五品種も含まれていた。そこで、この六一点に「神力」の子孫である「コシヒカリ」「キヌヒカリ」「ヒノヒ

5　盛永俊太郎（一九五七）「明治期における日本稲の種類と改良」『日本農業発達史』第二巻、四五九頁。
6　嵐嘉一（一九七五）「水稲品種の普及の地域性」『近世稲作技術史』農山漁村文化協会、四〇五頁。
7　澤田収二郎（一九九一）「近代における農業変革」『近代における日本農業の技術進歩』農林統計協会、一二四八頁。
8　前掲：農商務省農事試験場（一九〇八）。

図２　さまざまな「神力」の玄米と籾

カリ」「ササニシキ」「ひとめぼれ」「あきたこまち」「あいちのかおり」、「早稲神力」のひ孫にあたる酒造好適米「五百万石」など八点の育成品種を対照サンプルとして加えてＤＮＡによる分類を試みた。

その結果、六一点は第二染色体上にある領域の変異により四タイプに分かれた。さらに、第三染色体上の領域では七タイプに分かれたが、陸稲の五点には変異はなかった。さらに、第六染色体上の領域では六タイプに分かれ、同じ染色体上の別の領域では三タイプに分れた。これらの四領域の結果を総合すると、六一点は三三の遺伝子型に分類された。対照サンプル八点はいずれもこの三三タイプと違う遺伝子型を示した。つまり「神力」は現在の育種品種である八点のどれとも異なる遺伝子型をもつものの、その中には高い多型性が認められた。

菅洋の『稲』によると、明治前期、「神力」の親となった「程善（ほどよし）」と同音のものは「穂戸良」、「程好」、「程吉」、「程良」、「白程美」、「程善」があり、広島から四国、中国の瀬戸内を中心に分布していた。これらは山間部にはみられず、形質的には晩生で短稈、無芒、小粒で「神力」と明確な差がなかったという。また、嵐嘉一の「『神力』および『愛国』種誕生の前夜物語」によれば「神力」は miracle rice（奇跡の米）として優良品種と評価されていたが、大幅に優越した新品種ではなく、優良種の「程吉」をいくらか改善した程度ではなかったか、普及制度の整備や施肥量の増大がいっそうプラスしたからであろうと書かれている。[9] 和名が同じ「神力糯」や「神力もち」であっても遺伝子型が異なるものがあった。また、産地が同じ県内であっても遺伝子型が異なるものがあった。この遺伝子型の違いから長年同じ場所で隔離栽培され、選抜されていたことが推定された。これらの結果から、今日まで種子更新されてきた「神力」の系統は遺伝的な変異が大きいと推定された。

また、一九〇四年我が国で最初の人工交配を行った加藤茂苞は一九〇八年には二三五系統の交配に成功しており、「神力」も交配親としてたびたび登場している。[10] ジーンバンクの検索では「赤神力」、「亀治神力」、「日黒神力」、「香川神力」、「八代神力」など、各地で純系選抜や人工交配が行われたと思われる多くの育成品種がみつかった。明治から大正にかけての在来品種は遺伝的に実に多様性が高かった。この多様性が純系分離や交配育種をもとにのちの優秀な品種を生んだのだろう。

神力育ての親、岩村善六

この「神力」の普及に尽力したのが河内村（現たつの市）二代目村長であった岩村善六である。現在、旧河内村は三方を山に囲まれた揖保川南部の水田地帯だが、一八八二、九〇、九二年の揖保川の大洪水では人家や田畑が十日以上も泥水に浸かり、イネが枯れ、まったく収穫できなかった。[11]

9　前掲：嵐嘉一（一九七五）。

10　西尾敏彦（一九九八）「稲人工交配の先駆けとなった研究者と農民たち」『農業技術を創った人たち』家の光協会、二〇一―二一一頁。

11　農業発達史調査会（一九五四）『兵庫県揖保郡並村是調査編集月報』二巻五号。

水害防止のため亀の甲堤防の建造に尽力した彼の功績が揖保川西岸の金剛山の石碑に刻まれている。堤防建造の一方で、豪農の岩村は自小作農民だった丸尾とともに農談会や種子交換会の発起者となり、自宅を集会に提供した[12]。二〇一八年四月の主要農産物の種子法廃止まで半世紀以上、国や県が主導して優良な原種の採種保存および普及を行ってきた。そのような体制が整っていなかった当時、池隆肆の「明治期民間育種者の巡礼余滴」によれば、岩村らは形質が同じで発芽の良い「神力」の急増する種子需要に応えるため、揖保郡農会は二、三の村に採種組合を設立させる。その一つの『平井水稲神力採種組合』が一九〇八年に設立される。平井組合はまだ採種組織の未成熟なこの段階で、純良な神力の種子生産のため原々種圃—原種圃—採種田を組織化し、混種の抜取りを徹底的におこなっている[13]。このたねとり専用の原種圃場の体制づくりがその後の「神力」の増産につながっていった。実際、全国から種籾の注文が殺到した時にはこの組織で対応し、ほとんどの組合員は種籾づくりに奔走した。種籾の戦略的重要性を踏まえて組織化した岩村の先見の明が「神力」の急速な普及に貢献した。

「神力」は各府県の農事試験場で純系淘汰が行われた。イネは同じ花の花粉で受粉する自家受粉作物であるが、改良品種導入以前は遺伝的には雑ぱくな集団であった。この集団から有望な個体を選抜して育成する純系分離法を用いて、「神力」から多くの純系が分離された。これらの「神力」がわが国で初めてイネの人工交配の親となった。選抜された「三井神力」はいもち病や白葉枯病の抵抗性品種、「早生神力」は収穫量が多い多収性品種で、これらは交配親として大きく貢献した[14]。一八九八年、滋賀県農事試験場で場長だった高橋久四朗が「神力」と「善光寺」を交配して選抜し、交配育種を始めた[15]。メンデル遺伝の法則が「再発見」されたのが一九〇〇年だから髙橋が交配

12　東畑精一（一九五三）「商品交流と農業技術」、「農業における近代の黎明とその展開（上）」『日本農業発達史』第一巻、中央公論社、一一六頁。

13　池隆肆（一九八五）「明治期民間育種者の巡礼余滴」『明治農書全集第二巻月報一〇月』農山漁村文化協会、三一五頁。

14　前掲：嵐（一九七五）。

15　西尾敏彦（二〇一七）「農事試験場機内支場における人工交配育種—大正時代における水稲品種育成事情—」、日本農業研究所研究報告『農業研究』第三〇号、三三七–三五八頁。

育種を始めたのはその二年前ということになる。ちなみに、チェコスロバキア生まれの修道士メンデルがエンドウの交雑実験をもとに「植物雑種の実験」を発表したのは一八六五年であった。メンデルの法則は、人工的に交配した雑種第一代（F_1）では劣性形質が表には出ず、優性形質だけが出現する「優性の法則」、その子・雑種第二代（F_2）では優性と劣性の形質が分離して表れる「分離の法則」、それぞれの形質は関係なく独立して表れる「独立の法則」の三つからなる。イネは前述のとおり自家受粉植物であるため、人工的に交配することで雑種ができる。こうして、高橋の手によって一九〇六年日本最初の人工交配品種「近江錦」が誕生した[16]。この人工交配の親として「神力」が用いられた。「神力」の子孫には「日本晴」、「コシヒカリ」、「ササニシキ」、「あきたこまち」、「改良山田錦」など多くの優良品種が生まれた[17]。

独自に約五千点もの遺伝資源の保存と調査を継続している広島県農業ジーンバンクでは、品種名に「神力」の入った一八系統が保存されている。これによると、穂が出る時期（出穂期）が八月五日の早生から二九日の極晩生まで一ヶ月近い変異がある。また、稈長、つまり地面から穂首までの長さが四三cmのものから約三倍の一二一cmの系統まである。中には草丈が五〇cmにみたないためドライフラワーに利用される紫色の籾をもつ「愛媛神力」や大粒で心白が大きい酒造好適米の系統もあり、多様性に富んでいるため今日でもさまざまな用途で活用されている[18]。

「愛国」の誕生

「神力」とともに一世を風靡した「愛国」は宮城県で命名されたが、その祖先については二説あ

16　大日本農会（一九〇六）「人工媒助に成りたる新稲種」『大日本農会報』第二九七号、五四頁。

17　池上勝（二〇〇七）「酒米品種『改良山田錦』の育成経過と灘酒研究会による醸造適性評価」、『兵庫県立農林水産技術総合センター研究報告』第五五号、二七－三八頁。

18　前掲：広島県立総合技術研究所農業技術センター栽培技術研究部（二〇〇七）。

る。宮城県南部の船岡村（現柴田町）で誕生したとする説と舘矢間村（現丸森町）で誕生したとする説である。図3の丸印のとおり一八八四、八九、九三、九七年は冷害の年であった。嵐嘉一（一九七五）の「水稲『神力』、『愛国』種誕生の前夜物語」の中に来歴に関する諸説が紹介されている。[19]この手島新十郎説によると、冷害だった翌一八九四年船岡村の大地主で貴族院議員だった飯淵七三郎（いいぶちしちさぶろう）が広島出張のおり、農事試験場広島支場からイネ一株を持ち帰った。翌年、この一株の種子を農家に栽培させたところ、多くの種子が実り、これを見た飯淵はたいへん喜び、一九〇六年「愛国」と命名した。のちにこのイネを広島県農業試験場に送り、品種の鑑定を依頼したところ栽培試験の結果から広島県在来の「赤出雲」であるとの回答をえたという。現在、「愛国」の原種が残っておらず、「赤出雲」かどうか遺伝子レベルで鑑定することは叶わない。

もう一説は、宮城県立農事試験場の初代水稲育種試験主任だった寺澤保房による説で、船岡村から阿武隈川を十数kmのぼった旧舘矢間村で見いだされたという静岡県の「身上早生」由来説である。[20]百年以上の時を経て、元宮城県古川農業試験場長で「ひとめぼれ」を開発した佐々木武彦氏が明治時代の稲作改良試験記録と、各町村で「愛国」を作付けした年次を調べ、愛国のルーツについての論文「水稲『愛国』の起源をめぐる真相」を二〇〇九年日本育種学雑誌に発表した。[21]これによると、舘矢間村の地主であった本多家十四代の本多三學一世は、全国規模で蚕種業を展開していた。三學は明治の富国強兵政策の下で、「寒さに強い、丈夫で収穫量の多いイネが欲しい」と常々思っていた。そこで、一八八九年多収性の丈夫な種もみを、静岡県（旧賀茂郡大賀茂村〈現南伊豆町〉）の同業者外岡由利蔵から取り寄せ、篤農家・窪田長八郎に試作させた。なお外岡は本多の俳友でもあった。当初このイネは晩生のため登熟が遅く、十分に種子がとれなかった。図3のとおり、同年

19　嵐嘉一（一九七五）「水稲『神力』、『愛国』種誕生の前夜物語」『育種学雑誌』第二五巻一号、七一―七六頁。

20　寺澤保房（一九二七）「水稲品種『愛国』の来歴」『農業及園芸』第二巻、八八七―八八八頁。

21　佐々木武彦（二〇〇九）「水稲『愛国』の起源をめぐる真相」『育種学研究』第一一巻、一五―二一頁。

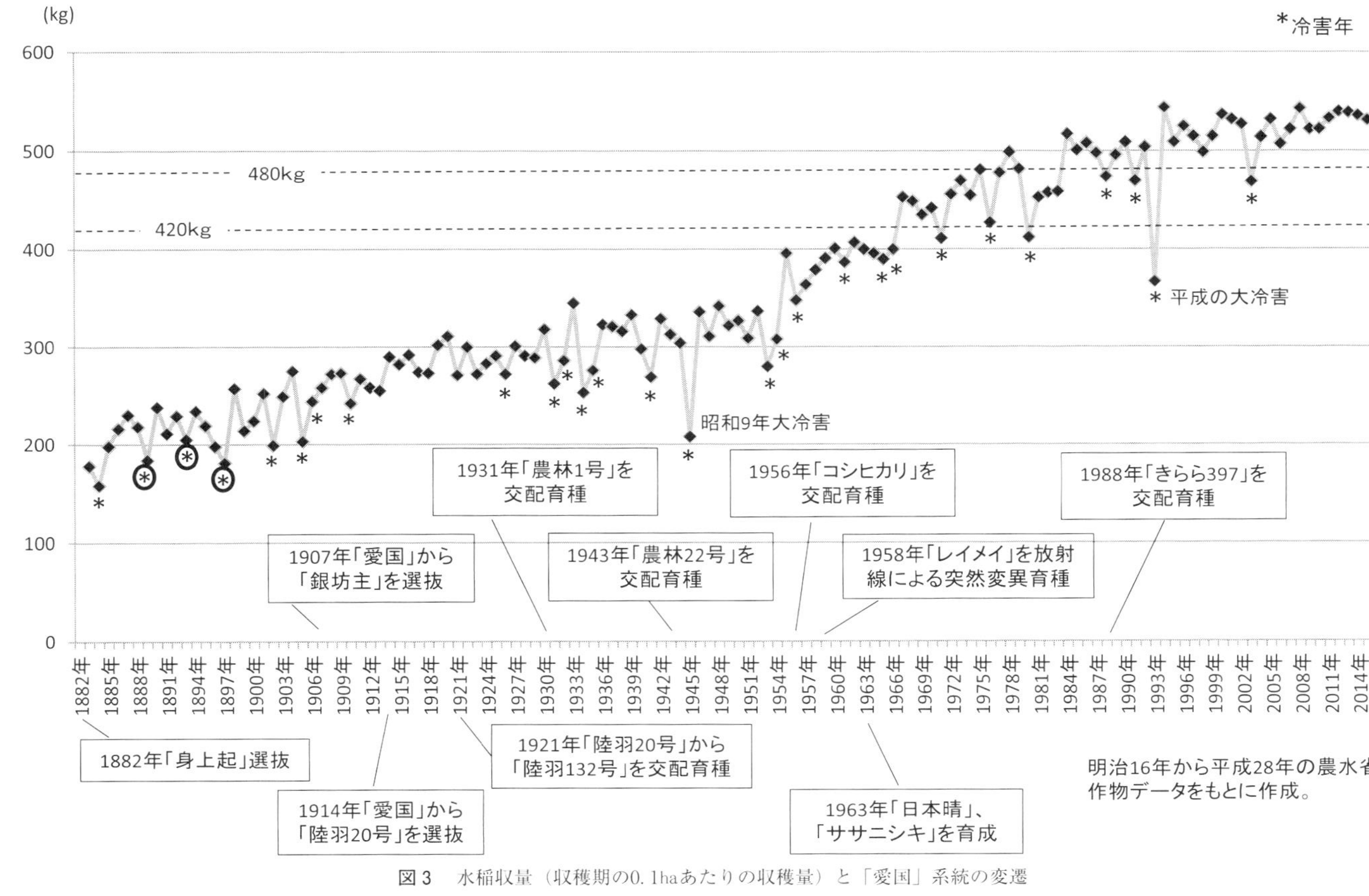

図3　水稲収量（収穫期の0.1haあたりの収穫量）と「愛国」系統の変遷

は冷害の年で一反、つまり〇・一haあたりの全国平均の収量は一八四kgであったが、熱心な窪田は種籾を他の農家にも分けて工夫を重ね出穂期を一週間ほど早めた結果、反あたり四二〇kgに達したという。一八九一年の全国平均は二一一kgであったから二倍の収量をあげたことになる。全国平均が四二〇kgを超えるのは七〇年以上のちの一九六七年まで待たねばならなかった。この無名のイネの坪刈りに立ち会った伊具郡書記の森善太郎と郡米作改良教師の八尋一郎が翌年、このイネを「愛国」と命名した。愛国は近隣の宮城県南部の農家から、関東や北陸まで栽培が急速に拡大していった。一九〇七年には一二万haに普及し[22]、一九三二年には関東地方を中心に福島、新潟、長野など二六万haに達し、終戦後まで半世紀以上に渡って栽培された[23]。

丸森町では昭和二〇年代後半には「愛国」の栽培が途絶えたが、佐々木氏が論文を発表した二〇〇九年、古川農業試験場から「愛国」の苗を譲り受け、栽培が再開された。翌年十一月二〇日、「愛国」の碑の除幕式が丸森町で盛大に行われた。この数年後、私は仙台から両側にビニールハウスや水田が広がる国道を南下していた。しばらく阿武隈川に沿って走り、柿が色づき始めた集落や水田を抜け、水田の向こうに阿武隈急行線を見ながら走った。丸森駅から数分ほど南東に矢間舘までちづくりセンターがあった（図4）。この敷地に入ったすぐ右側に高さ一・二m、幅二mほどの碑が立っていた。秋晴れの空に映る黒御影石の碑にはこの地で水稲の大品種「愛国」が誕生した歴史、東日本を中心に全国各地に普及し、昭和初期まで長らく栽培されたこと、子孫には農林一号や陸羽一三二号をはじめ、コシヒカリやササニシキ、ひとめぼれなどの大品種が多数生まれたこと、静岡県賀茂郡青市村の髙橋安兵衛が育成した「身上早生」が種籾であり、静岡では目立たない品種だったが、本多三學や篤農家、稲作指導者の先見性とひたむきな努力によって「愛国」が完成した

22　前掲：農商務省農事試験場（一九〇八）
23　池隆肆（一九七四）『稲の銘―稲民間育種の人々―』、オリエンタル印刷、一四頁。

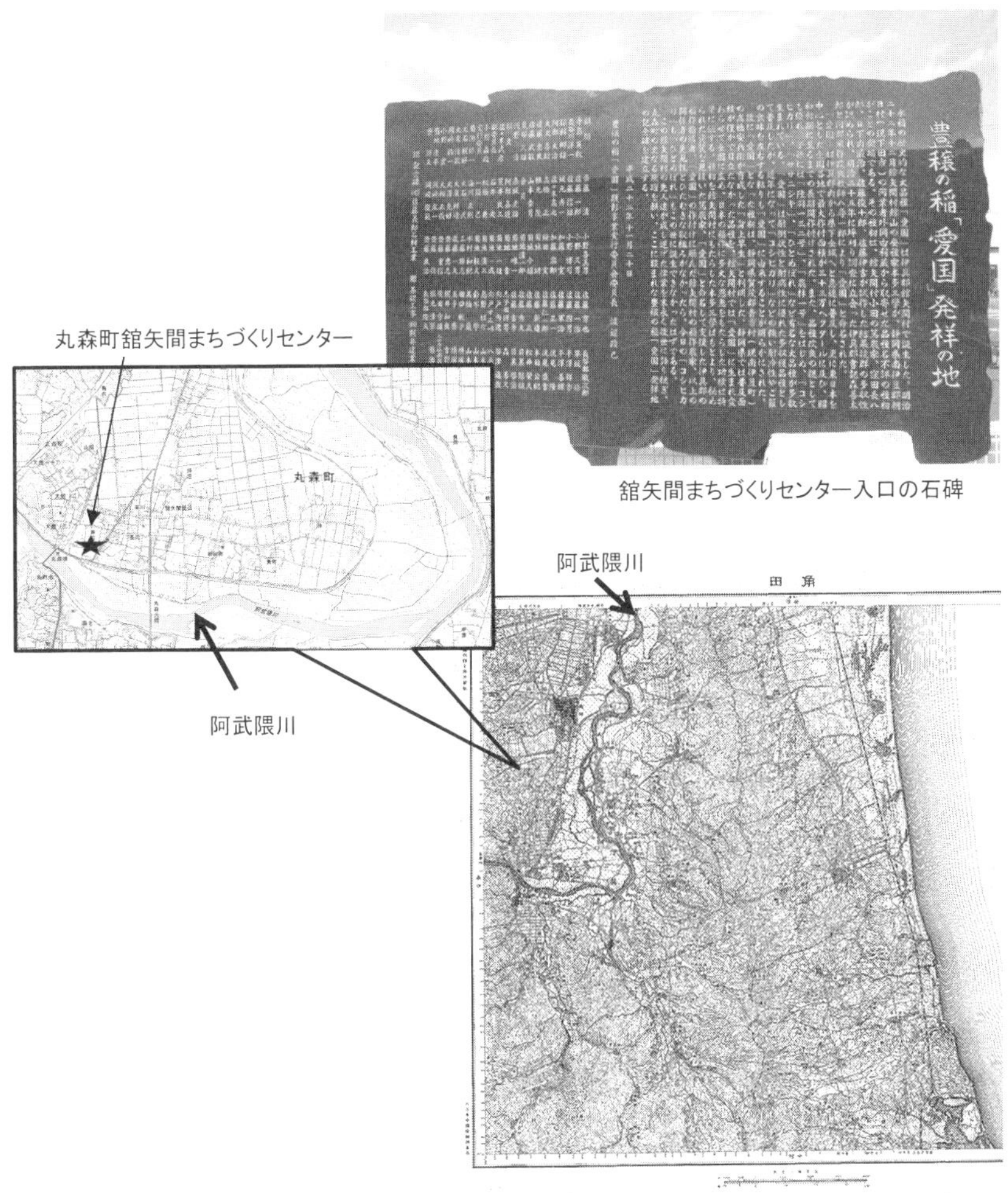

図4　明治の宮城県南部・伊具郡舘矢間村（現丸森町）地形図と「愛国」の石碑
（国土地理院提供）

ことが記されていた。

「身上早生」が選抜されてから一三四年間、図3のとおり平均収量は約三倍まであがった。化学肥料や栽培技術の進歩も大きいが、須永重光が『日本農業技術論』の「日本農業における品種の意義」に書いているとおり品種改良は「作物のもつ自然的性質を利用した技術にすぎないがしかも農業生産の方法に大きな影響を与える意味で重大な技術」であり、「品種改良ほど栽培者にとって望ましい技術はない」のである。[24]

明治期ころの品種改良

東名高速道路の日本平パーキングエリア周辺は明治時代、有度郡聖一色村（現静岡市）といった。東は旧清水市、西には静岡平野が広がり、日本平を少し登ると茶畑の向こうに富士山を望む風光明媚な土地である。ここの養蚕農家に一八八三年寺尾博は生まれた。西尾（二〇一五）が「昭和農業技術の原型（かたち）をつくった寺尾博」で詳細に紹介している。[25] これによれば、地元の静岡中学から一高、東京帝国大学に進学した彼は恩賜の銀時計が授与されるほど優秀であった。一九〇九年大学卒業後農商務省に入り、滝野川村（現東京都北区西ヶ原）農事試験場に着任した。翌年、寺尾はこの本場と品種改良を目的とする秋田県大曲の陸羽支場に設置されたばかりの種芸部主任を併任した。これに先立つ一九〇五年、六年は連続して東北地方は冷害に見舞われ、大凶作となった。これを受けて、冷害に強い耐冷性品種を育成することが二七才の彼の最優先課題であった。[26]

この陸羽支場で一九一一年寺尾は「愛国」の純系分離育種法を開始した。当時の在来品種は今日

24　須永重光（一九七七）「日本農業における品種の意義」『日本農業技術論』お茶の水書房、一三三・一三六頁。

25　西尾敏彦（二〇一五）「昭和農業技術の原型（かたち）をつくった寺尾博」『日本農学アカデミー会報』二三、四八−六〇頁。

26　山本文二郎（一九八六）「陸羽一三二号」『こめの履歴書—品種改良に賭けた人々』家の光協会、八−一八頁。

の育成品種と違い、同じ品種、ここでいえば「愛国」の中に長さや形、色、出穂期など、その形質が異なる個体が混在していた。このような在来品種から優れた特性を持つ個体を毎年選抜し続け、同じ遺伝形質をもつ純系のみを選び出す方法が純系分離育種法である。この純系分離法は一九〇三年デンマークの植物学者ヨハンセンが発表し、当時日本に紹介されたばかりの方法であった。これを用いて寺尾は「愛国」から耐冷性をもち、いもち病に強い「陸羽二〇号」を選抜した。当時、農事試験場では寺尾が純系分離育種法を、加藤茂苞が交配育種法を担当していた。この二つの育種法は近代遺伝学の基礎であり、品種改良、つまり作物の遺伝的能力を人が望む方向に改良する土台となった。菅洋の『稲』の中の「官営育種の動向」によると、庄内藩士の長男として生まれた加藤は畿内支場で一九〇四年初めての二〇組の交配に成功して以来、多くの人工交配をおこなった。加藤は一九二八年、品種間交配で得た雑種が稔るかどうか、いわゆる雑種不稔性を調べた。その結果に基づき、イネを日本型（ジャポニカ）とインド型（インディカ）の二つの亜種に大別した。同年朝鮮総督府に赴任し、その後現在のソウル南方の水原高等農林学校校長、帰国後は東京農大教授となり、交配育種法を広め、多くの人材を育てた。[27]

山形県庄内町の「亀ノ尾の里資料館」の展示によると、一八九七年、現庄内町で「水口稲」とも呼ばれた「冷立稲」から「亀ノ尾」が阿部亀治によって選抜された。これは食味がよく、今日の「つや姫」がそのおいしさをよく受け継いでいるようだ（図５）。「亀ノ尾」は早熟のため冷害に強く、かつ収量が多いと東北地方の農家の間で評判となった。しかし、一九一〇年、陸羽支場がある仙北平野ではこの「亀ノ尾」にいもち病が発生し、大きな被害を受けた。いもち病の感染はイネの抵抗力や気象条件によって異なるが、葉や穂に糸状菌であるいもち病原菌の胞子がつき、ひどい場

27　前掲：菅（一九九八）。

図5　「亀ノ尾」（左）と「つや姫」（右）（筆者撮影）亀ノ尾の里資料館にて

合は数時間で枯死させる病気である。イネの病気の中ではもっとも被害が甚大で、空気感染のため穂に感染すると大凶作となる。当時、秋田では三〇〇を超える品種が栽培されていたが、その多くがいもち病の被害を受けた。[28]

しかし、「愛国」だけはいもち病の被害をほとんど受けなかった。そこで、寺尾は一九一四年、「愛国」から選抜した「陸羽二〇号」と当時広く栽培されていた「亀ノ尾」を交配親に選び、新しい品種の育成を始めた。盆地の仙北平野ではイネの花が咲く真夏は蒸し暑い。当時の交配は開花の前日か当日の朝、花を包む葉状の穎をはさみで切って中の六本のおしべをていねいに取り去る。翌朝、父親となる花粉をこのめしべに振りかけ、他から飛んできた花粉と受精しないようにすぐ袋がけをする。イネの花は朝九時頃から開き始め、十一時には図1の写真のように開き、お昼過ぎには閉じる。山本文二郎の『こめの履歴書——品種改良に賭けた人々』の「たった二粒」によると、寺尾は助手の仁部富之助（にべとみのすけ）と床に水をまいて湿度を上げ、花粉が飛散しないよう窓を締め切った蒸し風呂のような小屋で交配作業をした。[29]この二日間の作業で寺尾

28　積雪地方農村経済調査所（一九三五）「東北地方凶作に關する史的調査」『積雪地方農村経済調査所報告』第八号、一―二四頁。

29　前掲：山本（一九八六）。

は七キロ、仁部は五キロ痩せたというからかなりの重労働だった。この重労働で稔った種子はたった二粒だったが、翌年から栽培と選抜を繰り返した。寺尾は交配した翌年にはアメリカ留学しているから、実際には助手の仁部を中心に育種が進められた。[30] この仁部達の努力によって一九二一年、「陸羽一三二号」がようやく誕生し、一九二四年には秋田県の奨励品種に採用され、本格的に普及が始まった。

アメリカから帰国した寺尾は一九二六年官民を問わず全国の試験場を研究ネットワークで結び、農産物の品種改良を推進する「指定試験事業」を始めた。[31] この事業は全国を気象や土壌に応じていくつかの生態区に分け、各試験地で分担して試験栽培を実施する方法である。当時、これは世界に例をみない構想だったが、日本のように南北に長く、海沿いから中山間地まで気象条件が多様な地域で作物を栽培する上では究めて重要な体制である。世界に目を向けても「生態区」の発想は重要である。現在、フィリピンのマニラ郊外におかれている国際イネ研究所でも、世界各地に適応したイネの育種にあたり、現地での栽培試験を必須としている。アジアやアフリカなど一四ヶ国に出先機関を置いているが、寺尾は約九〇年前に開始していた。この事業は「コシヒカリ」や「ひとめぼれ」、「ヒノヒカリ」などのイネをはじめ、ムギやダイズなどの穀類、サツマイモやキャベツなどの野菜、ビワやブドウなどの果樹、チューリップやユリなどの花卉の育種にまで及んでいる。

戦後、寺尾は職を辞し、貴族議員、続いて参議院議員となり、田植え機の開発や静岡県三島市の国立遺伝学研究所の設置に尽力した。[32] 現在でも箱根西麓にある遺伝学研究所は遺伝学の中核機関として世界でも有数の野生イネコレクション一七〇〇系統を有し、在来イネや栽培イネと合わせて約六〇〇〇系統が保存されている。

30　前掲：山本（一九八六）。
31　前掲：西尾（二〇一五）。
32　前掲：西尾（二〇一五）。

図6　大凶作年（1934年）の宮城県水稲品種別の減収比率

話を「愛国」の子、「陸羽一三二号」に戻そう。この品種は寒冷地に広く普及していった。積雪地方農村経済調査所の「東北地方凶作に関する史的調査」によると、一九三一年、三四年には日照時間が平年の半分となり作況指数が五六という大凶作に見舞われた[33]。図6は同年の宮城県の品種別の減収割合の数値をもとに作成したものだが、「愛国一号」は中部の山間地を除いて減収があったものの収穫できている。マイナス一〇〇は穂が実らないままの青立で収穫できなかった品種を示すが、「亀ノ尾」は南部の山間地以外すべてで収穫ができなかった。これに対し、「陸羽一三二号」は南部の山間地や平坦地では最良であり、もっとも収量の少なかった中部でも約三割の減収にとどまった。二〇一七年夏、仙台では三六日間の長雨が続き、八六年ぶりに記録が更新されたが、それまでの記録は一九三四年であった。この年はイネが生長する

33　前掲：積雪地方農村経済調査所（一九三五）

七月中旬から、来る日も来る日もやませが吹き、八月になっても冷たい雨を運び続けていた。さらに、九月二一日の歴史に残る「室戸台風」の襲来によって壊滅的な被害を受けた。これに先立つ一九三一年には北海道から東北にかけての冷害による凶作、翌年の不作、翌々年三月三日の三陸大津波と三四年まで東北地方は惨禍に泣いた。東京日日新聞や東京朝日新聞、報知新聞にはその惨状を伝える記事が多く掲載されている。山下文男氏の『昭和東北大凶作』によれば、「『娘身売りの場合は当相談所においで下さい』という掲示が村役場の前にはりだされた」という。[34] 同年秋田魁新報が「凶作を行く」と二〇回のシリーズを組んでいる。この記事には「『離村女性』が歳末が近づくに伴い毎日のように身売り列車で運ばれ、駅の改札子を驚かしている」、「児童は学校を休んで根餅（草の根）を掘りに山へ出かけ、義務教育をおえ、借金のため、丁稚や酌婦にだされる」と、農村の娘や子供の悲惨さを伝えている。[35] このような状況下で、「陸羽一三二号」は科学技術が農村を救う未来の象徴となった初めての品種であった。澤田収二郎は「近代における農業変革」の中で「常に品種改良が問題解決の糸口」であったと書いている。

「陸羽一三二号」は一九三九年には東北地方を中心に最高二三万九〇六haに栽培された。[36] 味の良さと耐冷性によって日本統治時代は朝鮮半島にも普及し、特に北朝鮮ではこの育成品種とともに大農場や干拓地が開かれていった。イネの新品種が灌漑やダムの建設、肥料の輸送整備などその波及効果を明確にしたさきがけでもあった。

また、在来の「大場」の変種「森田早生」を母親に「陸羽一三二号」を交配し、一九三一年、当時の新潟県農業試験場で「水稲農林一号」が生まれた。農林●号という品種名は農林省の試験場や件の指定試験事業で指定された試験地で栽培された農産物が登録された育成順である。つまり、全

34　山下文男（二〇〇一）『昭和東北大凶作―娘身売りと欠食児童』無明舎出版、二一一頁。

35　藤原辰史（二〇一二）『稲の大東亜共栄圏―帝国日本の〈緑の革命〉』吉川弘文館、六頁。

36　前掲：池隆肆（一九七四）。

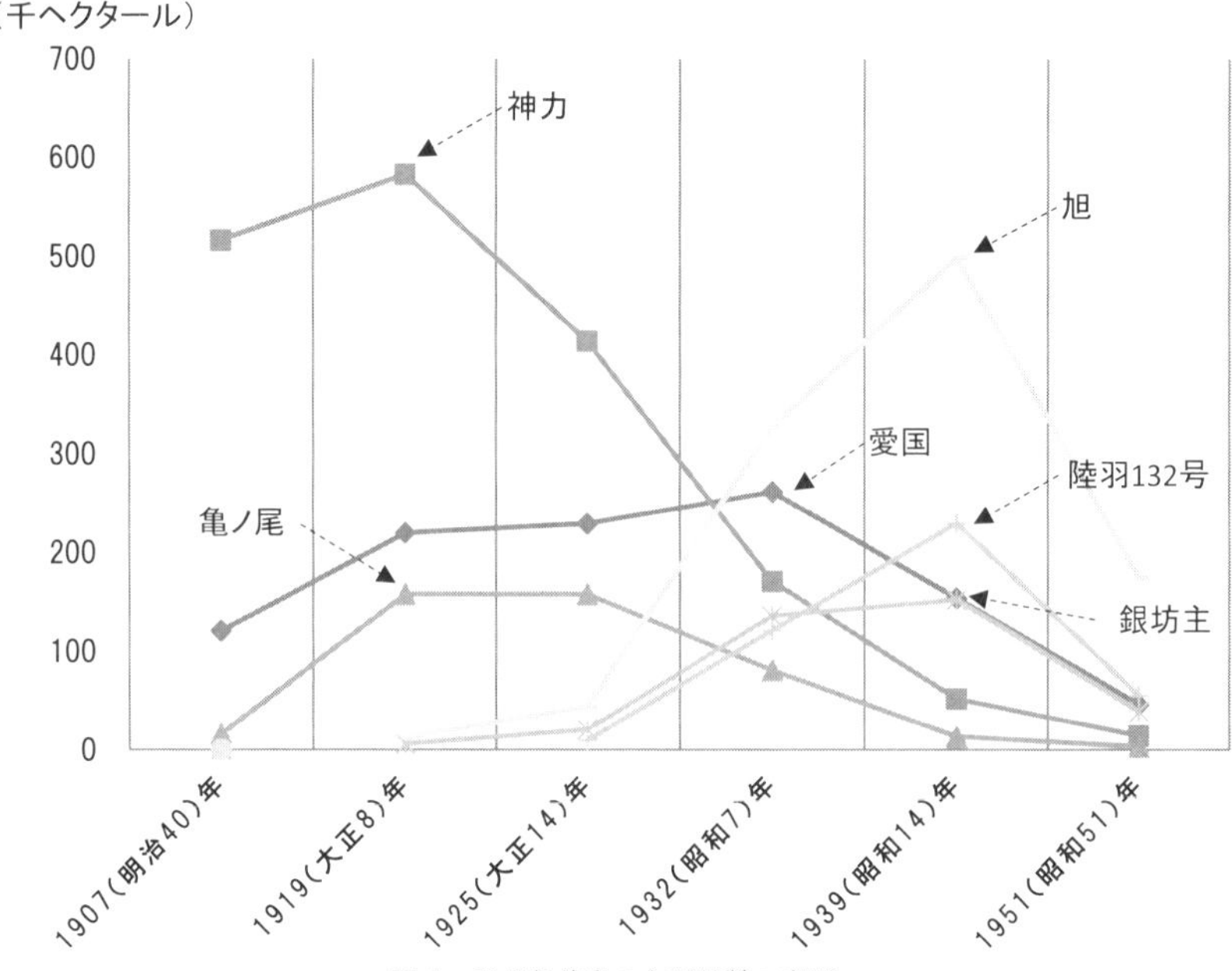

図7　20世紀前半の主要品種の変遷
池隆肆（1974）『稲の銘』第2表の品種別普及面積より作図

国の試験地が競争した結果、「水稲農林一号」はすべてのトップを切って登録された最初の品種であった。満州では大正時代、一八の在来品種を含む「亀ノ尾」や「早生大野」などの日本種、合わせて三五品種が栽培されており、内地より「陸羽一三二号」や「農林一号」が導入された[37]。一九四〇年、南満州の水稲作付率では満州在来の「京祖」を上回り、一九四二年、海城県や瀋陽県で「農林一号」が水稲作付面積の六割、「陸羽一三二号」が二割を占めていた。

37　横山敏男（一九四五）「品種と反當収量」、「品種改良の未発達」『満州水稲作の研究』四〇-四六、四八〇-四八二頁。

賢治とイネ

一九二八年、雑誌『聖燈』に宮

沢賢治の「稲作挿話」が掲載された。[38] この一説に「愛国」の子、「陸羽一三二号」の様子が次のように書かれている。

君が自分でかんがへた
あの田もすつかり見て来たよ
陸羽一三二号のはうね
あれはずゐぶん上手に行つた

賢治は天候不順を見越して「陸羽一三二号」を農家に強く進めており、花巻農学校に勤務していた一九二六年、数ケ所に無料で相談できる肥料設計事務所を開設した。[39] 昭和に入り、東日本に「陸羽一三二号」が急速に普及し始め、一九三五年頃には西日本の「旭」と合わせて全国の水稲作付面積の四分の一に上り、〝品種革命〟と呼ばれた。[40] この頃はちょうど「陸羽一三二号」の栽培が農家に広まり始めた時期であった。次のように続く。

肥えも少しもむらがないし
いかにも強く育つている
硫安だつてきみが自分で播いたらう

農林省の「肥料要覧」の「内地ニ於ケル販売肥料ノ生産」によれば同年は大豆油粕の肥料に硫酸安

38　宮沢賢治（一九四九）「稲作挿話」『宮沢賢治名作選』羽田書店、三四二–三四六頁。

39　佐藤隆房（二〇一二）『宮沢賢治：素顔のわが友』富山房企畫、二一一頁。

40　前掲：山本（一九八六）。

母尼亜（アンモニウム）、つまり硫安がほぼ並んだ年であった。二年後の一九三〇年には大豆油粕が二三万二四二五t、硫安が二六万五八二六tと生産が逆転し、以降、化学肥料の利用が急速に伸びていった。[41] さらに、こう続く。

　みんながいろいろ云ふだらうが
　あっちは少しも心配ない
　反当三石二斗なら
　もうきまったと云っていゝ

周辺では「愛国一号」や「亀ノ尾」が栽培されていたので、新しい品種を批判する者もいたのだろう。ちなみに反あたり三石二斗は約四八〇kgになる。前述の図3の点線のとおり全国平均収量が四八〇kgを越えるのは一九七五年のことである。

「東北地方凶作に関する史的調査」によれば凶作の初出は「続日本紀」の「和銅六年（七一三年）山形の出羽大風あり　新稼傷つき調を免ぜらる」である。大宰府が廃止された天平十四年（七四二年）の項には「陸奥国　寒冷、降雪、凶作」「出羽五穀登らず飢ゆ、賑給せらる。」の記載があり、奈良時代より延々と続く凶作に苦労している様子が散見される。[42] 賢治の歌にはこの高い収量性や賢治の普及の苦労が読みとられる。彼は栽培に必要な科学や土壌学、生物学などと合わせて「陸羽一三二号」を普及させることで東北地方の窮状を救おうとしていたことがよくわかる。

41　農林省農林局（一九三三）「内地ニ於ケル販売肥料ノ生産」『肥料要覧』、生産二一三頁。

42　前掲：積雪地方農村経済調査所（一九三五）。

お米の家系をたどる

二〇一九年一月時点で農業生物資源ジーンバンクには国内外から収集された野生種や育成種を含む二万二四二四点のイネが登録されているが、そもそもどんな品種があっただろうか。今度は現代から逆に祖先を辿ってみる。

イネの来歴、つまりどんな両親から生まれたか、さらにその両親のおじいちゃん、おばあちゃんはだれか、というようにイネは家系図を辿ることができる。一例を図8に示したが、「コシヒカリ」や「ひとめぼれ」、「あきたこまち」、「ササニシキ」など現在栽培されているイネの父系や母系を辿っていくと「愛国」や「神力」など限られた共通の先祖があらわれる。

イネの家系を調べた酒井寛一（一九五七）は血縁関係の濃さを示す近縁係数を算出し、「愛国」や「神力」、「亀の尾」の高い数値の結果から、「日本のイネ品種は早生から晩生までの甚だしい広がりをもち、一見甚だ遠い関係にあると思われるような品種が多いにもかかわらず、実際には多かれ少なかれ血縁関係で結ばれている」と考察している[43]。

北部九州の三〇系統を比較した大里久美（一九九六）は最大祖先数が一二三八、重複を除いた最終的な祖先数は四〇品種で、その四〇品種の寄与率を算出している。寄与率とは両親の遺伝子を半分の五〇パーセントずつ子世代が受け継ぐと考え、複雑な系統関係を数値的に単純化した比率である。その結果もっとも寄与率が高かった「愛国」は一六パーセント、ついで「旭（朝日）」が一三パーセント、「器量好（撰一、神力）」が一二パーセントであった[44]。

重宗明子（二〇〇六）は北陸研究センターで過去八〇年以上育成した水稲品種一四三系統の家系

43　酒井寛一（一九五七）「植物育種法に関する理論的研究Ⅴ・自殖性作物の育種における近縁係数の応用」『育種学雑誌』七、八七–九二頁。

44　大里久美・吉田智彦（一九九六）「イネ育成系統の近縁係数およびその食味との関係」『育種学雑誌』四六、二九五–三〇〇頁。

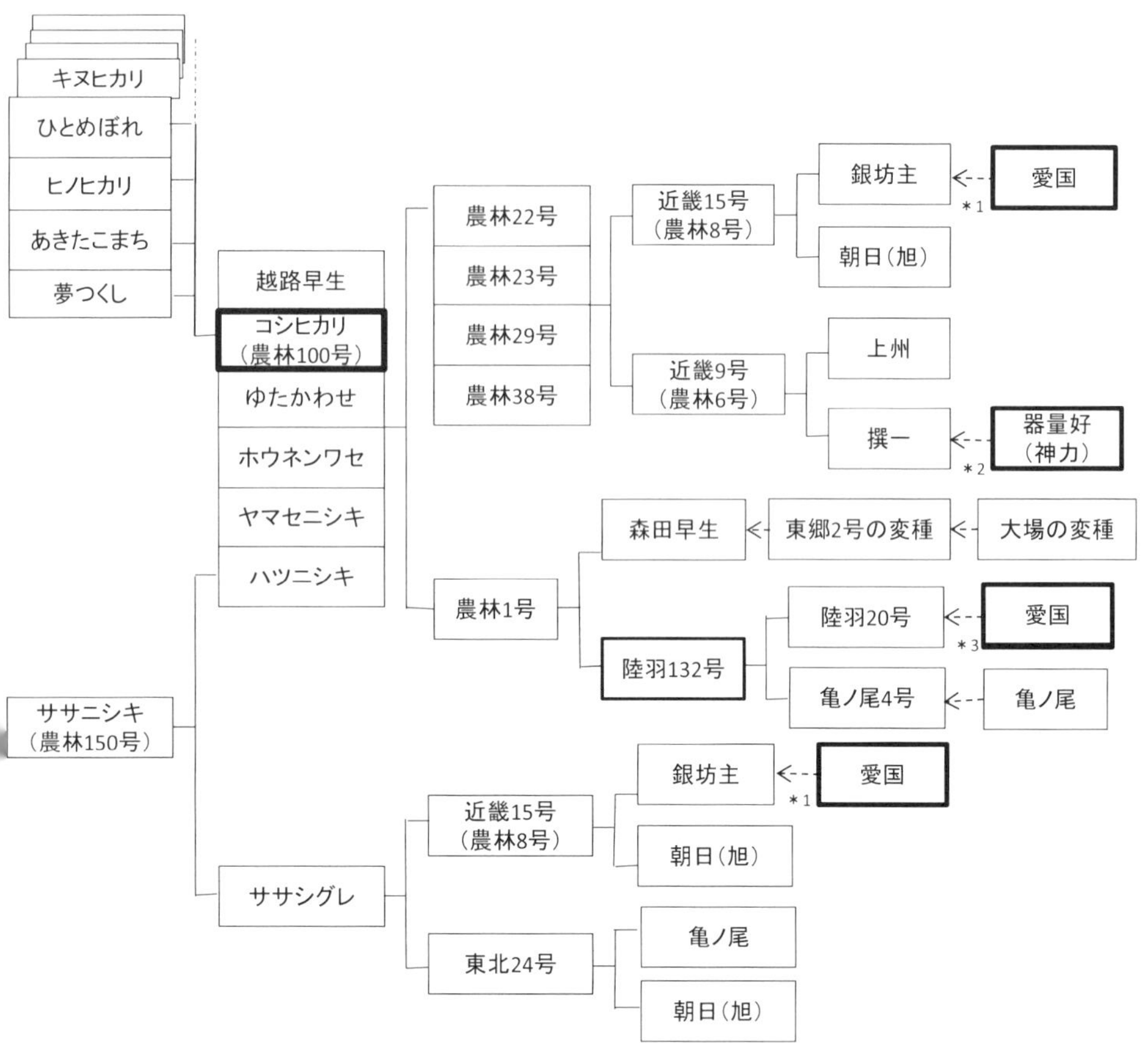

図8　「愛国」や「神力」からコシヒカリやひとめぼれ、ササニシキなどの系譜図
コシヒカリ以後の品種の来歴は第5章図1を参照のこと。
<---選抜を示す
＊1　過剰施肥時、倒伏しなかった「愛国」から選抜された「銀坊主」
＊2　「器量好＝神力」から選抜された「撰一」
＊3　「愛国」から純系分離された「陸羽20号」

分析をおこなった。この総祖先数は一九八〇年代半ばから増加しはじめ、九〇年代半ばからの一〇年間で二倍に増え、一一二二系統にのぼった。品種の育成は食味レベルを維持、あるいは上げつつ、収量、病害虫抵抗性などの形質を改良する目的で行われるが、その結果として生まれた一四三系統はすべてコシヒカリの後代であるキヌヒカリとの血縁関係が判明し、遺伝資源の幅が究めて狭いことを明らかにした。[45]

佐藤弘一（二〇〇七）は食味や収量能力の高い親を探索するため、福島県の材料を用いて祖先の家系を分析した。総祖先数は三〇〇〇を越え、重複を除いた祖先数は一〇〇〇を越える品種によって構成されていた。しかし、この寄与率をみると、「旭」と「愛国」が約十九パーセント、「大場（森田早生）」、「亀ノ尾」、「器量好」と続いた。[46]

このように、現在のイネの先祖を辿っていくと実質的には少ない祖先種が遺伝的に寄与していることがわかる。

45　重宗明子・三浦清之・笹原英樹・後藤明俊・吉田智彦（二〇〇六）「北陸研究センターで育成した水稲品種系統の家系分析」『日本作物紀要』七五（二）一五三―一五八頁。

46　佐藤弘一・吉田智彦（二〇〇七）「水稲福島県育成系統の家系分析」『日本作物研究所紀要』七六、一二三八―一二四四頁。

品種の変遷――コシヒカリの誕生

一九五八年、「農林一〇〇号」として登録されたスーパースター「コシヒカリ」が誕生した。これは「愛国」の変種「銀坊主」や「器量好（神力）」から選抜された「撰一」の孫にあたる「農林二二号」を母親として、これに「農林一号」を交配したものである。この両親から「コシヒカリ」の兄弟、「ゆたかわせ」や「越路早生」、「ハツニシキ」「ホウネンワセ」「ヤマヒカリ」なども生まれている。[47]一九七九年には「日本晴（にっぽんばれ）」を抜いて「コシヒカリ」が作付面積の第一位となった。一九

47　日本穀物検定協会（一九九五）『図説・米の品種』改訂版、二四九頁。

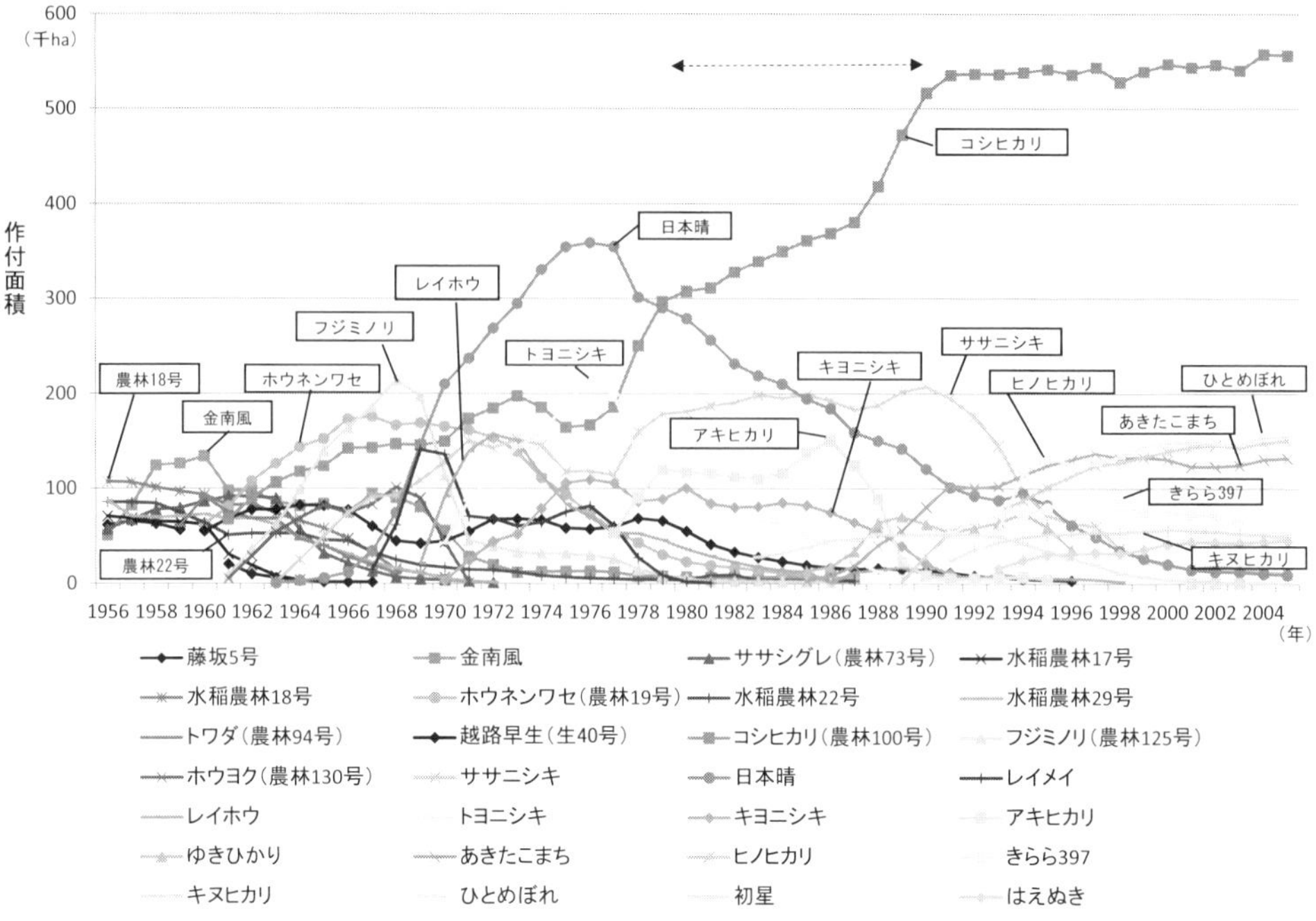

600
（千ha）
500
400
300
200
100
0
作付面積
コシヒカリ
日本晴
レイホウ
フジミノリ
トヨニシキ
キヨニシキ
ササニシキ
農林18号
ホウネンワセ
金南風
ヒノヒカリ
ひとめぼれ
あきたこまち
アキヒカリ
きらら397
農林22号
キヌヒカリ
1956 1958 1960 1962 1964 1966 1968 1970 1972 1974 1976 1978 1980 1982 1984 1986 1988 1990 1992 1994 1996 1998 2000 2002 2004
（年）
藤坂5号
金南風
ササシグレ（農林73号）
水稲農林17号
水稲農林18号
ホウネンワセ（農林19号）
水稲農林22号
水稲農林29号
トワダ（農林94号）
越路早生（生40号）
コシヒカリ（農林100号）
フジミノリ（農林125号）
ホウヨク（農林130号）
ササニシキ
日本晴
レイメイ
レイホウ
トヨニシキ
キヨニシキ
アキヒカリ
ゆきひかり
あきたこまち
ヒノヒカリ
きらら397
キヌヒカリ
ひとめぼれ
初星
はえぬき

図９　上位５品種に入った主要品種の半世紀にわたる変遷

昭和31～35年度は「米穀の主要品種の年次変遷」農林水産省大臣官房統計部より、昭和36～平成17年産は「米穀の品種別作付状況」食糧庁編の作付面積をもとに作図。なお、作付統計の数値とは異なる。

40
35
30
25
20
15
10
5
0
コシヒカリ
きらら397
キヌヒカリ
ななつぼし
1996 1997 1998 1999 2000 2001 2002 2003 2004 2005 2006 2007 2008 2009 2010 2011 2012 2013 2014 2015 2016 2017
コシヒカリ
あきたこまち
ひとめぼれ
ヒノヒカリ
きらら397
キヌヒカリ

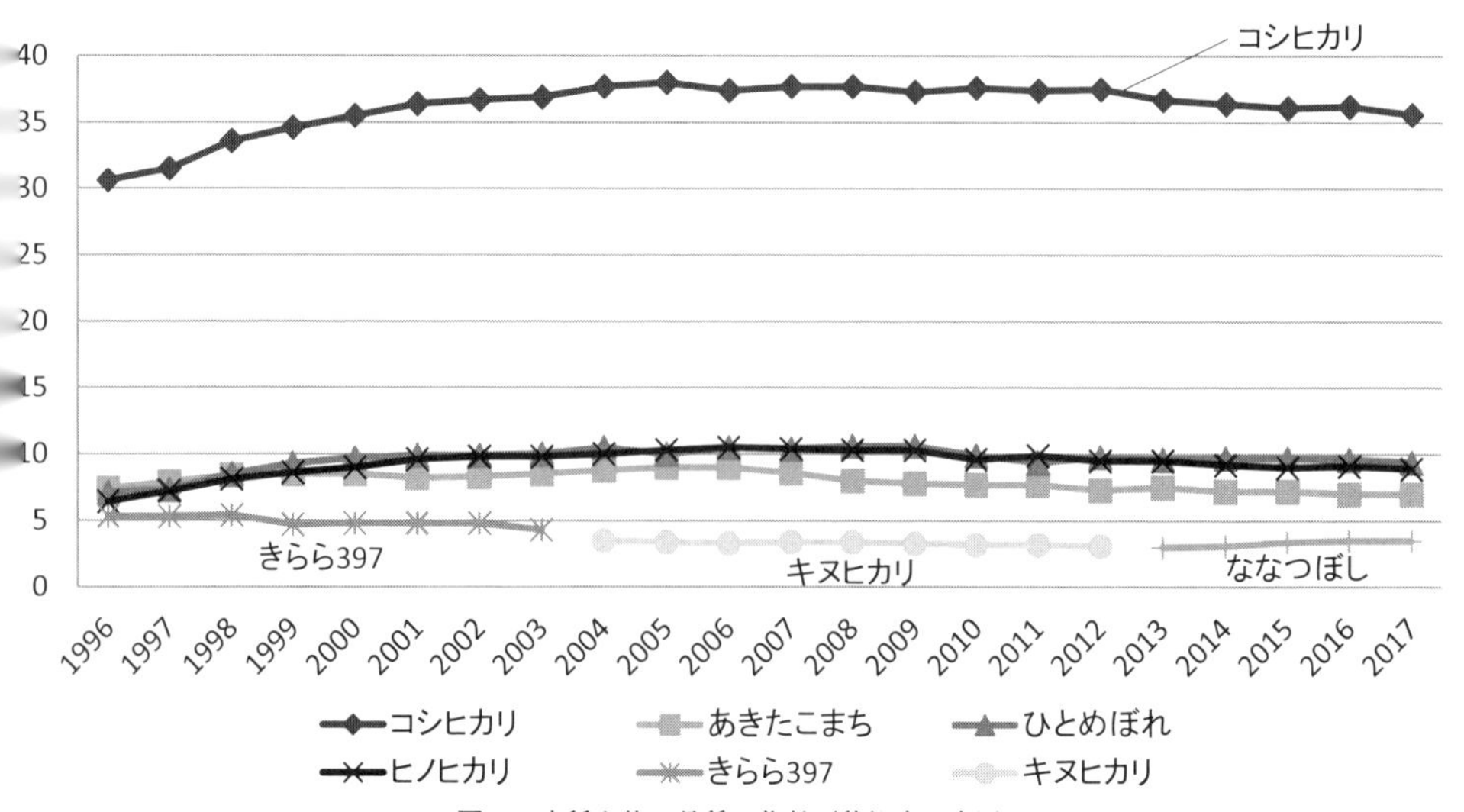

図10　水稲上位５品種の作付面積比率の変遷

米穀安定供給確保支援機構の1996～2017年産水稲の品種別作付動向をもとに筆者作図。きらら397、キヌヒカリ、ななつぼしは上記５品種に入った年のみグラフ化を行った）

九〇年代に入ると作付面積の約三割をコシヒカリが占め、図9のとおり四〇年近くトップを独走している。

旧食糧庁によると、一九六一年の作付面積の一位が「金南風」、全体の四％、二位「ササシグレ」（三・七％）、三位「農林一八号」（三・三％）であった。当時の作付面積の一覧には二四五品種が記載されており、「コシヒカリ」は二・三％、「コシヒカリ」の親である「農林二二号」が同率であった。図8のとおり「愛国」と「亀ノ尾」から選抜され、交配育種された「陸羽一三二号」は〇・一％、「神力」から選抜された「三井神力」も栽培されていた。図9の点線のとおり「コシヒカリ」が一位となって以降一〇年間で急速に品種の多様性が失われていった。一方で、「コシヒカリ」は栽培技術や流通・嗜好が変化する中で時代に適応した優等生であることがわかる。

一九九六年から図10のとおり「コシヒカリ」の作付比率はうるち米水田の三割をこえ、二〇〇五年の三八％をピークに現在でも約三六％を維持している。そのほかの上位品種をみると、「ひとめぼれ」、「ヒノヒカリ」、「あきたこまち」、近年「きらら397」や「キヌヒカリ」に代わって「ななつぼし」が五位に入ってきたが、大きな変化はみられない。「ひとめぼれ」や「ヒノヒカリ」、「あきたこまち」はコシヒカリの子ども、「きらら397」や「キヌヒカリ」、「ななつぼし」などは孫に相当し、上位五品種はいずれもコシヒカリの子や孫、ひ孫にあたり、コシヒカリの大ファミリーが作られている[48]（表1）。

48　前掲：日本穀物検定協会（一九九五）。

表1　平成29年産うるち米の品種別作付比率上位20品種と「神力」、「愛国」、「コシヒカリ」との系統関係

順位	品種名	作付比率（%）	「撰一」との関係	「陸羽20号」や「銀坊主」との関係	コシヒカリとの関係
1	コシヒカリ	35.6	F3	F3	
2	ひとめぼれ	9.4	F4	F4	F1
3	ヒノヒカリ	8.9	F4	F4	F1
4	あきたこまち	7.0	F4	F4	F1
5	ななつぼし	3.5	F5	F5	F2
6	はえぬき	2.8	F5	F5	F2
7	キヌヒカリ	2.4	F4	F4	F2*
8	まっしぐら	1.9	F6	F6	F3
9	あさひの夢	1.7	F6	F4	F3**
10	ゆめぴりか	1.6	F5	F5	F2
上位10品種の合計		74.8			
11	こしいぶき	1.4	F5	F5	F2
12	きぬむすめ	1.3	F6	F5	F3
13	つや姫	1.1	F6	F6	F3**
14	夢つくし	1.0	F4	F4	F1
15	つがるロマン	1.0	F5	F5	F2**
16	あいちのかおり	0.9	F6	F6	F2**
17	彩のかがやき	0.7	F6	F6	F3**
18	きらら397	0.7	F6	F6	F3
19	ふさこがね	0.6	F6	F6	F3
20	ハツシモ	0.6	—	F2	—
上位20品種の合計		84.1			

順位および作付比率は公益社団法人米穀安定供給確保支援機構（30年6月13日付）公表による。

撰一は「神力（器量好）」から選抜、「陸羽20号」は「愛国」から選抜、「銀坊主」は「愛国」の変種のためそれらの品種を親とした世代を示す。

交配親が重複している場合はもっとも近い親からの世代を示す。

F1は直接の親子関係、F2は祖父母―孫の関係を示す。
* コシヒカリに放射線照射した北陸100号の子孫
**コシヒカリに放射線照射した関東79号の子孫

そもそも品種の概念

最古の農書でもある『清良記——親民鑑月集』には唐法師や大唐餅など古代から中世に導入されたとみられる八品種を含め九六品種が記載されている[49]。江戸時代に入ると、地域を限定しない、漢書の影響を強く受けた本草学的な「農業全書」や地域を限定した実践的な農書、たとえば「会津農書」、三河や遠州の農業技術を中心に書かれた全一五巻におよぶ「百姓伝記」などがあらわれる。これらの農書では土壌や気象条件の差異による品種選択や栽培方法など、諸条件の関連性を詳しく論じている。そのほか諸国の物産帳や稲作心得を記した農家の日記などさまざまな書物が江戸時代に書かれた。

江戸時代の農書に記載されている品種の名称を整理した安田健の「稲作の慣行とその推移」によれば、イネの品種は十七世紀末までは少なく、江戸時代中期の十八世紀に入って急増したが、十九世紀前半から幕末にかけて品種数は著しく減少したという[50]。十八世紀は戦国の世が終わりを告げ、江戸時代に入って社会が成熟し、アサガオやツバキ、キクなどの園芸品種が多く作出された時期である。一方、『日本財政経済史料』の「東京諸問屋沿革志」によると、一六〇〇年頃の慶長以降、紀州や勢州から江戸に店を出し、「下り糠」と称し、駿府、遠江、三河、摂津から積み込み、江戸周辺の耕地作物の肥料として廻船で売るものが六名あり、これを糠仲間といった[51]。このように、米だけでなく、肥料もローカリティを越えて江戸に広がったことがわかる。また、十八世紀中頃に書かれた『雑事紛冗解』と『肥後国之内熊本領産物帳』によれば、当時細川藩領であった肥後国、つまり現在の熊本県から旧天草郡と旧球磨郡を除いた地域では、ウルチ米四五三品種とモチ米一〇一

49　農山漁村文化協会（一九八〇）日本農書全集第一〇巻、四八-五四頁。

50　安田健（一九五四）「稲作の慣行とその推移」『日本農業発達史・明治以降における』第二巻、農業発達史調査会編、三八六-三九九。

51　大蔵省（一九二二～五）「東京諸問屋沿革志」『日本財政経済史料』巻三、経済之部第二、一二一-一二二頁。東京都（一九九五）江戸東京問屋史料諸問屋沿革誌、二九六-三〇二頁。

品種の合計五五四品種が栽培されており、さらに災害に備えてさまざまな品種を植えるように説いている。しかし、二〇一七年、熊本全県ではヒノヒカリ、森のくまさん、コシヒカリなど上位三品種だけでうるち米作付面積の八割を超える。

明治時代に入ると、品種改良によって新たな品種が作出される一方で、農地改革や農業の集約化によって、イネの多様性が大幅に減少していった。盛永俊太郎の「明治期における日本稲の種類と改良」によれば、一九〇六年全国から収集した品種は水稲だけで約四〇〇〇に達した。これを前述の交配育種の先達である加藤茂苞が一九〇八年、約六七〇種に整理したという。[52]しかし、二〇一九年一月末、農水省に登録が維持されているイネは四七四品種であった。一九五〇年代から放射線を照射する突然変異育種が開始され、次々と新しい品種が生まれた。十九世紀末から純系淘汰や人工交配の育種が進み、その数は増加したが、実際に農家が栽培している品種数は明治からさらに平成にかけて減少したことがわかる。

明治の純系選抜以前の品種はどんなイネだったのだろうか。そこで、前述あるいは第二章に登場する木簡や農書、覚書に呼称が記載されている品種を用いてDNA分析をおこなった。八世紀から十世紀の木簡、さらに『清良記』から江戸末期の尾張の農家の暮らしが書かれた『農稼録』（一八五九年）までの約二百年間に書かれた四〇冊の農書や覚書に記載されている品種を調べた。[53]静岡大学育種学研究室や国立遺伝学研究所では種子を採集した際、その地域で使用されていた呼称や品種名を記載し、冷蔵室に保管していた。冷蔵室に保存しているだけでは種子の発芽率が次第に落ちるため数年に一回は栽培して種子を更新しなければならない。したがって、採取後もずっと種子更新を続けた野生イネや国内外のイネの種子の入ったボックスが当時、冷蔵室の天井まで積みあがってい

52　盛永俊太郎（一九五七）「日本稲の種類と改良」『日本の稲』養賢堂、三三頁。

53　花森功仁子・石川智士・齋藤寛・岡田喜裕・田淵宏朗・望月峰子（二〇一一）「古代から近世におけるイネの品種名称と遺伝解析の比較研究」『DNA多型』一九。

た。その中から早稲、わせ、早生と記載された「ワセ」、同じく白早生の「シロワセ」、赤早生の「アカワセ」、赤もち、赤糯、あかもちの「アカモチ」、黒もち、黒糯の「クロモチ」、水口糯の「ミナクチモチ」、白ひげ、白髭の「シロヒゲ」など七つの同音呼称をもつ二八系統を取り出した。ここで供試した品種のうち、ワセとシロワセは本書第2章の平川の論文にも登場する（81p、表2）まず、これらの籾を取り除き、その玄米をヨードカリ反応液に三〇分浸潤させた。その後、玄米をカッターで半分に切断して、その断片が白くみえるものをモチ性、青紫に着色されたものをウルチ性として判断するヨードカリ反応を行った。その結果、アカモチとクロモチのサンプルはすべてモチ性を示した。しかし、ミナクチモチのうち長野や山梨の系統はモチ性を、鳥取の三点はウルチ性を示した。農家では、モチ性を維持するためにはウルチ米と混ざらないよう、隔離して栽培している。したがって、ミナクチモチについてはどこかでウルチ花粉による他家授粉がおきたことを示している。

この二八系統からDNAを抽出して、当時品種判別に用いていた一一の遺伝子領域を増幅して遺伝子型を比較した。秋田県で採取された「クロモチ」四系統のうち三系統は同じ遺伝子型を示した。しかし、「ミナクチモチ」五系統のうち鳥取県の三系統では、同県の同じ表記の呼称であっても、それぞれ遺伝子型は異なった。この遺伝子領域の変異をもとにどの系統が近いかを推定してみた。現代の品種の場合、同一の品種名であればすべて遺伝子型は同じとなり、兄弟や親子であれば同じグループを形成する。図11のとおりクロモチの三点とミナグチモチの二点は同じグループを形成したが、それ以外はグループを作らなかった。

このグルーピングから、当時のイネは現在の県域よりさらに狭い地域で人為的に隔離栽培がなさ

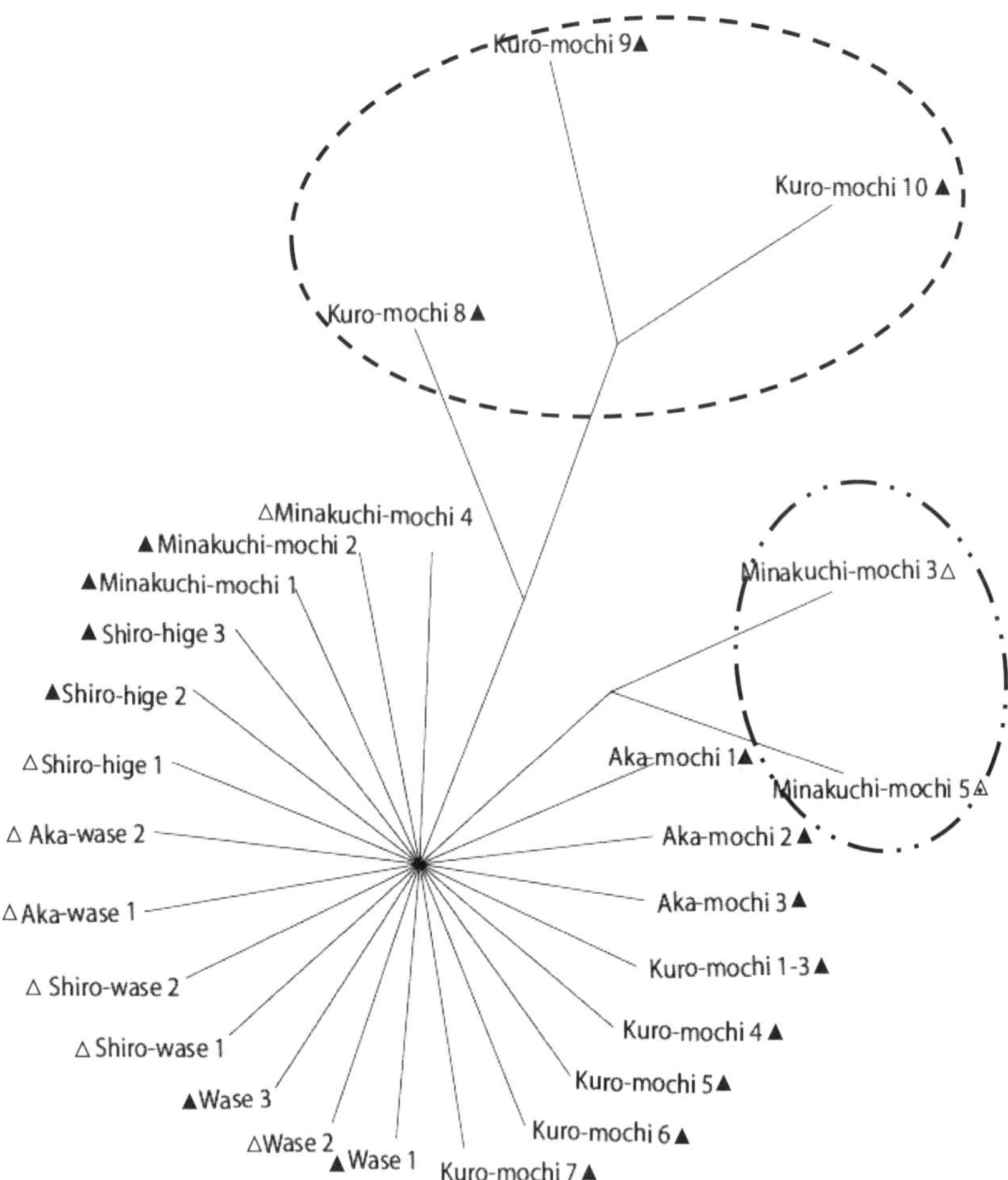

図11　遺伝子型をもとにした無根合意樹推定（花森、2011）
共通の祖先からの距離を考慮せず、系統間の関係を推定した。
▲：モチ性、△：ウルチ性
点線：同じグループを示す

れていたことが推定された。「ミナクチモチ」ではモチ性とウルチ性が混在し、五点の遺伝子型は四タイプに分かれた。これは「ミナクチモチ」という呼称が水田の低温部の水口近くで栽培され、低温に強い品種を示す総称であるためとみられた。また、「アカモチ」や「クロモチ」は近年、健康食として注目されている有色米だが（本書第三章）、明治以降、白米に混ざる雑草イネとして人為的に排除された歴史があり、ここ百年でほとんど水田から消滅した。しかし、その一部はご神米の「アカモチ」として今日まで神田で栽培されており、人為的隔離が進んだと考えられる。「アカモチ」の三点がすべて異なる遺伝子型に分類されたのはご神米や行事食の特別な食材として大切に隔離栽培されてきたことを明瞭に示している。

「新潟県北魚沼郡湯之谷村星家所蔵種子帳・稲刈帳」によると、「クロモチ」は江戸時代中期の一八〇九年から昭和初期の一九三七年まで実に一三〇年近く、管理されていたことがわかる。[54] 今日の栽培品種の個体間ではほぼ同一の形質と遺伝子型をもつが、このようなイネの品種に対する概念は品種改良以降に形成されたものであることがこのDNA分析で追認される結果となった。すなわち、古代から近世までの品種はその形態形質の相違や栽培環境を反映した多様な系統の混成集団であり、現代のように品種として固定していないものが多かったのだろう。

54　アチック　ミューゼアム（一九三九）「新潟県北魚沼郡湯之谷村星家所蔵種子帳・稲刈帳」『アチック　ミューゼアム彙報』第三八、一九一一八七頁。

在来品種で町おこし──「愛国」のふるさと・静岡県南伊豆町

のちに「愛国」と命名された「身上早生」は前述の佐々木氏によれば一八八二年頃、静岡県の伊豆半島南部に位置する青市村（現南伊豆町）の髙橋安兵衛が晩生の「身上起」から選抜したものである。当時の記録では「身上起」は晩生で、品質は良くないが収量が多く、この米を栽培すると身上を残す、財産を築くとして名づけられた。青市村は一八八九年四月、町村制によって竹麻村となり、伊豆半島最南端の南伊豆町の北部にその名を残している。現在の青市地区は下田から石廊崎に抜ける両側から山が迫る街道と樹林地帯である。「愛国」が選抜された数年後の一八八六年帝國陸地測量部の測図をもとにした地図（図12）では青市村はほとんどが濶葉樹林、つまり広葉樹林で街道の西側にわずかに荒地があった。現在でも国道一三六号線を走るとこの地区にはわずかな畑のみ、青野川に流れこむ短い支流があるだけの稲作にはあまり適さない地域である。それでも髙橋はいろいろな品種を栽培し、土地にあったものを選抜しようとしていたが、「身上起」は温暖な青市村では日の目を見なかった。

南伊豆町の農家・清水清一さんが前述の佐々木氏の「愛国」の論文を知り、「地域にすごいものがある」と再びこの栽培を開始した。最初は肥料や台風に苦労しながら、三年目で歩留まりが良くなり、安定して栽培できるようになったという。ある時、清水さんとともに「愛国」を栽培している農家の中村大軌さんが町内で酒屋を営む山本清治さんのところに「愛国」でお酒を造りたいとやってきた。山本さんはおいしいお酒に大ばけするかもしれないと思い、同県の志太泉酒造に頼み込んだ。二〇一三年、日本酒「古里凱旋・身上起」が完成した。醸造してまもない二〇一五年、この酒はロンドンで開催されたインターナショナル・ワインチャレンジのSAKE部門でブロンズメダルを獲得している。酒造好適米の「山田錦」を使って各蔵が競っている最上級の純米大吟醸のクラスで、この純米吟醸は善戦したのだ。山本さんは「多くの祖先を引き連れて南伊豆に凱旋してくれた。今後もなんとか残して行きたい」という。近年、町の商工会が協力し、田植えや稲刈りには

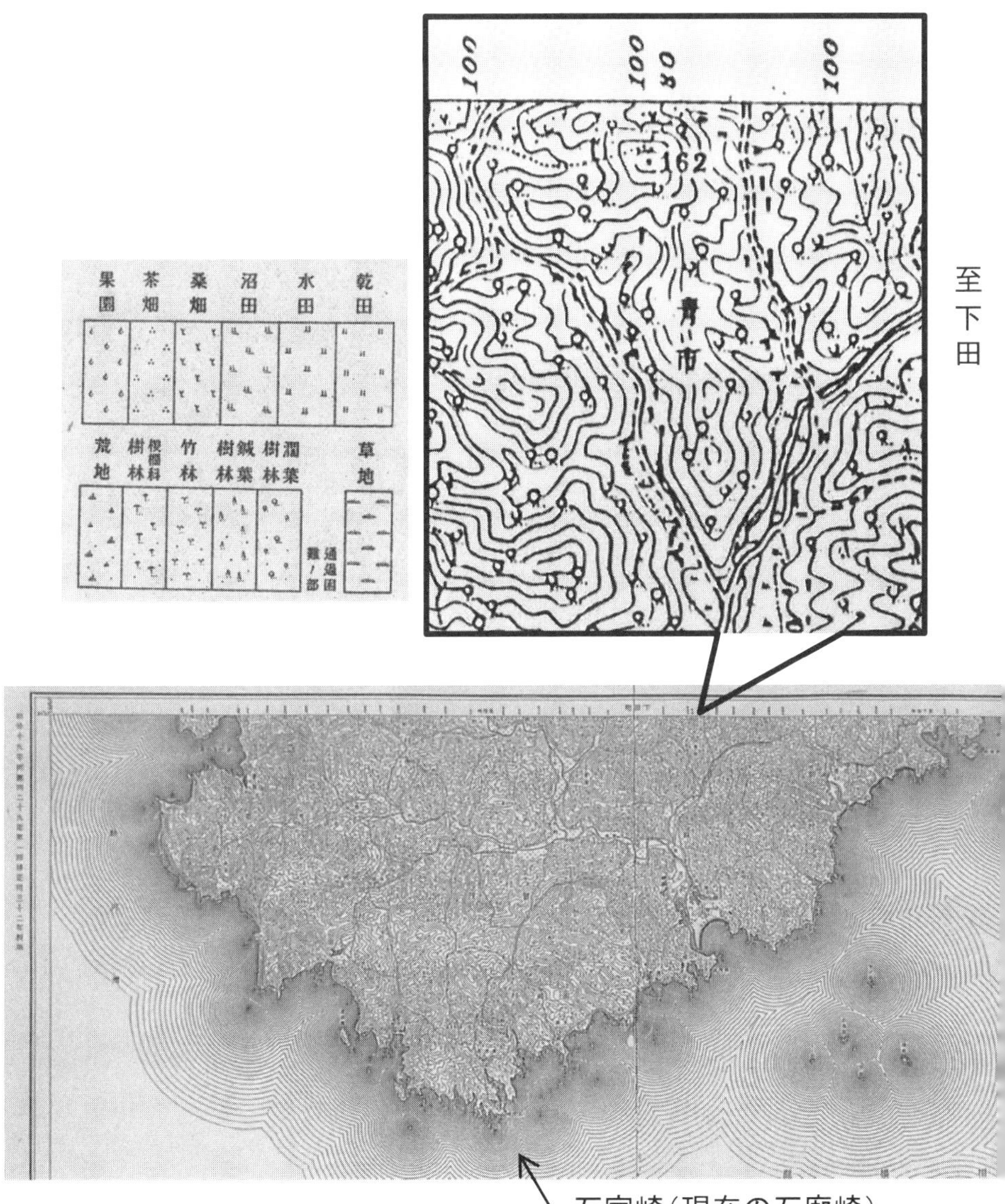

図12　明治中期の静岡県伊豆半島南端・賀茂郡青市村地形図
大日本帝國陸地測量部発行の明治19年測図同29年第１回修正同32年製版を改訂（国土地理院提供）

関東から身上起ファンクラブの人びとがやってくるようになった。

今後の継承——小学生の誇りと助っ人

二〇一四年、宮城県丸森町の農家から南伊豆の清水清一さんに突然連絡が入った。「昨年、ついうっかり愛国を全量出荷してしまい、気づいたら種籾がない」という。そこで、種籾保存会から種籾を送った。丸森町では町の観光物産振興公社が会津若松市の酒蔵に依頼して、「愛国」をつかった日本酒「賜候（たまわりそうろう）」を造り、この酒粕を利用してドレッシングを作っている。そのほか宮城県内では大沼酒造の乾坤一シリーズや新澤醸造店の「思愛（おもあい）」など次々と愛国一〇〇パーセントのお酒が醸造され、生産が追いつかないそうだ。

さて、丸森町に送られた種籾はだれが作っているのだろうか。

南伊豆町立南上小学校では清水さんの指導のもと、十年前から「愛国」の栽培が始まった。この小学校の水田のまわりには他に水田がない。したがって、他の種籾が発芽したり、交雑したりする心配がないのである。そこで、清水さんは生徒達に昔ながらの塩水選や保温折衷苗代の指導をしつつ、次のような日程で「愛国」の種籾を作っている。

五月　塩水選によって昨年度収穫した種籾の選別
　　　籾まき
六月　代掻き（しろかき）

田植え
十月　稲刈り
脱穀
十一月　食味試験
（収穫した愛国と他の品種との食べくらべ）
愛国米を使った料理づくり
一月　学習発表会

代掻きや田植え、草取りには地域の老人会が助っ人にやってきて、昔とった杵柄よろしく、苗の持ち方や藁の縛り方を指導してくれる。収穫した籾から種もみ用を保管し、残りのお米を使って高齢者でつくる料理の会「南豆会」のメンバーといっしょにお年寄りから子供時代の話を聞きながら、おにぎりや鳥ごはん、団子を作って食べる。一月の学習会では保護者やお世話になった地域の方々も招いて、五年生を中心に発表会がおこなわれ、手書きの「愛国新聞」も作成している。米づくりの苦労と喜び、種もみを自分達の手で作っている誇りがあふれている。この学校では小学生の三、四割が外からの移入組であり、「愛国」

図13　南伊豆ブランドに認定された「愛国」の水田
1ｍスケール（左）、愛国（中央）、コシヒカリ（右）

を通して地域のお年寄りや父兄との交流も生まれている。地域の誇りとして「愛国」が地域の子供達を育て、人と人をつないでいる。(図13)

各地で豪雨被害がもたらされた二〇一七年の夏、南伊豆は雨が少なく、ずっと曇り空で蒸し暑い日が続き、ほかの作物の生育が遅れて作柄もよくなかった。しかし、子供達やファンクラブが作った「愛国」は前年同様、よく収穫できた。天候不順にも対応できる遺伝資源としてだけでなく、人や文化を育むイネとして今後ますます活躍が期待される。

第5章　イネ品種と遺伝的多様性

佐藤洋一郎

一、品種とはなにか

品種の条件

現代に生きるわたしたちにとって、品種とは自明のものであるかにみえる。コシヒカリの籾を播けばそれはコシヒカリの苗となり、それを育ててできる種子はコシヒカリのそれである。それが「ひとめぼれ」であっても「つや姫」であっても変わることはない。コシヒカリを播いたらつや姫になる、ということはない。トンビの子はどこまで行ってもトンビで、タカになることはない。あくまで、「カエルの子はカエル」なのだ。

日本社会が「品種」という語を使いだしたのはそれほど古い時代のことではない。本書でも平川が、種子札などに登場するイネ品種について詳細な検討を加えているが、「品種」という文字は見えない。明治時代になっても、公文書や新聞記事などの記録には、「種類」「號名」という語は出てくるが、「品種」の二文字は見えない（後述の「田中節三郎の品種論」を参照）。品種という語の定着の過程は今後の研究テーマの一つである。ただし、用語上の問題はともかく、「種類」としての品種の概念は、おそらくは太古の時代からあったものである。文字のない時代のことはなかなか想像しづらいが、文書が登場する奈良時代まではさかのぼれることは明らかである。

さて、さいきん、生物多様性という語をよく耳にするようになった。文字通り、いろいろなものが同居する状態をいう。生物多様性の中で、一つの種（しゅ）の中の多様性を遺伝的多様性と呼ぶ。農業や食文化の立場から遺伝的多様性の喪失が問題視され、その理由の一つに環境の変化に対する脆弱性などが指摘されてきた。また伝統的食文化の保存、継承の立場からは遺伝的多様性の喪失は文化喪失につながるとして問題が指摘されてきた。しかし、それでは、品種の数を増やせば問題は解決するのか。また、遺伝的多様性を高めればそれで弊害は取り除かれるのだろうか。ここで一度、品種とは何かについてとくに遺伝的多様性のかかわりの中で考えてみることにする。

生物学的な存在としての品種

その前に、品種というものについて考えてみる。品種とは、品質がある一定の条件内に収まる株の集合をいう。イネのような自家受粉作物では、ある品種の種子を播けば、できた株に稔る種子もまたその品種の種子になる。「コシヒカリの子はコシヒカリ」なのである。ただし、ここでいう品質とは、生産者と消費者とで大きく意味が異なる。生産に従事する農民の立場からいえば背丈、収穫量、収穫時期などをいう。消費者の立場から言うと、味や歯ごたえ、モチ、ウルチの別、香りなど食味に関するものが含まれる。イネの品種というとクローン、つまりすべての株がまったくおなじ遺伝子を持ち、同じ性質を持つ個体の集合であるであるかに誤解されているが、実際はそうではない。少しずつ異なる性質をもつ株の集合である。

なぜそうなるか、詳細は後で書くが、その理由は大きく二つある。ひとつはイネがときどき他家受粉するからである。自家受粉植物のほとんどは他家受粉する能力を持っている（逆は真ならずで、他家受粉植物の中には自家受粉できないものがある。次に書くソメイヨシノもそれ）。人工交配などで他家受粉すると、孫の世代にはさまざまな性質のものが登場する（メンデルの法則にいう「分離の法則」）。これらの株をどんどん自家受粉させてゆくと、次代で分離する株の割合は一世代を経るごとに半分に減少してゆく。仮に一〇回（一〇世代）自家受粉させると、次代に分離がみられる株の割合は一〇二四分の一になる（〇・五の一〇乗）。実質的にはほとんどの株が次代にも同じ性質をもった株ばかりを生むようになる（固定という）。ただし、いくら世代を経たところですべての株が固定することは永遠にない。

品種が一つの純系で構成される例として、サクラにおける「ソメイヨシノ」が挙げられる。ソメイヨシノは自家受精ができない。だからソメイヨシノを増殖するにはその枝をとって増殖させる栄養繁殖による以外ない。

社会的存在としての品種

イネの品種はクローンではない。今流通している品種はほとんどが遺伝学の言葉でいえば、「複数の純系の集合」である。つまり、持っている性質が少しずつ異なる株が混ざった状態になっている。これでは困るではないかと思われるかもしれないが、例えば背丈など数字で表される性質は、同じ純系の株同士でも微妙に異なる。それは土壌や水加減などの環境が同じ田の中でも少しずつ違うからで、もし一枚の田のなかの環境が不斉一だと、株間でのばらつきはもっと大きくなる。だから、田の環境が不ぞろいな社会では、純系間の違いが目立たなくなる。そうすると、性質に多少違いのある複数の純系が混ざった混合集団になっていても、社会はその混合集団を一つの品種としてみなすことになる。つまり、品種の中の株間の違いにはその分だけ寛容になるだろう。

株ごとの違いに寛容な社会と不寛容な社会とがある。わたしがかつてフィールドにしていたラオスの村（ルアンパバーン県ナムガ村）では、ひとつの田に、籾の色や形状、背丈など複数の性質についてあきらかに異なる性質を持つ株が混ざっていた。翌年播くための種子を保存した缶の中にも多様な籾だねが混ざった形でみられた。この農家の主人はインタビューに際し、混ざりにこだわるわたしに対して、「なぜそのように混ざりにこだわるのか」といぶかった。かといってあらゆる性質に無頓着かと言えばそうではなく、「この米は米質が硬いが多くとれ、いっぽうもう一つの米は柔らかく、できればそちらを多く植えたいが収量が上がらない」と語った。

社会は、いままでになかったものが新たに登場したとき、新しく渡来したものばかりか旧来のものを再認識する。たとえば明治時代初期、政府が導入したフランス料理が「洋式」の料理として認識されたばかりではなくそれまでの食が「和食」として認識されるに至った。これと同じく、米でも、新たな米が外から持ち込まれたとき、社会は双方を認識したことだろう。本書では猪谷が述べているように古代の終わりごろから日本に入ってきた「大唐米（だいとうまい）」は多くが赤米であり、しかもインディカに属する系統のイネであったとみられる。大唐米の存在は、日本の稲作社会にあっては在来の日本の米を相対化するに極めて大きな役割を果たしたように思われる。

文化としての品種——第三の顔

品種は文化的な存在でもある。品種は、他のもの同様、その名前によって存在を認識される。明治期以前の品種にあっては、栽培上の特性、わらや穂の形態上の特徴を記した名称をつけられたものが多かった。たとえば本書平川（第二章）では品種名には二つの類型があり、そのうちの二つ目の類型（種籾の形状を含む品種の特性）がそれにあたる。また、「モチ」の品種については、「●モチ」などの名称が多かった。●の部分には、穂や籾殻の色、早生か晩生かなど、栽培上の特性を記す形容詞が使われることが多かった。いっぽう、「●ウルチ」などという名称の品種はなく、あくまでモチを区別するための名称であった。

近世末期から近世初頭にかけては、育成者の名前やそれに由来する品種名が増えてくる。一八九三年に山形県で育成された「亀ノ尾」は、阿部亀治氏の手になる品種である。おなじく、「石白」は富山県礪波郡の石次郎氏が慶応年間（一八六五〜一八六八）に育成したことにちなむ。これらの存在は品種改良がまだ個人の手にゆだねられていたことを示すものといえよう。明治時代は富国強兵の時代でもあった。米は富国、強兵の両面でその役割を担うことになる。イネの品種名にもその時代性は映された。「愛国」「神力」「戦捷（せんしょう）」「富国」などがこのことを物語る（詳細は本書第四章）。

二〇世紀に入って純系分離が盛んにおこなわれるようになると、「●△号」という名称の品種が急に増える。ここで●印は「旭」「神力」など従来の品種名、そして△印は数字である。「旭4号」「渡船3号」などがそれである。あとで触れる純系分離法の普及のためであろう。番号ではないが、選抜が行われた地名を付した品種も現れた。「中京旭」「京都旭」「三井神力」などがそれである。

いっぽう国が主導して育成した品種には農林番号が付与されてきた。「農林1号」（正確には「水稲農林1号」）が登場したのは一九三一年のことで、二〇一七年末にはこの番号は四七四番に達する。[1]また最近では農林番号のほか愛称がつけられることも多く、愛称のほうが広く認知されている。た

1 「平成二八年度農林番号付与品種」、農林水産技術会議。

とえばコシヒカリの農林番号は農林一〇〇号である。

愛称にも時代性がある。コシヒカリやそれとともに一時代を築いた「ササニシキ」など、「ヒカリ」（光）、「ニシキ」（錦）、「ホマレ」（誉）などの語を末尾にもつ品種名が流行したのは戦後から高度経済成長期の品種に特徴的である。力士名や競馬の馬の名称にも通じるところがある。

日本社会の米離れが誰の目にも明らかになったころから、品種名にも変化が現れた。とくに、道府県が育種のイニシアティブをとるようになると品種名は一気に多様化した。「森のくまさん」（熊本県）、「ななつぼし」（北海道。北斗七星のことで「北」をイメージ）、「あきたこまち」（秋田県）、「青天の霹靂」（青森県）、「新の助」（新潟県）のように道府県や地域の名称の一部を用いたものや、「つや姫」のように語感やイメージにうったえかけるものなどがそれである。

品種名を決めるプロセスにも工夫がみられる。品種名を公募したもの、コピーライターに依頼したものなどがそれである。つまり品種名はいまやイメージ戦略に沿って決められている。ここに、日本社会の特殊性が透けて見えるようにわたしには思われる。つまり、米はもはや日本人の主食であるとの立場から離れ、地域やそのイメージを作る一種の心象になっているのではないか。たとえば東北地方を、あるいは東北地方のある県を応援したい。そういう思いで米を選ぶようにもなってきている。その行動は、「ふるさと納税」でどこかの市長村に寄付する流行とも相通じるところがあるように思われる。

二、米の遺伝的多様性

米粒の大きさのばらつきから分かること

日本列島で、イネや米の遺伝的多様性はどのように変化してきたのだろうか。今まではなんとなく、古い時代には高かったがしだいに低下し、今では極限まで低いというイメージを持っている人が多いだろう。しかしそれは本当だろうか。またそれをどのように証明すればよいだろう。

とくに、文字による記録のない時代の多様性はどう評価すればよいだろうか。

表1は、弥生時代の八つの遺跡から出土した炭化米の長さの平均値と標準偏差をまとめたものである。標準偏差は「平均値からの隔たりの平均」であるから、この値が〇のときばらつきはまったくない。そして値が大きくなればなるほどばらつきは大きくなる。表中の標準偏差（S.D.）に注目すると、値は〇・一七（㎜）から〇・四一と大きく異なる。つまり、ばらつきの程度は、同じ弥生時代であっても遺跡（遺構）によってさまざ

表1　弥生時代の遺跡から出土したイネ（玄米）の長さとS.D.

遺跡	府県	個体数	平均(mm)	S.D.	文献
八女吉田	熊本県	76	4.70	0.17	和佐野喜久生（1995）
雀居(SK-16)	福岡県	50	4.22	0.25	未発表
天王山	福島県	94	4.44	0.29	佐藤敏也（1988）
宇津木向原	東京都	100	4.53	0.31	佐藤敏也（1988）
梅坂	佐賀県	100	4.38	0.31	佐藤敏也（1988）
美乃利	兵庫県	240	4.18	0.31	和佐野喜久生（1997）
池上	大阪府	222	4.40	0.41	佐藤敏也（1988）
平城宮跡	奈良県	100	4.52	0.38	佐藤洋一郎（1992）
		100	4.68	0.48	佐藤敏也（1988）

表2　近世から近代にかけてのイネ種子（玄米）の長さとS.D.

集団	栽培年	個体数	平均(mm)	S.D.
山口県勝間田家保存米	1849	120	5.04	0.21
岡山県津山市末沢家保存もち米（白米）	1871	120	5.39	0.18
秋田県感恩講貯蔵米	1872	120	5.16	0.25
	1888	120	5.23	0.17
愛知県稲橋家保存米	1906	120	5.07	0.31
畿内支場「晩生16号」	1932	120	5.44	0.14
昭和7年産「雄神」	1932	120	5.37	0.18

まだ、ということである。

ばらつきの程度は時代によってどう変化したのだろうか。ここでは近世末から近代初頭の米に焦点を当ててみる。表2のデータがそれで、四つのデータを収録してある。このうち、「秋田県感恩講貯蔵米」は、秋田県下で行われていた救荒用の貯蔵米のことで、明治四年（一八七二年）産および明治二〇年（一八八八年）の米と思われる。また山口県勝間田家に保存されていた玄米は嘉永二年（一八四九年）産の玄米、愛知県稲武町のある農家に保存されていた救荒用の米、そして津山市のある農家が保存していた糯米（白米）である。そしてこれらの標準偏差は〇・一七から〇・三一と、やはりばらついている。つまり弥生時代の米と近世、近代の米を比べてみると、ばらつきは、弥生時代のほうがやや大きいものの、それほど大きな違いはないということがわかる。

ところでばらつきの大きさの程度を可視化する方法はないものか。この問いに答えを出すために、日本各地の在来品種一〇〇品種をランダムに選び、それらから一粒ずつをさらにランダムにとって混ぜた集団を用意した。この集団はいわば日本列島全体の近世ころのイネ品種の持つばらつきを代表したものとかんがえてよい。そしてこの集団における平均値は五・二㎜超とやや大きめ、そして標準偏差は〇・四一㎜となった。[2] 弥生時代の集団でもこの〇・四一を超えるか匹敵する集団は池上遺跡と平城宮跡遺跡の二つだけである。あとの集団はこれよりも小さな値を示したが、逆の言い方をすると、弥生時代の集団の中には、今の日本の在来品種が持つのと同じくらいの大きなばらつきをもつものがあったということになる。

なおこのばらつきの地域ごとの違いや時代ごとの変遷については、上条ら『日本の出土米Ⅱ』に詳細にまとめられている。[3] これは、一九六〇年代から八〇年代にかけて分析を依頼された故佐藤敏

2　佐藤洋一郎（一九九二）『イネの来た道』、裳華房。

3　田中克典・佐藤洋一郎・上条信彦（二〇一五）『日本の出土米Ⅱ』、六一書房。

也氏が手元においていた大量の炭化米を分析したものである。関心をお持ちの方はぜひお読みいただきたい。

なおこれらの分析結果が示すことは、ある遺跡のある遺構（建物、構造物など）から出土した米あるいはイネの遺伝的多様性が大きかったということである。本書の宇田津によれば、プラントオパールの分析についても同じことがいえる。おそらく現代に比べればはるかに大きな遺伝的多様性が一つの村、集落のなかにみられたのだろう。ただし、それらが同じ年に同じ畑（田）からとれたものかどうかは分からない。ましては当時の人びとがその不揃いをどう考えていたかに至ってはまったくわからない。

大唐米という米

イネは日本社会にとっては外来植物である。そして渡来の時期はおよそ三〇〇〇年前の、水田稲作の技術とともにやってきた一回限りではない。おそらく、その前にも後にも、イネは不断にやってきていたようである。古代末から中世にかけても、イネはやってきた。そしておそらくその一部が「大唐米」といわれる米であった。その詳細は本書第3章の猪谷に詳しく述べられているが、重複を避けながらさらに書いてみたい。

大唐米という一つの品種はない。中には赤米もそうでないものもあり、またウルチもモチもあった。しかし人びとは、モチはともかくそれ以外の形質に関してはそれほど気には留めなかったのであろう。だから、大唐米は大唐米として、つまり通常の米とは区別して流通したようである。

大唐米はどれくらい作付けされていたのか。嵐嘉一によると、醍醐寺の荘園であった「讃岐国東長尾荘」の記録（一三九七年）では年貢総額の三〇％以上が大唐米であったという[4]。また播磨国の矢野荘でも在来イネと大唐米の比率は六対一に及んだという。またこの矢野荘近くの市場での米の価格は、在来の米で一石あたり一〜一・一貫、大唐米で〇・九から一貫ほどであったという。ともかく、大唐米は中世の西日本にあっては相当の作付けがあったことが想像される。

大唐米はインディカの系統である。それは在来のそれとは明らかに異なる、いやでも人びとの目をひくものだったことだろう。江戸時代に出版された『農業図絵』にも、大唐米の栽培の様子が描かれている。「中旬下旬大唐刈」と書かれたその図には大唐米の収穫の様子が描かれている。説明によると大唐米は田のぐるりに一、二列、大唐米を植える農家が多かった（大唐挿しと呼んだ）。刈り取りに際しては、まずぐるりの大唐米を刈り取って、それから中心のイネを刈ったようである。この中心部の米は年貢米として一定の割合を徴収されたが、大唐米は年貢に供されることはあまりなかったようである[5]。

収穫された大唐米の一部は京の都にも運ばれた。おもしろいことに、大唐米は通常の米よりも高値で取引されていたと大豆生田稔は述べている[6]。インディカ米である大唐米は、炊飯時に、通常の米よりも多くの水を要求する。だから、より少量の水でより多い飯になる。だから大唐米は単価が高かったという。先に引用した嵐の数字とは逆になっているが、これは都の評価と地方の評価の違いということだろうか。

これらの記録をみれば、当時の社会は大唐米を通常の米と明らかに区別していることがわかる。生産者も消費者も、である。つまり両者は混じり合うことなくいわば異質なものとして共存した。

4　嵐嘉一（一九七四）『日本赤米考』、雄山閣。

5　『農業図絵』は、清水隆久によれば、おそらくは旧石川郡御供田村（現：金沢市北西部）の土屋又三郎が享保二年（一七一七年）にあらわしたもの。なお、農山漁村文化協会が刊行した『日本農業全書』の二六巻に復刻版が収められている。

なお、「中旬、下旬、大唐刈」の次の図は「大唐其日に家江入て籾を打落、籾を干して米にする」とある。改題には作業の様子が解説されているが、図中茅葺き屋根から煙が出ていることについて「日暮れ近く、夕餉の支度や風呂焚きと並行しながらの作業のよう」となっているが、わたしは「風呂焚き」と見えるのは大唐のパーボイル加工の可能性があるのではないかと考えている。これはインドなどでみられる米の調整法の一つで、主には未熟の籾を湯につけてのち籾すりして保存する方法で、籾につく害虫駆除法として有効であった。

両者がまじりあわないこと、つまり交配によって遺伝子を交換しづらいことはイネの遺伝学を研究する者には半ば常識である。雑種第一代植物は旺盛に生育するものの、種子が稔らない雑種不稔性を起こす。種子の稔性（どれだけの割合の種子が稔るか）は、ひどい場合には〇%になる。その後の世代にも不稔性は生じ、およそ経済栽培には適さない。二つの系統は互いに隔離されてきたのである。遺伝的多様性という概念を用いて書くなら、大唐米の渡来によって遺伝的多様性は一時的に大きくなりはしたが、それはいわば「1＋1＝2」の多様性増大であった。

ただし、イネは低い確率ながら他家受粉する。その比率（他殖率）は一%から数%といわれる。イネの原種である野生イネの場合は一〇%を超えることもあるといわれる。一%くらい大したことはないと思われがちだが、それは誤解である。いま仮に一〇〇平米の水田があったとする。地域にもよるが一〇〇平米の水田に生える稲株は一五〇〇～二〇〇〇株程度。一株当たりの粒数を八〇〇粒と見積もると、一〇〇平米にある米粒の数はざっと一二〇万粒になる。そしてその一%は一二〇〇〇粒。このように考えれば決して馬鹿にならない数字だということがわかるだろう。

もっとも大唐米と通常の米とが自然交配する可能性はそれほど高くなかったと考えられる。というのも大唐米は、通常の米よりも一月以上も早生というところが多く、したがって開花の時期もそれと同じか、それ以上に隔たりがあったと考えられるからである。

6　大豆生田稔（二〇〇七）『お米と食の近代史』、吉川弘文館。

交配が広げる遺伝的多様性

ところで、遺伝的多様性というとき、その意味するところはひとつではない。結論からいえば、遺伝的多様性の意味が変わるのは、受粉様式によるところが大きい。少し話が専門的になるが、しばらくお付き合い頂ければ幸いである。

完全に他家受粉する作物のばあい、多数の個体が自由に交配して次の世代の種子を生産しているとき（こうした状況にある集団をメンデル集団と呼ぶ）、多様性の程度は、「多型を示す遺伝子座の数と各遺伝子座の対立遺伝子の数」によって決まる。そして、それぞれの遺伝子の頻度は何世代を経ても変わることがない（ハーディー＝ワインベルクの法則）。こういう状況下では、ある株に稔った種子を播いても、できる株はみな違う遺伝子型を持ち、そして親株と同じものは出てこない。つまり固定しない。この作物には「コシヒカリ」「つや姫」といった意味での「品種」は存在しない。そして、あたりまえのことだが、交配が起きたからといってそれで多様性の程度が変化することはない。

ソバやアブラナ科植物の多くは他家受粉なので、ある地域を限ってみればそこにある株は疑似的なメンデル集団になっている。そこである特定の性質を維持するために、農家は隔離栽培したり開花時期が変わるように種まきの時期を調整したりして他地域からの遺伝子が入り込まないよう工夫する。

ところが自家受粉するイネの場合には、交配の頻度は一％内外と低く、だから近似的に「コシヒカリの子はコシヒカリ」の状況が生まれる。一つの品種は、これも近似的にはであるが、一つの純系からなる。こういうケースでは遺伝的多様性は、品種の多様性であると言ってよい。多くの品種があるということは、それだけ多くの「遺伝子型」があると言い得るからである。

「言ってよい」、とあいまい書き方をしたのはなぜか。ちょっとした思考実験をしてみよう。今ある地域に二つの品種XとYとがあり、それらの遺伝子型がAAbbとaaBBであるとしよう。この地域にある遺伝子の数は四個（A、B遺伝子型のそれぞれに大文字、小文字の遺伝子が二つずつある）である。ここでXとYを交配させて新しい品種を作ったとしよう。すると、あらたにAABB, aabbという二つの遺伝子型ができ得る。交配が起きたことで、遺伝子の数は増えないのに品種の数（遺伝子型）の数は増えたのである。つまり、遺伝的多様性を、遺伝子の多様性と解釈するか、遺伝子型の多様性と解釈するかで、値は変わってくる。最近の遺伝学は遺伝子の多様性を重視する傾向にあり、その立場からすれば交配が起きたところで遺伝的多様性は変化しないということになるが、一方、文化の立場で考えれば交配によって品種の数が増えたことは多様性の増加に他ならない。

占城稲について

占城（ちゃんぱ）とは紀元三世紀ころから今のベトナムの中、南部付近にあった王国の名である。占城という漢字は宋代中国の漢字表記である。じつはこの名を冠した占城稲については二つの異なる見解がある。

ひとつは、南宋の皇帝玄宗が一一世紀ころにこの占城国から導入したインディカの系統が、その後日本に運ばれて占城米と呼ばれるようになったというもの。つまり大唐米がこの占城稲であると考える考えかたである。この説は、マニラ郊外の国際稲研究所に遺伝資源部長（当時）であったT・T・チャン博士も支持している説である[7]、チャン博士は中国福建省の出身で（中国名は張徳慈）、もちろん中国語の文献に広くあたることができ、中国はじめ各国で広く受け入れられている。

7 Chang, T. T. (1975) The origin, evolution, cultivation, dissemination, and diversification of the Asian and African rices. *Euphytica* 25: 425–441.

占城稲は、大唐米とは別の系統をさすという説もある。嵐嘉一はとくに占城稲について触れ、それが大唐米のようなインディカの系統ではなくむしろ今でいう熱帯ジャポニカの系統であったかに考えている。[8]その根拠は、記録ではそれらのイネが「陸稲として作られ」ていたこと、さらに形態形質として「松尾の分類に従うとB型への傾きが濃厚に認められるように思われる」ことを挙げている。ここでいう「松尾のB型」とは、背が高く、分けつが少なく、穂や葉も長く、そして大粒の米を持つ一連の品種群で、[9]かつてはこれを「ジャワニカ」とか「ジャヴァニカ」などと呼んだこともあった。

占城稲という語の用法をめぐっての議論には踏み込まないが、嵐が「占城稲」として収集した文献は一七世紀から一九世紀という比較的新しい時代に記載されたもので、記載の時期が渡来の時期より遅いことはあるにしても、鎖国の時代にイネがもちこまれていたとすればそれは興味深い事実である。

8　前掲：嵐（一九七四）。

9　松尾孝嶺（一九五二）「栽培稲に関する種生態学的研究」、『農技研報　D』三、一～一一一頁。

三、自然交雑の功罪

交配は変異を拡大した

前節で、自然交配が遺伝子型の数を増大させ、遺伝的多様性を拡大すると書いた。それは遺伝学の分野でいう遺伝子多様度を大きくすることはないが、しかしさまざまな性質の品種を成立させ、文化多様性を大きくする役割を果たした。

その一つの例が早生品種の誕生である。日本列島は南北に長く、北の品種と南の品種では早晩性に関する遺伝子型は実に多様である。日本列島では、水田稲作に伴うイネは三〇〇〇年前に北部九州（北緯三三度）に渡来し、近畿に渡来したのがその四〇〇年後とされる。そしてその後約二〇〇年ほどで東北北部（北緯四一度）に達したという。[10]異なる緯度帯に適応した品種をたとえば京都（北緯三五度）で一斉に栽培すると南の地方に適応する品種は晩生になり、いっぽう北の地域に適応する品種は早生になる。そして近畿に（北緯三五度）適応している品種を北東北で栽培するとあまりに晩生となって開花することはおろか、穂を出すことさえできなくなる。種まきを早くしても事態は改善されない。だいいち北東北の春は遅く、種まきを早めること自体困難である。

晩生品種から早生品種をこの二〇〇年間で分化させるには何が必要だろうか。一般的には突然変異が考えられるが、開花の時期を決める遺伝子はいくつもあって、わずか二〇〇年間でいくつもの突然変異が都合よく生じたとは考えにくい。いっぽう、晩生品種の間にも開花の時期を決める遺伝子型は多彩である。

こうしたことから晩生品種同士を交配すると、交配組み合わせによっては後代に早生の個体が出現することがある。[11]おそらくは東北日本に適応した品種のなかには、このような形で、つまり晩生品種×晩生品種の自然交配の中から出てきた可能性がある。交配によって変異が拡大した例なのかもしれない。

現代の品種改良もこの原理を用いて、二つかときには三つ以上の品種を交配させて新しい品種を生み出してきた。いっぽうは自然交配、そして他方は人工交配。こうした違いこそあれ、交配という遺伝子の交換が新たなタイプの品種を生み出してきたのである。

10　藤尾慎一郎（二〇一四）「西日本の弥生稲作開始年代」、『開館三〇周年記念論文集Ⅱ』国立歴史民俗博物館報告第一八三集。

11　佐藤洋一郎（一九九一）「日本のイネの起源に関する一考察—遺伝学の立場から—」、『考古学と自然科学』二二、一一～一一頁。

困りものの自然交配

自然交配の中には、困りものの後代を生み出すものがある。そのいくつかを紹介しておこう。

ひとつは自然交配がもち米の場合である。かつては餅屋の餅にも、中に一粒ふた粒、粳（うるち）の米粒が混ざっていることがあった。目障りなばかりか舌にも障った。今ならばこうした商品はクレームの対象にもなりかねない。もち米に混ざったうるちの粒は、収穫の年の夏、花が咲いたときに近くの粳の株から飛んできた花粉でできた粒である。このような他家受粉は、先にも書いたように低い割合ながら不断におきている。それが目立たないのは、交配が似たもの同士の間で起きているからである。

明治以降、赤米、とくに大唐米の赤米は嫌われ排除されるようになった。赤米は雑草イネとまで呼ばれてとことん排除されることになる。ここで「赤米排除」を邪魔したのが自然交配であった。大唐米はおおむね早生で、在来の品種と開花期が合うことは少なかったが、それでも自然交配のチャンスは皆無ではなかったであろう。それが顕在化したのは、明治政府による品質の均質化にあったものと考えられる。

赤米の大唐米品種と在来品種の間で交配が起きると、雑種第一代の植物につく種子はみな赤米になる。さらに困ったことに、雑種不稔性のためにいくばくかの種子は稔らず、一見してそれとわかる。ここで自然交配に気づいて抜き取ってしまえば問題は起きないが、うっかりと一株でも残すとたいへんである。この交配では雑種第一代の種子は高い脱粒性を示して熟したものから順にどんどん脱粒してゆく。一種の先祖返りがおきて、野生イネに近い性質を示すのだ。野生イネの近い性質としてもうひとつ、それらの種子には深い休眠性が備わっていることが多い。普通、イネでは秋に収穫した種子が翌年の春に種まきに使われる。ところが休眠の深い種子は翌春には発芽せず、土中にとどまることが知られている。種子を一斉に発芽させてしまうと、異常な気象に遭遇したりすると全滅してしまう危険性が高いからと考えられている。

それだから、この雑種第一代の種子がいったん田に落ちると、その後数年にわたって大唐米と在来品種の雑種種子が次から次へと発芽してくる。かれらは強い雑草性を持ち、取り除こうにもなかなか、とりきることができない。そしてその中には赤米の株が混ざり、米の品質を低下させる。

それなので、大唐米由来の赤米は雑草イネとしてとことん嫌われた。じつは雑草イネに悩まされた地域は日本だけではない。似たようなイネは中国、韓国、米国、タイ、ブラジルなどでも知られている。このように、自然交配は、一方では変異の拡大つまりは遺伝的多様性の拡大に貢献してきたものの、もう一面では雑草イネを登場させるという負の側面を持ち合わせていた。雑草イネの問題は、田植えする地域ではそれほど大きな問題にはなっていないが、直播き、つまりイネを田植えせず直接本田に播くスタイルをとる地域では極めて深刻な事態に陥ることがある。その例を以下に紹介しよう。

雑草イネと品種崩壊

雑草イネという語を初めて目にした読者も多いだろう。イネでありながら、そこで栽培される品種とは大きく異なる性質をもち、それゆえにまったく価値をなさない株、またはその集まりをいう。たとえば本書で猪谷が論じる玄米の色が赤褐色を呈するいわゆる「赤米」がその代表である。むろん赤米がどの時代にも常に価値をなさない存在であったかといえばそのようなことはない。赤米は日本では特に明治以降、厳しく排除され、赤米が混じっているというだけでそのロットの米には値がつかないようなこともあった。雑草の名がついているのは、その排除が著しく困難だからである。性質が異なるとはいえ、生物学的には同じイネである。とくに苗の時代にはなかなか区別がつかない。除草剤による駆除もできない。もし雑草イネに効く除草剤があれば、それは間違いなくイネにも効果をあらわしてしまうだろう。

さらに事態を悪くするのは雑草イネとイネとが自然交配をおこしたときである。わたしは一九八三年にタイの首都バンコクの郊外でその現場を目撃した。あたりの田は籾だねを地面に直接播きつける「直播（じかまき）」でイネを育てる。田植え法のように苗は整然と列をなして育たないので、除草などのために田に入るのが困難になる。しかもあたりの田は浮稲の田で夏には水深が何メートルにも達することがある。イネの生育期間中は田の中に入ったり、ましてはやそこで作業したりするなど不可能である。

秋になりイネは成熟のときを迎え、よそでは稲刈りも進んでいるのに、なぜかその田だけはほったらかしだった。みると田には、ふつうのイネもあるにはあったが、他の多くは穂から種子がこぼれて穂軸だけが残っていた。また、また種子をつけたままの穂でも、種子の色、形はばらばらで、なかには長い芒をつけたものもみられた。その激しい分離のさまは、二世代前に野生イネと彼のイネとの間に自然交配が起こり、それと気づかなかった田の主がその種子を播きつけてしまったことを如実に物語っていた。旅に同行していてくれた同僚のソンクラン・チトラコンさんによると、田の持ち主は収穫を放棄したのだろうといった。

こうした事故は日本でも起きていた。詳細は述べないが、赤米が雑草イネの元凶として排除された例は複数ある。むろん赤米そのものに「罪」はないが、赤米が混ざった米は品質検査で等外となってまともな値で売ることができなくなる。しかし本当にやっかいなのは通常の品種と赤米との自然交配に由来する分離個体である。その中からは脱粒性の強いものが生じて、それらがいつまでも田に残ってしまう。悪いことに、雑種強勢を起こして在来の品種よりも旺盛な生育を示すことが多い。雑草稲についての知識がなければ、生産者はつい、この旺盛な生育に目を奪われてしまうのである。たちが悪いのである。

四、品種はどのように作られてきたか

純系分離法

ここでは品種改良の近現代史を通説するが、一部は第4章の記載と重なるところがある。併せてお読み下されば幸いである。山形県の現・庄内町の農民であった阿部亀治は、その日も近くの村を訪ね歩いていた。そのとき、長雨と寒さのためにイネが倒れてしまった田の中に、ちゃんと立ち、しかもしっかりと実をつけた穂を三本見いだした。一八九三年九月二九日のことである。翌年、彼はこれを試作し、土地にあった優れたイネであると確信し、種子を増殖して近在の農家に配って回る。後に「亀ノ尾」と呼ばれることになる品種誕生の瞬間である。明治、大正時代に生まれた品種

の多くは、これと似たような経緯で世に送りだされてきた。

冷害などの災害が起きた時には、べつの力が加わることがあった。「他の多くの株が冷害によって種子を稔らせなかったのに、ある純系だけは種子をつけた」「害虫や病気の流行で多くの株が罹患して枯れてしまった中である株だけが平気だった」というような場合がそれである。こうした場合、それら生き残った純系は注目され、取り上げられ、新しい品種として認知されてゆく。これが自然選択である。栽培環境が悪化すると、他家受粉が増えることが経験的にも知られている。たとえば冷夏の年には、寒さに弱い純系では花粉の多くが正常に育たず不稔となるが、このようなとき寒さに強い純系の花粉が紛れ込むとそれによって受精する種子が増える。こうして平衡状態は破られる。

平衡が乱される理由はまだある。複数の純系が混在するとき、それぞれの純系の割合は年によって変動する。理由の一つは先に書いたそのときどきの気候などの外部要因の変動だが、外部要因に変動がなくてもこの割合は年ごとに変わる。つまりゆらぐのである。このゆらぎは量子力学におけるゆらぎと同じもので、人為的に誘導することもとりのぞくこともできない。それぞれの純系の個体数が多に場合は平衡状態は保たれるが、個体数が少ない場合はゆらぎによってある純系が消失したりもする。だからもし、誰かが少数の種子を携えて新天地をめざしたような場合、いくつかの純系が消失したり、あるいは反対に割合を増したりすることがある。あたらしい作物が大陸を越えて伝播したような場合、こうしたことがしばしばおきてきた。コーヒー、茶などはその代表例であるし、また日本列島に渡来したイネの場合もこれに当てはまる[12]。

明治時代に入り、新政権は富国強兵の政策を打ち出した。政府は米の品質の統一に躍起になっ

12　佐藤洋一郎（一九九六）『DNAが語る稲作文明』、日本放送出版協会。

た。純系の集合というのでは、品質の統一という観点からは具合が悪い。栽培環境が変わったことで、それまでは似た性質を示していた純系同士の差が異常に大きくなったりもする。政府は、こうした技術上の問題に対応するために農事試験場を新たに設けて近代育種に乗り出した。試験場は、とくに初期には、個々の純系の中から土地にもっともよくあうものだけを取り出してその県における奨励品種にする操作にかかった。

こうした操作を、専門家たちは純系分離法と呼んでいる。純系分離は前近代にも篤農家と呼ばれる、熱心な農家の手で営々と行われてきた。本書で花森（第4章）が取り上げた「旭」、「神力」「亀ノ尾」「旭」など、現代日本のイネ品種の祖となった品種たちはみなこの方法で育成されている。

お参り、詣で、参勤交代

この時代遠方に運ばれたことで能力を開花させた品種もある。近世は人の移動が著しく制限された時代であるかにわたしたちは考えてきた。しかしこの時代、人だけでなく「もの」も、わたしたちの想像をはるかに超えて活発に移動していた。新たに新たな遺伝資源が持ち込まれたことで、地域の遺伝的多様性は増加する。日本列島全体の多様性に変更はなかったが、地域ごとにみると、移動は多様性を増加させる。

地方の藩主たちは参勤交代の制度により、江戸と国元を往復する義務を負っていた。そしてこの参勤交代は当該大名の郷里と江戸、あるいは通過地との間での物資や情報の交換に大きな役割を果たしたと言われる。また、長州、薩摩藩などは京都に藩屋敷をもっていて、行き帰りに京都屋敷に滞在することもあった。その際、付き人が郊外を歩いたこともあったらしい。一八五九年、藩主の供として京を訪れていた長州藩士内海五左衛門は、郊外を歩いていた折、ある田に変わった稲穂があるのを見つけて持ち帰り、郷里の農民田中重吉に命じて試作させた。その「郊外」がどこであるかは知る由もないが、この時の滞在が今の京都市中京区にあったとされる藩邸であったか、または伏見の藩邸であったか、または第三の場所であったかがわかればある程度の見当はつくだろう。[13]

このイネはその後「都（みやこ）」と名づけられ、長州藩では重用されたようである。一八五六年（安政三年）からは殿様の御前米にも使われていたというから、品質もよかったのかもしれない。さらに一八八九年には現山口市で都から純系選抜で得られた「穀良都（こくりょうみやこ）」が栽培面積を増やしてゆく。このイネは今でも酒米品種として使われるなど息の長い品種となった。

農民もまた旅をした。むろん自由な出入りは厳に取り締まられたが、伊勢神宮に参る「お伊勢参り」や伯耆大山などの霊山に詣でる一種の修験の行に参加するなどが認められていた。修験に関しては藩お抱えの専門職もいたようである。かれらは旅道中、しばしばさまざまな情報を収集し、また種子や苗などを持ち帰っていたようだ。じっさい、明治初年頃岡山市で育成された品種「雄町」は、雄町村（現岡山市雄町）の農民が伯耆大山に詣でた帰りに今の新見市あたりで見出した穂に由来するといわれる。「京早稲」は和歌山県有田川町（現在）の前島正房氏が明治元年（一八六八）に京都の八坂神社の境内で入手した一穂に由来するもので一時は相当に引きがあったといわれる。[14]その一穂がどのような経緯で入手されたものかは残念ながら記述はないが、「漫遊中」とあるから観光旅行に出かけたついでであったのかもしれない。またその時期が三月とあるので、収穫期の水田で得たものではない。

13　引士蔦次郎（一八九五）「山口縣都米の原田」、『大日本農会報』第一六号、三三～三四頁。

14　前島正房（一八九四）「京早生」、『大日本農会報』一五一号、三三頁。

ほかにも白玉（宮崎県生天目八幡に参詣の帰り、一八四九年）などの例もある。[15]ともかく、この時期、活発な人の動きがイネを移動させ、それによって各地に新しい品種が生まれたことは確かであろう。そしてこの動きが第4章で花森が書いているように神力（一八七七年）、愛国（一八九一年ころ）、亀ノ尾（一八九三年）、旭（一九〇九年）へと続いてゆくのである。

酒米という米

本書では取り上げなかったが、米は主食としての用途のほかに、酒造にも使われる。これが酒米、あるいは酒造好適米である。近世までは酒造用に特化した品種はなかったと思われるが、極端な搗精をするのが標準となった近現代の酒造りでは大粒でかつ心白[16]（しんぱく）がよくできる品種が求められることになった。小粒の米は、磨きすぎると砕けてしまう上心白が入りにくく、現代の酒造には使いにくい。

興味深いのは現在の酒米品種の多くが、幕末から明治初期のころ西日本で育成された大きな粒を持つ品種だということである。加藤茂苞によれば、おおむね一粒で二七ミリグラム以上が大粒と呼ばれる品種である[17]（ちなみにコシヒカリは二三ミリグラム程度）。前項で挙げた「都」「雄町」「白玉」はその代表でほかにも、「奈良穂」「野条穂」「伊勢錦（一八六〇）」などが挙げられる。ここで野条穂は京都府で酒米品種として育成された「祝（いわい）」のもととなった品種で、さらに奈良穂はその近縁の品種である。先述の加藤は、これら西日本の大粒品種のことを「白玉属」と呼んだ。

これら白玉属の品種がどのようないきさつで注目を集めるようになったのかは定かでないが、大

15　盛永俊太郎（一九五七）『日本の稲』、養賢堂。

16　米の中心分にできる白く不透明に見える部分。この部分にはでんぷんがぎっしりと詰まっておらず麹菌がつきやすい。心白の発生は現代の酒造では必須とされる一方、飯米の場合は嫌われる。

17　加藤茂苞（一九〇八）「米ノ品種及其分布調査」、『農事試験場特別報告』第二五号。

粒であるという性質は、先にふれた「占城稲」を含めた熱帯ジャポニカにも類する特徴であることには注意したい。むろんだからといってこれら大粒品種が熱帯ジャポニカに属すると直ちにいえるわけではないことはもちろんである。

田中節三郎の品種論

田中節三郎という農学者がいた（一八六五〜一九〇一?）。今ではほとんど知られていないが、ある意味で日本のイネの品種の分類に重要な足跡を残した研究者であった。田中のイネ品種にかんする研究の一端は、『大日本農会報』（現在の『農業』）に断続的に掲載された[18]。ここで田中は主に日本国内の多数の品種を分類するにあたり、花の形態、多年生の程度（原語では「宿根性」）、茎葉部の形態や色（稈葉大小附其色）、陸稲性（生育上要水量の多少）、早晩性（生育期の長短）の五つを取りあげた。さらに花の形態については奇形的なものを含めてさらに一〇に細分している。これにより、田中は四つの分類の単位は（「変種」「亜変種」「品類」「亜品類」）を提案している。

本論文では国外における野生イネにも言及があり、この時代には欧州の研究者が野生イネの分類を進めていたこともわかる。さらに *O. japonica* という語も用いていることがわかる。*Japonica* の名称が、その定義するところに違いは荒れすでに明治時代から用いられていたことは、*indica, japonica* という名称の語源を探るうえで重要である。

本論文の名称の後半にある「長頴稲」とはどういうものだろうか。これは現在では長護頴といわれる品種のことで、本書猪谷の論考にも登場する。長護頴品種はいまでは熱帯ジャポニカにほぼ固

18　田中節三郎（一九〇〇–一九〇一）「稲品の分類を論し長頴稲の性状に及ふ」、『大日本農会報』第二二八〜二四三号。

有で、中国雲南、ラオスなどの陸稲品種の中にみられる。これらは日本の在来品種の中にも例外的な存在として認められ、猪谷は当該品種「桃太郎」は風の害に強かったといっている。田中は長護頴品種をことさら重視し、これを *O. sativa L. var. Grandiglumis Doell.* とし、変種の級を与えている。田中はまた長護頴品種について、「南米に於けるドイル氏の大頴稲」という言い方をしている。この大護頴と今の長護頴とは同じものと考えられるが、現在南米にある長護頴のイネとしては野生イネである *O. grandiglumis* が思い起こされる。また野生イネで長護頴の性質をもつものとしてはパプアニューギニアで発見された *O. longiglumis* が知られている。繰り返しとなるが、どちらも野生種であり人による栽培化の痕跡はない。

ちなみに田中はこの論文で「品種」という語を用いてはいない。四つ目の分類単位である「亜品類」は「品種類」とも称されているが、これは「品種」の類ではなく、「稲品」の「種類」の意味であると考えられる。

現代における品種の作り方

純系分離法のもととなる複数の純系は、もとはといえば、自然に起きた交配や突然変異によって生じた変わりものが残ることで生じたものである。では、現代にあっては、イネの品種はどのように作り出されているのだろうか。人類はいろいろな方法を開発したが、もっともふつうにおこなわれる交配育種法について述べる。ここに二つの品種XとYがあるとする。これを人工的に交配させる。具体的方法は省くが、交配でできた種子をエフ・ワン種子という。

翌シーズンにこの種子を播くが、エフ・ワンの株は雑種強勢といって両親より旺盛に生育することが一般に知られている。イネの場合にも雑種強勢はおきるが、個々の性質については両親の中間的な値を示したり、あるいはどちらかの親の性質を引き継ぐものがあったりはする。ただしエフ・ワンの株はどれも同じ性質を示す。

エフ・ワンの株にできた種子がエフ・ツーないしエフ・二である。イネではエフ・ツー種子はたくさんできることが多いので、これらを育ててやる。実はこのエフ・ツーの集団は株ごとにその性質が違っていてみていて実に楽しい。XとYの間で二個の性質に違いがあれば、エフ・ツーでは少なくとも四種類の株が登場する。もし五個の性質に違いがあれば最低三二種類の、そして一〇個の性質に違いがあれば最低一〇二四種類の株が出現することになる。ここから先のやり方はいろいろだが、一つの方法を書いておこう。

エフ・ツーの株に稔った種子を全部まとめて収穫して翌年栽培すると、それがエフ・スリー。日本語を混ぜてエフ・三ともいう。もう一、二回同じことを繰り返したところで、今度は、条件にかなった株をいくつか選抜する。開花日は遅くも早くもなく、背丈も高すぎず、総合的にみてよい株を選ぶ。そして翌年は（つまりエフ・五かエフ・六になっている）、元の株ごとに区別して栽培する。栽培されるのは数十株程度のことが多いようである。この数十株のことを「系統」と呼ぶ。

その後系統内の個体のばらつきが小さくなるにつれてさらに詳細な選抜が行われるが、原理は純系分離法と同じである。ある特定の病気に強い品種を作りたければこの段階でわざわざその病気の菌を接種して強さをみる。寒さに強い品種が欲しければ、わざと冷たい水の中で育ててどの程度寒さに強いかをみたりもする。旨さや香りなどもこのときの調査対象である。この段階を経て最終的に数系統を残すばかりとなる。

ここで有望とされた系統は、他県の試験場に依頼するなどして育ててもらって出来具合を確かめる。依頼を受けた県では近い将来それが自県で採用できるかという観点でもそれをみる。そして最終的には取れ具合や揃い具合などもみて、新品種として登録する。登録時には新品種の名前や持っている特性なども示す必要がある。登録を受け付けるのは国、そして登録するのは県がおもだが、むろん国の研究機関や民間企業、個人でも可能である。

育種は芸術

こうしてみると、品種改良の作業（育種）は価値判断をそぎ落として到達する一種の「真理の探究」とは異なり、当事者の好みや美学が全面に出た一種のアートであるといえる。故岡彦一も生存中は「育種は美学」であるとよくいっていたが、岡博士のこの指摘が生きてくる。系統を選び出すとき、どの系統を残してどの系統を捨てるか、いやそもそもどの品種とどの品種を交配させるかの判断はあくまで判断であってそこには育種家の価値認識が加わる。育種家はその判断を合理的と考えるかもしれないが、最後の判断は育種家個人の価値観に基づく判断であり、その判断は科学的認識とは異なる。

もっとも、科学を基礎におく技術――科学技術――はどのような技術であれ大なり小なり似た性格を持つ。このような技術は、それまでに得られた科学的な知見と社会の求め、そして技術者の価値観やセンスの総体である。技術は科学の成果などと言われることがあるが、それはまったくの嘘ではないにせよ、正確な言い方ではない。

自然科学は実験や観察などの方法によって、ものごとの仕組みや現象を支配する原理などを解明する知的作業である。「XとYの交配によって、Xと同じ性質を持つ株がエフ・三では五分の三の割合で出現する」などの判断は科学的認識であるといえる。だが、その五分の三に含まれるどの系統がのちに優れた品種に育つか、その見極めに科学的認識はどれだけの力を発揮するだろうか。そこにあるのは育種家の経験といわば「勘」だけである。むろん勘だけに頼ったのでは失敗も多いだろうし、科学的認識に基づいていくらかに絞り込むことはできるかもしれないが、それでも最後まで科学的認識だけに頼る品種改良はできないだろう。

科学的認識とは何か。この問いは二〇〇〇年に及ぶ人類の知的活動の理解にも重要である。農業は人類の福祉のために必要は生業だが、そのためには科学的認識だけでは不足である。なぜなら、幸福とは何なのかは個人や社会、その文化により同じではないからである。そこには当然価値判断が関係してくる。価値判断は主体の問題である。つまり判断の結果はその人の主観に基づく。「美しい」「うまい」「心地よい」などの判断は、煎じ詰めて考えれば合理的に導き出されるものではない。品種改良が芸術であるなら、その理解には価値判断の学問——たとえば倫理学、哲学など——が必要である。

生命科学の進歩によって、育種の方法にはいくつもの、新たな方法が開発された。通常では交配ができないような縁の遠い種から遺伝子を導入するための方法や、自然界ではめったに起きない突然変異を高い頻度で起こす方法などである。いま問題になっている遺伝子組換えも、前者に属する方法と位置づけられる。これらの技術の導入については、しかし、大きな議論がまきおこっている。議論は主に、新たな技術の安全性をめぐってのものだが、わたしには科学技術そのものやそれに携わるものへの不信感がその底流に流れているように思われる。社会は新技術の導入やシステムの変化には常に臆病だという指摘もあるが、仮にそうとしても技術者には一般市民の意をくむ謙虚さが必要である。技術の運用の基礎にはシビルコントロールが必要である。

五、品種の寿命

品種はこまやか

品種はとてもこまやかな存在である。コシヒカリの子がコシヒカリであり続けるのは、書いてきたように、背後に高度な技術を持った技術者の集団がいるからである。もし彼らの努力がなければ、品種は徐々に劣化し、その特性を失わせてゆく。つまりその品種は失われるのである。

このような技術者の集団がいれば、品種の生物的な意味での寿命はほぼ絶たれない。育成から半世紀以上の時間が経過し、しかも育種家種子がとっくに失われているはずのコシヒカリが今もその特性を維持し続けているのである。[20]

もう一つの理由は現在の法律による問題である。イネはじめ各作物の品種には、「育種家種子」と呼ばれるその品種のおおもとの種子がある。そしてこの種子は、その品種を育成した県のほか、この品種を「奨励品種」として取り上げようという県にも配られる。育種家種子の一部を受け取ったその県では、それを小出しにして手順を踏み増殖して農家に配る。もらった育種家種子は増殖し

20　ただし厳密には五〇年前の特性がそのまま今に伝わっているかは不明である。その当時の種子などどこにもないからである。

ないのが建前である。実地にはいろいろなやり方があるようだが、要するに現在の法律を厳格に適用すると、育種家種子は、増殖して使ってはならない。その理由は、先に書いた「ゆらぎ」によって子孫のタイプが元のタイプと変わってくる危険性があるからである。X県に伝わった品種とY県のそれとが違っていたのでは法律上困る。

この建前に従うと、品種は、育種家種子がなくなった時点で寿命が来ることになる。もちろんそれでは困るので各県ともうまい「運用」を考えて種子の増殖を図るが、それはいわば超越技巧ともうべき技である。技術者たちはその県におけるその品種の特質をちゃんと頭に入れていて、頭に思い描かれたそのとおりのものを選び出すことができる。もちろんそれでも県の担当者により、思い描かれる品種の像は少しずつ違っている。歳をとればその美学にも少しずつ違いが出て当然であろう。

さて、このように品種の維持には目に見えないところでの専門家の労苦が隠されているが、これに関して最近話題になっている「種子法」廃止について触れておきたい。種子法（正式には「主要農作物種子法」）は、戦後国民の食を守ることを目的に作られた法律で、この法律によって、国が都道府県に委託して優良な品種の品質を守り、また優良な種子を生産者に提供してきた。事業自体は都道府県が行うが、国がいわばその監督をしてきた。この法律の廃止は国の義務を廃止したもので、種子の従来通りの供給に直ちに赤信号がともるものではないかもしれない。

しかし問題はその精神のほうだとわたしは考える。そもそも、種子は一体だれのものだろうか。品種はどうだろうか。イネが野生植物であった時代にはその種子はだれのものでもなかった。イネが国策で栽培され、税とされ、国の力で品種改良が進められていた時代には、品種やその種子は、国のものであった。「種子法」の根拠はここに依拠していた。しかし、育種に民間の資材が投じられ、しかもその開発費がかさんでくると、その「民間」は当然その権利を主張するだろう。それだけなら、問題はないかもしれない。だが、そのようにして開発された品種やその種子が、在来の品種や種子を駆逐し始めたとすればどうだろう。これは単なる仮説でも杞憂でもない。なぜなら、開発者にとって、その巨大な開発費を背負った品種が少しでも多く栽培されることが元を取る唯一の方法だからである。農地は限られている。何を栽培するかは、耕作者の権利であるべきだ。何を食べるかは消費者の権利であるべきだ。経済原理だけで特定の作物や特定の品種しか手に入らないなどという事態は避けなければならない。そう考えれば、国など「公」の役割は、従来からの品種やその種子を、栽培する自由、食べる自由とセットで守り続けることにあるのではないか。少なくとも現段階では、多くのイネ品種とその種子は公的な存在である。誰のものでもないわけでもなければ、かといってだれか特定の個人や法人のものでもない。

品種を守る

品種には寿命がある。生物的にも、そして社会的にも。日本の農家の間では、「品種のボケ」と言われる現象が知られている。自家採種を続けていると、品種の持つ性質に違いが生じたり、あるいはもっとわかりやすいところでは、もち米の品種であるのになかにウルチ米の粒が混ざったりするのだという。専門的には「品種の崩壊」といういいかたをすることもある。その原因はいろいろだが、遺伝的には突然変異と他家受粉が大きな理由としてあげられる。品種がぼけると、農家ではその籾だねを廃棄し、どこからか新しい籾だねをもらってくる。

いかなる作物のいかなる品種にも寿命がある。ただし、寿命といってもいろいろな意味での寿命がある。多くの品種が、社会的な意味での寿命がつきて消えていった。一八七七年に登場した品種「神力」は一九一九年には五九万haに達するほどに成長した品種であったが、一九三九年には五万haほどに減少した（池、一九七四）[21]。神力にとってかわったのが一九〇八年生まれの旭であった。この品種は誕生以後急速に栽培面積を増やし、他を駆逐した。このように、初期の近代品種は、消えては生まれ、生まれては消えることを繰り返していた。まさに「栄華必衰の理」が具現化される状況であった。品種の寿命は、このような社会的理由によって決められていたのである。

現代でもこの事情は変わらない。社会が「時代に合わない」と判断した品種はおそらく二年と生きながらえることはない。だが現代にはまた別の「死因」が品種には存在する。それは技術的な理由によるもので、おもに品種の純度にかかわるものである。

21　池隆肆（一九七四）『稲の銘』、オリエンタル印刷。

近現代、米の品種

日本社会は明治維新後、ずっと米不足の状況下にあった。しかも、地租改正や様々な制度の改正などに伴って、幕藩体制下ではかなり厳格に検査されていた米の品質が明治初期には著しく低下していたという。これに対し、いくつかの県が主導する形で自県産の米の品質を高める試みがなされ、それがやがて第一次世界大戦後の銘柄等級制の確立へとすすんだという[22]。

これ以降、米の品質は「等級」で言い表されるようになったが、ここでいう等級はいわゆる「う

22　玉真之助、「米穀検査制度の史的展開過程—殖産興業政策および食糧政策との関連を中心に—」、『農業総合研究』四〇巻第二号、一～四五頁。

まさ」ではなく、色が黒ずんだ米、割れた米のような、おもに見かけ上の食用には不適な米粒の割合をいう。等級は一等米、二等米、三等米、等外に分かれているが、等級が落ちるにつれて食用に不適な米粒の割合が多くなる。この等級は一般消費者にも浸透しており（価格に直結するのだから当然といえば当然だが）、明治以降の日本社会における米は、この等級によるランク付けが主流であった。つまり一般消費者は等級の違いで米の品質を認識していたのである。

いっぽう、農家や試験場などの稲作の専門家は品種というものの認識をかなりはっきりともっていた。しかしそれはあえて言えば「イネの品種」であって米の品種ではない。「コシヒカリ」もイネの品種である。だから、コシヒカリの特性表には、その地域で栽培した場合早生になるか晩生になるか、やや草丈が高く収穫前に倒伏しやすい、いもち病[23]に弱い、など、栽培にかかわる特性が多く書き込まれている。米の味覚に関する項目では「食味」という評価がひとつだけあった。一九八〇年代には「食味計」という器械が開発され、それによって表示される点数であらわされるようにはなったが、それらもあまたある評価項目の一つに過ぎなかった。

この体系がおおきくかわることになるのが、一九九五年の食糧管理法の廃止とそれに代わる新食糧法の施行である（一九九五年）。加えて二〇〇四年の同法の改正によって、米はだれもが自由に流通させられるものになった。消費者にとっては、極論すればイネの品種はどうでもよい。うまい米であることこそが大切である。生産者や農協などの生産者の団体はこぞってうまい米を作ることに方向性を転換した。うまい米、あるいは等級の高い米を作るということは生産量を減らすということでもある。普通なら、生産者やその団体の賛成は得られない。ところが、米の価格は自由化されていた。仮に生産量が一〇％減じても価格が二〇％上がれば農家の収入は増加する。

23　イネの病気の一種で、病原菌である「いもち病」菌によって発症する。

加えて九〇年代には日本は米余り社会になっていた。稲作農家は、米の増産があたかも社会の求めに逆行するかのような風潮のなかで生産向上への意欲を失いかけていた。単位面積当たりの生産を上げようという意欲は失われ、代わって単価の高い、高品質の米の生産が志向されたのである。こうしたなかで、「コシヒカリ」の名声は高まっていった。それまでは、北陸地方限定の一品種でしかなかったものが、ほぼ全国規模で栽培されるようになってゆく。「コシヒカリ」はまさに時代の寵児だったのである。

六、イネ品種のこれから

イネと米

ここまでの話は、イネの品種についての話がおもであった。いってみればそれは「農」の話で、食、あるいは「米」「飯」の話ではなかった。しかしイネの品種は同時に米の品種でもある。米の品種という発想は、いわば食べる側の発想である。極端な言い方をすれば、イネの品種は栽培しやすいかどうか、たくさんとれるかどうかが問題であったが、米の品種の場合はうまいかどうか、安いかどうかが問題である。ここで大事なことの一つは、現代日本では生産者は生産者であるとともに消費者でもあるが、消費者は生産者ではないということである。生産者と消費者の乖離がここにある。このことを受けて、イネの品種は生産者のものであって消費者のものではない。消費者にとっては、「コシヒカリ」も「つや姫」も米の品種である。

日本のみならず中国でも、稲と米とははっきりと区別されてきた。イネは栽培植物であり、いっぽう米は食品である。だから、稲作文化といい米食文化というのである。

明治以降の一五〇年間、米余りになったのは直近の四〇年だけで、前半の一一〇年ほどはずっと米不足が続いた。特に明治時代には、時代の全体を通して米は決定的に足りなかった。加えて、日清、日露の戦争を通じて、米は戦地に送られるべく軍によって徴用された。投機目的で米を買い占めるものもいて、米価はしばしば高騰した。第二次世界大戦の戦前から戦後まで、米は配給の対象となった。満足に米を食べられる時代ではなかった。消費者にとって大事なのは、うまい米でも銘柄でもなく、米が手に入ることだったのである。

米不足の時代には、なにをおいても多収穫であることが求められた。「神力」や「愛国」はまさにその代表であった。米不足がやや収まった時代には、うまい米が求められた。「旭」や「亀ノ尾」がその代表である。しかし後者の時代でも、消費者が品種名を知る機会はまずなかった。米の流通は国家統制下におかれ、その過程で複数の品種の米が混ぜられ、ある品種の米が、銘柄を明示した形で消費者に届くことはなかった。人びとの手に入ったのは、その米の産地だけである。いまでも「近江米」「播州米」などの名が残るが、これらはその名残である。

おわりに

寿命が来た「コシヒカリ」と、その後継品種たち。表3にはイネ品種のトップ二〇（二〇一七）を示す。第一位は「コシヒカリ」で、その割合は三五・六％だが、一〇位までの合計は七四・八

%、そして二〇位までの合計は八四・〇%に達する。そして興味深いことに上位一〇品種のうち、国が育成したのは[24]「コシヒカリ」、「ひとめぼれ」、「ヒノヒカリ」、「キヌヒカリ」の四品種だけで、残りはすべて地方（道県）が育成したものである。またナンバー・2の「ひとめぼれ」とナンバー・3の「ヒノヒカリ」も国が育成した品種ではあるが、育成地はそれぞれ宮城県および宮崎県である。一一位から二〇位の品種についても、そのほとんどが道県の手になる。例外は一二位の「きぬむすめ」と二〇位の「ハツシモ」であるが、「ハツシモ」は一九三五年育成の古い品種である。二一世紀に入って育成された新しい品種は七品種あるが、このうち「きぬむすめ」を除く六品種はみな道・県で育成されている。

このようにしてみると、いま日本で栽培されている品種の多くは、国ではなく道県で育成されたものが主流になりつつあることがよくわかる。国が何もしていない、といっているのではない。あくまで最近の傾向として、品種改良の現場が国から道県に移ってきているということが言いたいのだ。

二一世紀に入るころになると、この傾向は一層顕著なものとなる。各県が県を挙げて特産のイネ品種を作り、かつ消費拡大にまで責任を持つという方針のもとに戦略

24　国の機関、あるいは国が県などに委託して育成した品種。原則農林番号が付けられる。

表3　イネ品種の作付け面積（全国、面積順、2017年）

順位	品種名	育成県†または農林番号	命名年	割合(%)
1	コシヒカリ	農林100号※（福井県）	1956	35.6
2	ひとめぼれ	宮城県（農林313号*）	1991	9.4
3	ヒノヒカリ	農林299号（宮崎県）	1989	8.9
4	あきたこまち	秋田県	1984	7.0
5	ななつぼし	北海道	2001	3.5
6	はえぬき	山形県	1992	2.8
7	キヌヒカリ	農林290号*	1988	2.4
8	まっしぐら	青森県	2005	1.9
9	あさひの夢	愛知県	1999	1.7
10	ゆめぴりか	北海道	2008	1.6
11	こしいぶき	新潟県	2000	1.4
12	きぬむすめ	農林409号*	2005	1.3
13	つや姫	山形県	2009	1.1
14	夢つくし	福岡県	1994	1.0
15	つがるロマン	青森県	1996	1.0
16	あいちのかおり	愛知県	1987	0.9
17	彩のかがやき	埼玉県	2002	0.7
18	きらら397	北海道	1988	0.7
19	ふさこがね	千葉県	2004	0.6
20	ハツシモ	農林54号*（愛知県）	1950	0.6

※　正式には水稲農林100号など。
†　育成した機関が所属する道県

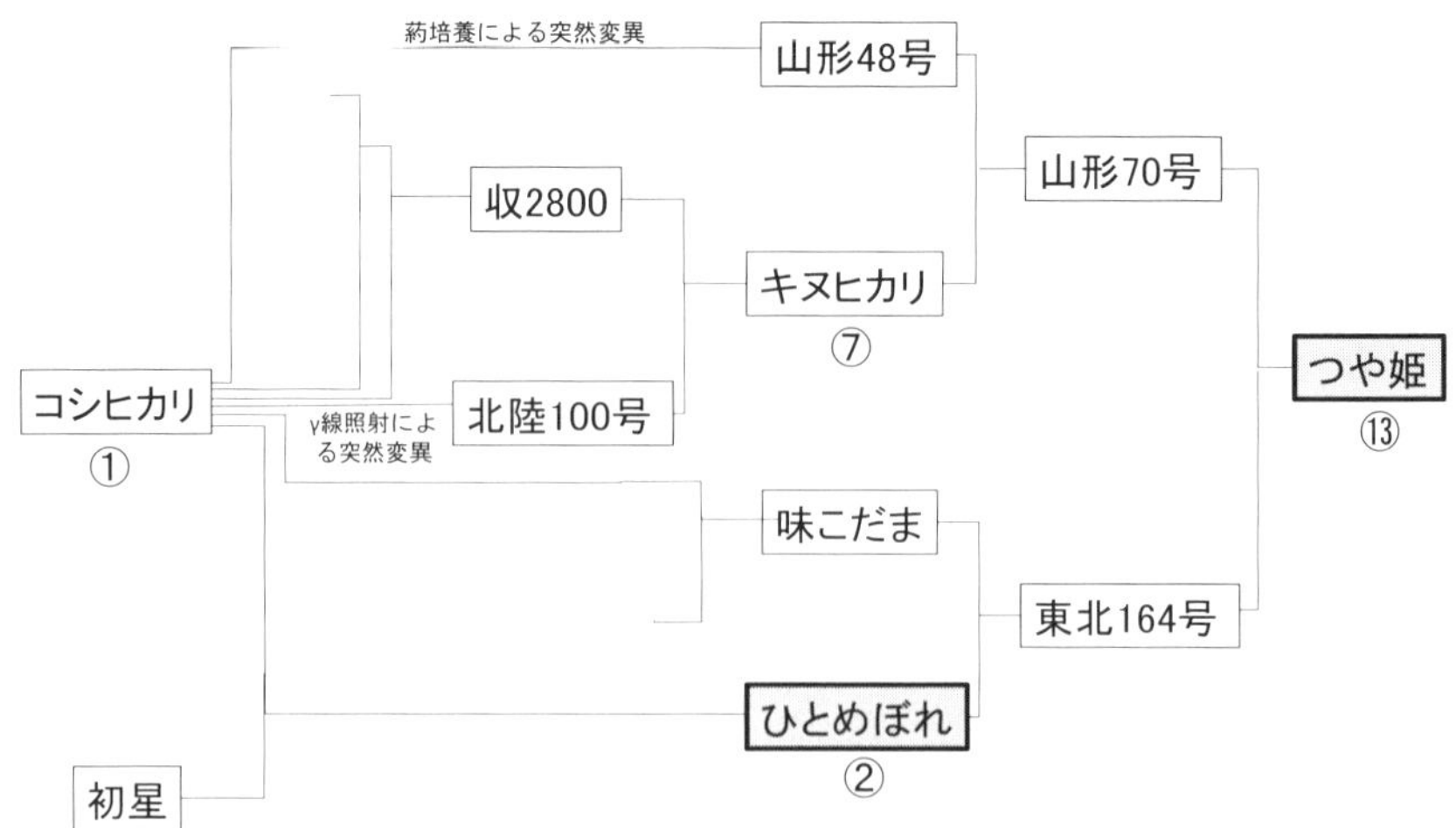

図１　「ひとめぼれ」と「つや姫」の系譜
丸囲みの数字は作付順位（2017）を示す（表３参照）

的に米つくりが進められてきている。誰が名づけたか「ご当地米」「ご当地品種」などという名前で、しかも広報用にパッケージを工夫し、さらには「ゆるキャラ」まで登場させて販路の拡大に努めている。むかしのように、ＪＡまかせで茶色の紙袋に詰めて売るだけでは立ち行かなくなってきているのである。品種名もむかしのような「〇〇ニシキ」「△△ヒカリ」のような定番の名前ではなく、工夫が凝らされている。一見すれば、日本のイネ品種は多様性を復活させているようにもみえるかもしれない。

だが、それらの系譜をみると内実は決してそうではないことが理解できる。図１は、「ご当地市品種」のはしりともいうべき「ひとめぼれ」（一九九一年命名）と「つや姫」（二〇一一年に登録、作付面積一三位）の系譜を示したものだが、図にみえるように「ひとめぼれ」の片親は「コシヒカリ」、かつもう一方の親である「初星」の片親もまた「コシヒカリ」である。また、最近急速に知名度を上げている「つや姫」は、母方の「山形七〇号」にも父方の「東北一六四号」にも、「コシヒカリ」の血が流れている。つまりこれらは「コシヒカリ一家」ともいうべき、「コシヒカリ」と濃い血縁関係をもつ品種群を構成するにいたっている。ほとんどの「ご当地品種」が、このコシヒカリ一家に属する。[25]

コシヒカリ一家の存在は、日本の米品種の遺伝的多様性が失われてきていることを改めて示すものでもある。むろんそれらは「ご当地」の風土によく合い、また食味の上でも特徴を持ついわばとがった品種であるが、背景となる遺伝的な構成からは均一化が進んでいる事実に変わりはない。遺伝学のことばでいう「同質遺伝子系統」に近づきつつあるといえる。

地球変動など、地球環境は二一世紀にはいっそう不安定になるともいわれる。災害回避の面からは、遺伝的背景の多様化やその維持は欠かせない。文化的にみても二一世紀には、観光による一時入国だけでなく移民などによって異文化を持つ人びとが大量に来日するであろうことは想像に難くない。そうすればわが国の米食文化も、彼らの食文化の影響を受け、あらたなものへと進化していく可能性もある。多様な遺伝子ばかりではなく、多様な遺伝的背景や食文化を守り継いでゆくことが必要である。

25　二つの品種の間の近縁度、あるいは遺伝的な近さ（遺伝学では近縁度という）をあらわす指標として近交係数などいくつか考案されているが、日本のイネ品種の場合は系統関係が複雑で使いにくい。本書では花森がコシヒカリとの関係を、コシヒカリが何世代前の交配親であるかで示している。両親の系譜中にコシヒカリが出てくる場合はどうするかなどまだ改善の余地もあろうが、簡便な方法ではある。

第6章　〈対談〉和食と米

佐藤洋一郎
仲田雅博

佐藤　本書はイネの品種、米の品種についての本で、ここでは品種とはいったい何なのかを改めて考えてみようと思っています。この本のすごくだいじな点だと思ってるのは、今まではイネと言ったらもうイネ、米と言うたらもう米料理のことしか書かなかったんです。どっちも書いた本ってないんですね。この本の一つの特徴は、土に生えてるイネから、米・料理まで全部この本の中に入ってくる。それを一つのポリシーにしましたので。

仲田　それはおもしろいですね。読み手が関心を持つジャンルもさまざまで、幅広いですよね。あ、私もそれやったら読めるわとか、あ、こっちはこっちの人も読めるわとかね、あんまり一本立てやとその関係の方しか読まないですものね。

佐藤　特に、今の問題として、皆さん異口同音に言われるのは、コシヒカリというのはほんまにうまい米なのかという疑問がある。私も大学で学生相手に、食べ比べをブラインドテストでやるんですよね。そうすると、ほとんどの人が実は区別できない。それなのにコシヒカリはほかのお米の場合によっては二倍、ひょっとしたら二倍半もする値段で売られている。わからんものに、みんな何でそんなにお金払うんやろうということを前々から考えていました。

　そこで、私の教え子が偽コシヒカリを鑑定する会社を作ったんです。十年、十五年前は、市場に出回っているコシヒカリの三割が偽物というような状況でした。何でそんなことがわかるのかというと、流通量の方が生産量の三割多い。だから三割偽物だということになります。食糧庁もそのことはわかっていたんですけど、「目の前にあるこの一粒がコシヒカリかそうでないか」と言われると、判別する方法はなかった。それで、私はＤＮＡを使うやり方を考えました。米粒一粒からＤＮＡを取って半日で鑑定する方法[1]をやったんです。これはすごく当たりました。

　この方法で鑑定して、あなたが今お買い求めになったコシヒカリは実は偽物ですと言うと一番怒るのは、消費者です。表示がコシヒカリだからという理由で、うまいと思って買っていた人にとっては騙されたということなんです。

仲田　流通でそういうお米が流れてきたら、問屋さん、仲買さんも怒らはるでしょう。

佐藤　そうなんですよね。どうも日本人の中には、コシヒカリとか、今ですとつや姫[2]ですか、それだけで、うまいんやというふうになるところがあります。

　今から三十年、四十年前には、消費者は誰もコシヒカリなんて言わなかった。近江米とか何とか米とかって言ってましたよね。恐らくごく最近になって、一般の消費者が品種というものを認知するようになったわけですが、それまでそんなものは実は知られていなかった。いったい、うまい米って何なんでしょうかね。

精米

仲田　そうですね。僕らお米買うのは、銘柄じゃなくて、精米した日を見るんです。精米日が一カ月も前だともう買わないですね。

佐藤　ああ、その辺はプロの目ですね。

仲田　精米はできるだけ購入日より近いことです。それを買われた方がいいと思います。もうはっきり劣化してきますからね。味が劣っていくというか。

佐藤　冷蔵庫に入れておいてもだめなんですか。

仲田　それは持ちがいいでしょうけど米を冷蔵庫にってなかなか難しいですよね、たくさんあったら入れにくいでしょ。

佐藤　僕は前々から言うとるんですけども、米をペットボトルに入れて売ってくれと。ペットが環境に悪ければ、何かリサイクルできる専用の容器の開発をしたい。三合ボトルみたいなのを作って、それで米を売ったら冷蔵庫の中へ入れておけるんです。袋では入らんけども、三合のボトルだったら野菜ボックスに入る。しかも、立てたまま入る。だから、そういうような米の売り方をすると、そんなに劣化せずに済むと。

仲田　そうですね。二合で売ってるとこありますよ。

佐藤　ありますね。こんなキューブに入れて。

仲田　一回一回それでできるようにね。

佐藤　そう。だから、二合炊きぐらいだったら別にそれでもいいわけですよね。

仲田　そうですね。あれだったら冷蔵庫に入る。

佐藤　冷蔵庫に入るでしょうね、こんな四角いですからね。だから、ちょっとお米の売り方を工夫してね。

仲田　工夫すると楽になると思いますね。

佐藤　この頃コシヒカリにかわる各県のブランド米も出てきましたね。

1　コシヒカリの鑑定　品種の違いは遺伝的な違い、つまりＤＮＡの配列の違いとして現れるはずである。品種の違いを特異的に表現できる配列をあらかじめ調べておき、品種名不明の検体からＤＮＡをとってその配列を調べることで品種を推定する。

2　つや姫　二〇〇九年山形県で育成。母の二代前、祖父の父がともにコシヒカリという。コシヒカリファミリーである。

仲田　ななつぼしもあります、北海道だったら。

佐藤　ななつぼし、青天の霹靂、森のくまさん、つや姫、いろんなのがあるわけですよ。で、ああいうのを食べ比べてみようと思ったら、五キロなんかで買ってしまうと多すぎるので、森のくまさん二合とか、で今日はカレーライスにするから何とか二合とか、そういうお米の売り方をもっともっとすると、多少冷え込んだ消費も回復できるんじゃないないかと。

仲田　上がるかもね。確かに五キロ、十キロやともう持って帰るの嫌がられるからね。

佐藤　そう、それもあります。大体米って袋に入ってるけど、あれはたちが悪いのはね、ぐにゃんとなるんですよね。

仲田　持ちにくい。

佐藤　持ちにくい。タイに行くとね、お米を真空パックしてるんです。そうすると、これぐらいのブロックになってて（図1）。

仲田　固いね。

佐藤　固いです。で、空気が入ってないので、そんなに劣化もしない。

仲田　劣化っていうか、酸化しないのですね。

図1　ブロックの米（タイ、バンコクのマーケット）

佐藤　そうなんですよね。そういうことをしたらまたお米のおいしさみたいなのがわかるんかなと思ったりするんですよね。

仲田　日本ってやっぱりお金儲けが上手なんでしょうね。いろんなことしはるんで、家庭の精米機なんか売ったりとかしてはりますよ。もういろんなことせんといてなと思うけども。

　最近は無洗米までありますでしょ。パックで売ってる、これ入れて、これ入れて、スイッチ押したらでき上がるっていうやつですわ。

米と水

佐藤　無洗米というのは、お料理される方から見てどうですか。便利には違いないし、それから外食産業の大手にインタビューしたことあるんですけども、米をといだら、そのとぎ汁が排水になる、産業廃棄物になるので無洗米はすごく便利とおっしゃるんですけども、お料理する側からごらんになって味はやっぱり違いますか。

仲田　いや、無洗米の味はもうひとつと思います。また、早くまずくなりますわね。

佐藤　ああ、なるほどね。炊き上がってからの時間がね。

仲田　大手の、たくさんご飯炊くとこは無洗米は便利なんですよね。産業廃棄物とおんなじように、とぎ汁がどろどろっとなってしまうという。だから、おいしさじゃなくて、便利さ、安さを追求しておるわけです。もうちょっとおいしさということを考えてもらうと、昔みたいに手で米を洗っていただく方が絶対いいと思う。やっぱりうまいのは手洗いですね。手で洗うという。やっぱりお米はとげと言うのやから。で、京都ではそのとぐことを「かす」って言う。「お米かしといて」って言う。僕ら若い頃は教わったのは、水が濁らんようになるまでかしといてくれと、それぐらい。だから、六回か七回水替えてやりました。それだけ水が安かったの、京都はね。水なんかただだと思ったからね、今はもう何か水が高くなりましたけどね。

佐藤　井戸水なんですよね。

仲田　ああ、そうです。井戸水いいんですよ。冬あったかいし、夏冷たいし、気持ちいいですよ。毎日使ってるから枯れへんのです。ちょっとずつ使ってるから、あれ使わないと枯れるんです。生き物みたいですからね。洗濯やらみんなそれでやってます。

佐藤　お茶なんかもそれでいれはる。

仲田　ほんまはいれたいんだけど、保健所が飲まんといてくれっていう通達出してるでしょ、今。調べに行ったらええんですけどね。一升瓶に入れて調べに行ったらええんやけど、またそれも邪魔くさいしね、一万、二万もとられるし。それだったら水道もあるんやから水道の飲もうかってなもんで。

佐藤　なるほど。井戸水のほうがお料理なんかにはいいとおっしゃいますね。

仲田　絶対いいですよ。ただ、今いったような問題で料理屋さんもあかんというので、イオン交換器とかいろんなのでやっぱりきれいにしてはるんですね。錦市場では、みんな井戸水でやってはったけどね。私のとこでも、食料品店やってましたから、西瓜は井戸水で冷やしてお客さんに出しました。あの冷え加減が一番おいしいんですよね。冷蔵庫よりおいしいですよ。

米と香り

佐藤　うまい米というと切り離せないのが香りでしょうか。日本人にとって米というのが新米が一番ですから、年を越したらもう古米やし、次の年の新米が出てこようもんなら、その前の年の米なんていうのはもう。

仲田　もう古古米言うて最悪ですよね。もうそれこそ安価になったり、飼料米とかになってしまいますものね。

佐藤　ところがね、イタリアはお米もビンテージがあるんです。びっくりしました。この米は二千何年の米とか、さすがにワインみたいなことはないですけどね。何十年前の米とかね、そういうことはしないけども、これは何年前の米とかね、そういうこと言うんですよ。何言うてんのかなと思ったら、やっぱり年によってでき方が違うというのもあるけれども、置くと乾燥するんですね。

仲田　それはそうですね。

佐藤　乾燥すると水分が抜ける。その水分が抜けた穴に、向こうのお米はスープ煮ですから。

仲田　リゾットですね。

佐藤　そう。だから、そのスープがその水の抜けたところに入るとおいしくなるみたいなんですね。それはもう私もカルチャーショックでしたけども、イタリアのお米はビンテージがある。その辺がおもしろい。

仲田　文化ですね。日本のお米はやっぱり水で変わる、ええ水で炊かんとね、水が大事ですからね。

佐藤　ヨーロッパの人にとってみたら、水ではなくてスープでお米を炊きますから、だからそこにちゃんとスープが入るすき間がないといかんと。

仲田　逆に言うたら、向こうの米は水で炊いて食べても全然おいしいないんやね。

佐藤　おいしくないです。先日パリで白飯を欲しいと言ったらけげんな顔で、「ソースは要らないのか?」と言う。

仲田　日本ってええ米とええ水で炊くとおいしいですもんね。それだけでもう食欲をそそりますもんね。

佐藤　イタリアの米で普通に水で茹でますよね。炊きたてならぬ、茹でたてをお皿の中にぼんとあけて、スプーン持ってきて食べるとべっちゃべちゃ、ぼそぼそ、全然だめです。だから、その上にやっぱりクリームをかけないとあれは食べられませんね。

仲田　日本の米って何であんなにおいしいんやろね。炊き上がりなんて香りも最高にええと思うんですよね。ご飯の香りというのは。

佐藤　多分香りが大きな要素なんですよね。この本にも龍谷大学の猪谷さんが香り米のこともちょっと書いておられるんですが、あの成分はおもしろくて、ある適当な量だと新米の何ともいい匂いになるんですが、ちょっと濃度を上げると、悪臭になるらしい。

香り米というと字面はいいですが、品種によっては「匂い糯」なんていうのがあるんです。

仲田　「匂い糯」っていうのはおいしくないんですか、それは。

佐藤　おいしくないというより、匂いなんです、香りじゃないんです。

仲田　あ、匂いになるんですか。

佐藤　ええ。で、何の匂いかというと、ネズミであったり、それから麝香（じゃこう）、動物の匂いなんですよね。それで、香り米というのは人によってはネズミのおしっこの臭いだと言いますので、強すぎるとネズミのおしっこ、適当だと新米の香り。

仲田　ネズミのおしっこ、嗅いだことないんでわからへんですけど（笑）。あ、そうですか。

佐藤　だから、日本の、日本だけではないですけど、お米の香りというのはやっぱり要素としては重要なんですね。

仲田　そう思います。私は、嫁さんの方が帰りが遅いから自分でご飯を炊くんですけどね、炊くときに、自分が六時に帰るつもりで、十分ぐらい前に炊き上がるようにスイッチを押すんです。そうすると、炊き上がりが食べられるんでおいしいんですけど、それでも量は控えてるんです（太り過ぎですので）。

佐藤　そうおっしゃらずたくさん食べて下さいよ。

仲田　子供に食べすぎやと言われるんですが、それでもご飯うまいですよね。炊き上がりのご飯は何もなくてもおいしいんですよ。噛んでいくとまたおいしいんですよ、甘みが出てきて。だから、あれは日本人の味やなあと思いますね。

ブレンドとブランド

仲田　かつての地域ブランドは実体があったかもしれませんね、ブランド志向という言葉自体もなかったと思うので。それに比べると、今は、実体がないんやと思いますわ。「ブランドの名前」が先行して、美味しいと思い込んで購入されているように感じることもあります。

　昔のようにお米屋さんがお米をブレンドして配達をして貰うことなく、スーパー等で買われる方も多くなっています。その時もどこどこ産だから美味しいと言うようになっている。米屋さんにはありましたからね、米がなくなった頃に家に注文を聞きにきはる。

佐藤　御用聞きが？

仲田　はい、御用聞きが、「もうそろそろですか」って聞きにくる。「ああ、持ってきといて」って言うたら、ちゃんと米櫃まで入れてくれはりましたわ。それでおいしいなで食べてましたから。

佐藤　しかも、米屋の技というのは、多分その混ぜる技ですね。ブレンドですよ。

仲田　そうでしょうね。ブレンドは、それは後述の米のコンテストのときもそれ言うてはりましたわ。この品評会自体は単一でやらなあかんので。

佐藤　そうですね、だからその単一でやるというのはどういうことかというと、品種というものを前面に置いた考え方ですけれどね。

仲田　そうですね。「京のプレミアム米コンテスト」を京都府さんがやらはったんですけども、ここに出品されているのはほとんどコシヒカリです、ちょっとだけね、ヒノヒカリやキヌヒカリとかもあるんですよ。

佐藤　これ、五年後には変わってるような気がします。今、各県が肝いりでやってるじゃないですか。例えば、先出の山形のつや姫とかね、そういうのが上位に食い込んでくるかなあと思って。

仲田　と思いますね。

佐藤　実はそれを楽しみにしてるんですが。

仲田　僕の子供の頃は上等やと思ったんやけど、ササニシキはどうなりましたか。

佐藤　今やもう、幻の米、絶滅危惧種です。

仲田　あれは何でコシヒカリに負けてきたんですか。

佐藤　大きな理由はね、東北地方の宮城などで作ってたんですね。それがあるとき冷害が来て、ササニシキは冷害に弱かったので、ひどくやられたんです。それからもうはい上がれないというか、そのすき間にコシヒカリが入ってきたり、それからいろんな別な品種が入ってきて置き換えられてしまったんですね。

　それともう一つは、ササニシキってどっちかというとふわっとしたというんですか、そういう種類のお米じゃないですか。西日本のお米ってやや固めですよね。そんなふうに思われないですか。例えば、ヒノヒカリなんてしっかりした米というか。

仲田　さっきの話じゃないですけど、区分けして食べたことがないもんでね。

佐藤　ああ、なるほど。

仲田　はい。以前はどこの料理屋もこうやと思いますわ、どこそこのお米なんですわ、品種じゃない。

佐藤　東の人はわりとああいうお米好きなんですけど、どうも西の人はね、固めのお米が好きというか、例えば旭[3]みたいなああいうお米ですね。京都のお米を考えるときにはやっぱり旭ですし、コシヒカリの親にもなってるし、すごい品種なんですよね。

　それはともかく、やっぱり東と西では随分お米に対する一般消費者の嗜好は違ってたみたいなんですよ。で、ササニシキってやっぱり東を代表してたような気がしますね。東の人はああいうお米が好きなんだと思うんですね。今はもう大分平均化されてるでしょうね。

　コシヒカリってね、いろんな意味で特徴のない米で、つまり万人受けするんです。極端に東向きでもない、極端に西向きでもない、いいとこ取りというか、ちょうど桜の品種のソメイヨシノ[4]みたいなもんです。東のヤマザクラ、西のヒガカンザクラを交配させたのがソメイヨシノですから、それとおんなじような力があるような気がして、それでコシヒカリはもてたのかなと。

仲田　確かに今、西と東という言葉使わはりましたよね。魚でも西と東は違いますね、食べる魚は、基本的には。向こうは赤身多いし、こっち白身多いしというね。

佐藤　そうですよね。それから、鰤（ぶり）使うか使わないかと

3　旭　一九〇六年、現京都府向日市物集女の山本新次郎により、在来品種「日ノ出」から見いだされた品種。西日本を席巻する大品種となったほか、「農林8号」の親となり、その後コシヒカリなど日本を代表する著名品種のほとんどの親になっている。

4　ソメイヨシノ　江戸の寛永年間に誕生。人工交配による育成品種である。当時江戸近郊の染井村で育成されたので、「ソメイ」の名がある。自家の花粉で受精する自家受粉できないので種子をつけることができず、挿し木などの株分けの方法でしか広まることがない。今現存するソメイヨシノの株はこうして広がったもので、ほぼクローンに状態にある。

か、そんなんもありますね。

仲田　怒られるかもしれませんが、野菜も西の方がおいしいもん多いなあと思って。

佐藤　それは関東の人が聞いたら怒りますよ。すき焼きに、東の人は白葱入れるじゃないですか。で、関西の人は玉葱入れたりしますね。あれ何でかなと思ったらね、結局甘さです。群馬の下仁田ネギなんて、東京に住んでたとき、よく買いましたけど、庖丁で切ろうと思ったら庖丁がずるっと滑るんです。中からどろっとしたものが出てくる、あれが甘いわけです。なるほど、これはすき焼きの甘さというのが葱で調整したなというふうに考えると、白葱は向こう、関西は玉葱をすき焼きに入れた、そういうことのような気がしますね。そやから、葱に関しては白葱に一票入れてやってもいいかな。

仲田　そのすき焼きの話でいくと、京都では三嶋亭さんが明治から、明治六年やったかな、京都では元祖ですわ。昔はざらめと醬油で味を入れてはったんです。京都はやっぱり割り下じゃなくて。

佐藤　ええ、ざらめでやりましたよね。

仲田　ええ、やりました。でも、もう今上白砂糖でやってはるんです。

佐藤　あ、もったいない。

仲田　上白でやって、そして醬油で味をつけていくという。あそこは仲居さんが当たりつけはる。やっぱり肉がすごいですからね、おいしいですけども。一遍先生行きましょうか（笑）。

佐藤　行きましょう。それはいい話や（笑）。

仲田　サービスしてくれはるんで（笑）。どういう作り方かというと肉は肉だけしかやらへんのですわ。で、食べてしもうて次野菜、野菜だけで食べてしもうて、また肉は肉だけなんです。家庭でやるように一緒に炊き込みはせえへんです。

そう思うと、あんまり玉葱でも何でもそんなに味がつかへんなあと思うてね、それはもうそのものの味を食べてもらう。で、結構三つ葉がうまいですわ。すき焼きに三つ葉がうまいです。香りがあっておいしいですね。それから、麩はね。

佐藤　焼き麩ですか、それとも生麩でやるのかな。

仲田　焼き麩でやります。それもちょっと有名な固い焼き麩なんですけど、十五分ぐらい焼いてはりますわ。汁を吸わすんで。

佐藤　そうか、なるほど。

仲田　後で詳しくお話ししたいと思いますが、食材には相性というものがあります。これも肉と野菜と相性の話ですよね。

佐藤　相性の話ですね。

たきあがり

佐藤　さて、米の旨さをかんがえたとき、品種、水、あるいは香りときて、次は炊き方でしょうか。仲田先生は生徒さんたちに米の炊き方をどういうふうに教えてはるんですか?

仲田　はい、私どもの学校では洗って水に浸けておくんです。僕らは洗ってざるに上げていたんですけども、ざるに上げていくとちょっと時間がたつと米が割れてくるんです、水に浸けておくと割れないんですが。ただ、炊飯の場合は、米の量をはかって、それを入れて浸ける前の二割増しの体積の水で炊くんです。で、当然米に水含んだら膨張しますんでね。僕らは授業で教えるときはそういう具合に炊かせる。私の学校は炊飯器ないもんで。

佐藤　へえ。

仲田　すぐ炊かすんですわ、文化釜で。文化釜[5]で炊かす。だから、炊くということがわかるんです。自分で火加減をして、そしたらどうなるかってわかるという。だから、焦げてくる前とかは音でわかるんですよ。

佐藤　ああ、ばちばちいうとかね。

仲田　そうなんです。で、初めちょろちょろ。ゆっくり熱を全体に上げる。いきなり強火でがーっとやってしまうと、中に芯ができるんです。これがね、陶器の器やとどうもないんですよ。強火でも一気に温度上がらへんもんで、そういうなんを教えることによって物を煮るという説明ができる。固いもんを煮るときには、いわゆるゆっくり温度を上げることによって中まで、外と中が同じような温度帯になるようにしてやりなさい。そうでないと、煮崩れという言葉があるんですけども、あまり火が強いと煮崩れしてしまって中に芯ができると。そういうような炊き方はだめよというようなことが、理論的にというか、現実に見えてくるという。ああ、そういうもんなんかと。根菜類を茹がく、だから僕ら根菜類は水から茹がけって言う。それで、葉野菜はお湯から茹がけって言う、そういう基本がありま

5　文化釜　ご飯を炊くためのお釜の事で、アルミで造られる深鍋、蓋が鍋の縁より二～三㎝低い位置に収まる様に段が設けられ、吹きこぼれしないように作られているのが特徴。

す。

佐藤　やっぱり何というか、料理の基本みたいなことが家庭で全然教えられなくなってね、自分のとこでも教えられなくなって、したがって本当にうまいものは何も知らんで、みんな情報に踊らされて、それで随分損してるっていう気がしますね。

仲田　本当そうですよ。

佐藤　どうしたら回復しますかね。

仲田　今食べ物は買ってくるという発想になってしまっていますからね。でも、振り子のようにちょっとずつ戻ってくるんかなあと思うてます。炊き方知らんわ言われたら困るわね。

佐藤　そう、炊き方を知らないでコシヒカリがどうこうと言うかと。

仲田　昔だったら、日本では、米と水を蓋して炊きますよね。でも、ベトナムとか中国は蒸しますよね。[6]

佐藤　蒸すというよりね、恐らく茹でこぼしたんやと思います。パスタ茹でるみたいに鍋の中に水をたくさん入れて米入れてかき混ぜて、何分かたったらもうそのままざるにばーっとあけるみたいなね、それが一番古かったんやと思います。今でも東南アジアに行ったらそういうことやってる人が時々あります。

　鍋の中でご飯入れて炊いてね、最初にねばねばが出てくるやないですか。それね、おたまで捨てよるんですよ。

仲田　あれがうまいのに。

佐藤　で、なくなった頃に水もなくなってきてという、そういうやり方。

仲田　そうですか。

佐藤　おねば捨てるんですよ。何やってんねんと思うけど。

仲田　だから、吹きこぼれせんように炊くことが難しいんです。

佐藤　はい、向こうは吹きこぼすんです。

仲田　わあ、おいしいもん皆行って（無くなって）しまいますね、栄養価も。

佐藤　全然粘っこくないお米なので、でき上がった飯の性質が全く違いますね。そのかわりあれで炒飯にしたらね、下手な人がやってもちゃんとできる、団子にならん。

仲田　それはそうやね。ならへんね。

佐藤　団子にする方が難しい。

仲田　なるほど、それは、ああ、そうか。

佐藤　私、むかしＮＨＫの教育番組でグッチ裕三さんと一緒に米料理をやったことがあるんですよ。僕はタイ米を使って、グッチさんは日本のお米を使ってやられたんですけど、全然米の性質違っておもしろかったです。

日本人はどれだけ米を食ってきたか

佐藤　いろんな先生たちに聞いてみると、日本人は歴史的に米を食ってたと言う人と、いや、米なんか食ってないと言う人と両方出てくるんですね。で、どっちが本当かなと思って、私も気になって少し調べたんです。

　すると、どうも秀吉さんのもうちょっと前ぐらいから、要するに武家の時代になった頃から米は年貢になって、年貢ですから、田舎、地方でとれる米です。それは代官が集めて、最終的には京大阪もしくは江戸に持っていくということですので、米というのは最終的には江戸、上方、この二カ所にほとんど集中した。もちろん他の城下町にも集まるわけですが、最終的にはやっぱり大都会に来るんですね。

　だけど、米も生ものですから、やっぱり一年たったらまた新しいのが来るので、何ぼお米は貨幣やと言うてみたってこれは腐りよる。そやから、結局のところは江戸なり上方、京大阪なりで消費しないとしょうがない。だから、京は米どころではなかったと思います。東京の人や上方の人もお米を食べなかったらもうどうにもならへん。もう捌きようがないもんですね。

　しかも近世には白米を食べるようになった。それで「江戸患い」[7]のようなことが多かったんです。その頃から江戸でも白米が出てくるようになったんです。

　それまでは、皆さん、玄米[8]を食べていたとおっしゃるけど、私は違うと思います。玄米にするって結構難しいんです、籾だけ摺らんといかん。臼の中に籾を入れて杵でがん

6　茹でこぼし　米の調理の際、多めの水で茹で、出来上がる寸前に残った余りの水と粘りの部分を捨てる調理法。東南アジアの平野部の一帯で広くみられた調理法であるが、最近は炊飯器の普及で茹でこぼしで米を調理する機会はおおきく減ってきた。

7　脚気、江戸患い　ビタミンB_1の欠乏によって起きる末梢神経のマヒや心不全をもたらす病気。江戸時代の江戸市民の中には、白米だけを摂取する栄養の偏りにより脚気を発症する人びとが多く、「江戸患い」とも呼ばれた。日清、日露戦争では脚気による死者が戦死者より多かったといわれる。なお、脚気の予防に関する研究が、ビタミンの発見を促したことは医学界では広く知られている。

8　白米、玄米　収穫した籾からもみ殻をはずす（籾摺りという）と、玄米になる。玄米は、その表面のぬかの部分をとる「搗精（とうせい）」あるいは米搗きの作業を経て白米になる。一〇〇gの籾はおよそ六〇gの白米になる。籾摺り機が発明されたのは近世初頭で、それまでは杵と臼によって、籾から白米にする作業は一体的におこなわれていたものと考えられる。

とやるもんだから、籾殻も外れるけれども、同時に精米も進むみたいな、半搗きになったようなお米だったんだと思うんですね。

かつてはそういうお米だったのが、江戸時代になりますと白米が流通するようになります。つまり精米業者が出てきた。米がだぶついているので、そういうことができるようになってきた。それで、米をどんどん食うようになって、だけど米を食べすぎると、糠のところがなくなりますので、ビタミン欠乏になって脚気になる。これが江戸患いなんだそうです。

仲田　僕らの頃も、脚気という言葉がありました。今は聞かないですね。

佐藤　ええ、ないと思います。脚気が一番問題だったのは、明治の時代。富国強兵で米を集めて戦争するわけですが、どうも陸軍が米にこだわって、兵隊に行ったら白い米が食えるというキャンペーンもあったようです。例えば日清日露の頃、中国に戦争に行くと、白米が食えると宣伝する。だけど白米しか食わんもんやから脚気になって、それで亡くなった方がどうもいっぱいあるようなんですね。

それで、江戸患いの話に戻りますが、ある先生によると、元禄の頃やと思うんですけども、江戸の市民は一人当たり一日平均五合食うてるというんです。これをカロリー計算すると、二千何百キロカロリーになるんですね。もうそれでカロリーとしては十分です。あとはおかずはちょっと何かあったらええというくらいです。そうすると、やっぱり脚気にかかるんです、ビタミン不足ですよね。つまりそれぐらい江戸とか、大都市には米がだぶついておったらしい。そういう時代が江戸時代を通じてずっとあったんだと思います。

歴史的にいうと、江戸と上方と比べると、ごはん炊くのは江戸は朝か昼で、上方の方は違ったんですってね。

仲田　うちとこは夕方から炊いてましたね。商売してましたんで、朝はもう店を出すことが精いっぱいで、よそのことはあんまり知りませんが。だから昼から店をやりながら、米を炊くんですがよう焦がしておったんです、おふくろは。親父によう怒られてましたね。

昔はそんな感じで、焦げたご飯もおいしいものでした。真っ黒け、焦げを超えてもう炭になってるような時もありましたけど。今はわざわざ焦がして焦げを売らはるとこもありますよ。

佐藤　炊飯器でも焦げのつく炊飯器ありますよね。うっすら焦げができるとかね、何ちゅうものを売り物にするんかと思うけど。

ところで、ぶぶ漬けというのはどういう位置づけだったんですか。冷やご飯にかけたんですか。

仲田　そうです。お茶漬けは冷やご飯。熱いお茶を放り込んで食べたというのが僕の記憶ですね。

佐藤　今はお茶漬けってね、何かお茶漬け屋に行ったって暖かいご飯にかけますね。

仲田　そうですね。確かにご飯が暖かい方がおいしいのはおいしいですけどね。口当たりがおいしい。

佐藤　なるほど。

仲田　冷めたご飯やと、冷たいとこと熱いとこが一緒に入りよるからね、うまいこと入れんと。いわゆる口中調味ですわ。口の中でごちょごちょっとバランス合わさないとだめ。

ごはんと漬物

佐藤　ごはんというたら、やっぱり漬物という人も多いですね。

仲田　さっきの白米の続きやけど、米搗いてできた糠もったいないですものね。今、糠漬けはしはらへんし。

佐藤　しないでしょうね。

仲田　うちは八百屋さんやってましたから糠漬けやってね、するとコバエ[9]が出てくる。むかしはあまり気にはならなかったけど、今の方はコバエ気にしはるからね。そやけどコバエが出てくるとおいしいんですわ、糠漬けは。

僕らのころは、親父が、お、コバエ来たな、これおいしいなってるなあって言ったもんやけど。それを今はみんな嫌がらはるからね、今の人はきれいにパックされたようなものばっかりですからね。昔の漬物は、たしかにおいしかったです。そんなにもからくなかったし、味がありました。

佐藤　そう、だから糠というのも、あれも米だけが持ってる非常に特殊な物質で、日本人はあれさえ無駄にしなかった。

仲田　糠漬けにすると、おいしく長いこと食べられましたからね。

佐藤　はい、もうそれだけで胡瓜も何もかももったわけですよね。

仲田　特に京都は、漬物業者さんも（上手に）儲けてはる

9　コバエ　多くはキイロショウジョウバエであろうと思われる。熟した果実などに飛来する。

とこが多いですよ。

佐藤　ああいうとこから寄附金もらおうかと思う（笑）。

仲田　胡瓜だったら五十円ぐらい、普通の山科茄子一個大体五十円か六十円ですね、生で。調味した液体に入れて味を付けて売ったら漬物で、高くなりますからね。

佐藤　薬九層倍と言うたけどね、漬物もどっこいどっこいだな。

仲田　あれは京都の特許（ブランド）のようでいいですよね、結構日持もしますしね。

佐藤　そうです。京都の発明品ですよね。

仲田　そうですね、あれはすばらしいですね。しば漬け、すぐき、千枚漬けいうのは京都の三大漬物ですからね。親父がもう毎日漬けてましたけども、もう私はようしませんわ。ねずみ大根ってこんな短い、葉っぱがね、大根なんか漬けてましたけどね。あんなおいしい漬物ってのは今食べたことないですね。

ごはんとおかずの相性

仲田　相性という言葉がありますね。京都やったら鯖寿司、ご飯と鯖の相性はあるという。関西というのは大体米を食べる寿司が多いですよ。箱寿司、巻き寿司、鯖寿司、鱧寿司、鰻寿司もみんなそうなんです。関東はネタを食べる方だと。

佐藤　そうですね。

仲田　お米を食べさすというので、お米の味つけもちょっと甘いめなんですよね。ご飯だけでもおいしい。ちらし寿司、ばら寿司もそうですよね。日本海やったらばら寿司で有名なのがありますけど、鯖を炊いて中へ混ぜたものとか。だから、魚とご飯の相性というのはあります。近江米の方が酢とか砂糖とかのバランスが合うたんやと僕は思うんですけどね。それが非常においしさを重ねてきたんじゃないかなと。

　特に食材の相性って、おばんざいの中にはそういう知恵や工夫が多く含まれていますね。

佐藤　なるほど。

仲田　昔からのことですが、たとえばワカメがとれる時期に筍といった相性のよい食材ができよるという、そういう相性はあるのですごくいいなと思うのと、それからそのときの相性とその季節の味というのが私らよくやるんですけど、特に春やったらえぐみがあるとか、夏やったら酸味があるとか、秋になったら滋味というて、そのものの持ち味の味を楽しむ、冬は甘みと言って、季節の野菜がそういう味を作り出すんですね。だから、冬は何で根菜類がおいしいか。霜が降りるとおいしいとよう言わはる、あれは、大根でも自分が凍らんようにして、糖度を高めるというようなことをよく言わはりますよね。だから、霜が降りてるときにとったらだめで、霜が降りたやつをお日さんが出てきて霜がなくなったときに抜けと、それを切って炊くとおいしくなるという。冬の根菜類はおいしいですよね。

佐藤　やっぱり何かそういう理屈があるんですね。

仲田　でしょうね。それと、その物と何を炊くかという相性と。米もやっぱり近くでとれた米も、おんなじ水を使って炊くのでおいしいんだろうなとは思いますね。それが私の場合は科学的な根拠は今のとこないですけど、僕の人生観で出てるという。

佐藤　本当はね、科学と言われる仕事の大きなところはそこだと思うんです。経験値としてはこうであると、それは何でかと、それに答えを出すというのが本来の科学の使命ですよね。今の科学はそう言わずに、それはあんたの感覚でしょうと言うておしまいにするんです。それはちゃうやろと。

仲田　それはええことですね。そうおっしゃってくれはると、熱がこもるね。

佐藤　思いますよ。誰か特別な人がそんなふうに思いつきでそう言うたっていうんじゃなくて、皆さん異口同音におんなじようなことおっしゃるわけですよね。やっぱりここでとれた米はここの水で炊けとかね、身土不二なんて言葉がある、それはあんたの気の持ちようやなんて言うてしまったら身も蓋もない。そもそも、「気」ってなんやと。それを問題にせないかん。やっぱり、そういうふうに言われるんやったら、それは何でやろうかと調べてみるというのが研究というものやと。おもしろいですよ。身土不二の研究というのを自然科学者やお医者さんも入れてやってみたいですね。

外食・中食と米

◇料理屋とごはん

佐藤　これまで家庭料理と米の話を伺いましたが、その一方で、お米のことで抜け落ちているのは、外食の問題で

10　ばらずし　広義には「ちらし寿司」を意味するが、ここでは京丹後地方で作られてきた、焼きサバのほぐし身である「おぼろ」を使った地域特産のちらし寿司をさしている。

す。我々は消費者として自分の家庭でお米を炊く、そのときに品種はどうかみたいなことは考えてきたんですけども、今日本人がどこでお米を食べているかというと、実はすでに外食のほうが多いんですね。家庭で食べるよりも外食で食べる量が多くなった。だけど、そこのところについては誰も語らなかった。

　お料理屋さんですとか、調理師、調理人の方からお米をごらんになるとどういうふうに見えているのだろうかということをちょっとお聞きしたいと思います。

仲田　お料理屋さんというのは、確かに飯屋とはいいますけども、ご飯を主には売ってないですよね。いわゆる料理が主になっていて、最後にご飯が出てくるというような考えです。

　お米も確かに選んではいるんですけども、あの料理屋はご飯がうまいしええなあ、米うまいしええなあという話はないんですわ。いわゆる主食ではあるけども主役ではないという、考え方を持ってるんで、それほどご飯にいわゆる価値観を持っておられない人の方が多いと僕は思います。

　それから、特に京都は仕出し屋[11]さんの街なんです。仕出し屋が多いというのはどういうことかというと、京都、特に私が生まれ育った西陣では、織物が盛んで昔からそこでは夫婦共稼ぎ。だから、今日お客さんがちょっと来るということになれば、簡単におつくりとおかずは仕出し屋さんに頼んで、ご飯は自分とこで炊いてとかいうような形のお家がたくさんありました。

　私の記憶では二町内か三町内に一つぐらい仕出し屋さんがありました。もう今はほとんどなくなりましたけどもね。そこからちょっとお料理を持ってきてもらって。今みたいにコースで並べることはほとんどないんですよね。昔は魚屋さんが仕出し屋さんをやってはる、魚屋さんの裏で仕出しをやっているところもありました。そういうことで、米というのは大体自宅で炊いてはるんですよね。

　それから家のおかず、よくおばんざいとか、私らおまわりとか言うたりいろんな言い方しますけども、そこでのご飯はおかずをおいしく食べるための添え物なんです。やっぱりおかずがあってご飯があると。ご飯を食べようって言ったらもう総称ですから、お米のことではないんですよね。

佐藤　そうですね、そういう意味もありますよね。ヨーロッパの人がご飯食べようかってことをパンを食おうかとは言いませんからね。彼らにとっては食事ですからね。そういう点で日本人の場合にはお米、飯というのは食事全体を代表しているんですよね。

仲田　当たり前にご飯はあります。次に必ずあったのは漬物で、おかずが何かによってご飯の量はちょっと変わりますね。料理屋さんでも昔と違って、特に高級店の場合は、お客さんの顔を見て米を炊くという感じなんですね。これは茶懐石[12]に由来しているんですけど、茶懐石の場合は、お鍋二つかけはるんです。ちょっとタイムラグをとるんです。で、いい方を出さはるような形。話が長なるようやったら、後から炊いたご飯を出すようなことをされています。

もっとも茶懐石の場合はご飯が先に出るんですよね。料理屋のご飯は後なんです。そこで茶懐石の場合と料理屋さんの場合はちょっと違うのですが、料理屋さんは全体の会席（懐石）のなかで、先付け、おつくり、煮物椀、焼物、煮物と進んで、お酒も飲んで、あとしまいにちょっとおなかをきちっとしようかというところにご飯が出るので、それに合わせて炊きたてが出るような形でやっておられます。それも土鍋で炊いたりとかね。そんなに味が変わるというわけじゃなくて、これで炊いてますよという、いわゆる演出です。人間っておもしろいもんですね。それで、あ、これおいしいやろなと思って食べたのと、これまずいやろなと思って食べたのは、もう同じ味でも格段に差が出てきますからね。だから、最初に出た話のコシヒカリの情報操作と同じようなものです。

佐藤　おいしさって何かっていうとき、すぐ今の人はアミノ酸がいくらとか糖度いくらとか言うけども、うまさっていうのはそんなに数字になるような、そんなもんでは必ずしもないですね。

仲田　それはそう、だからあるお店の人が言わはるのは、料理家はテーマパークなんやと。いろんな喜びを与えていて、最後に締めでご飯を出すというような。だから、サービスも含んで楽しんでもらうというんです。情報が人間の感情に接して、おいしさを変えるというところがあるようです。

米だけ単体で食べて生活している人はまあいないと思います。おっしゃるように、米ってそんなに品種とかそんな

11　仕出し屋　大辞林によれば、「料理や弁当などの仕出しをする家。または人」とある。仲田の発言にあるように京都市内にはたくさんの仕出し屋があり、それが京料理の基を築いていた。京都の料理屋の中には仕出し屋からスタートした店も多い。

12　茶懐石　懐石料理とは、正式の茶事の中で供される食事をいう。ほんらいはむしろ軽めの料理であったといわれる。武家発祥の儀礼食に端を発する「本膳料理」から派生した同じ発音の「会席」料理ともしばしば混同される。

んじゃなくて、炊きたてやったら何でもおいしいと思っていました。コシヒカリという銘柄一つをとってみても、完全にもう情報の賜物やと私は思います。これはうまいという情報に踊らされているんやと思います。

◇弁当

仲田　京都はもう一つ弁当の文化があるんです。お弁当にする場合は、時間が経っても固くならないように炊き方もちょっと柔らかめにする。それから、切り飯など、ご飯の入れ方も工夫があって、縁を高めていくんですわ。ご飯を真ん中に置いてしもうたらだめなんです。縁を上げないと入ったように見えないですよ。だから、必ず折弁当なんかは真ん中がへっこんでいます。その方がぎょうさん量が入ってるように見えるんです。

佐藤　あ、そんなもんですか。

仲田　これもおいしそうに見せるという一つのやり方なんですよ。

それから、昔は婚礼の引き出物は折詰めでした。お金をよう出してくれはるお客さんやったら、下のお重が寿司やったんです。その次は赤飯です。あんまり出さへんところが白ご飯。

寿司は私らで用意します。鯖寿司やって、ちょっと握りをやってとか、ちらしをって、大体僕ら三流れとか言うんですね。三つに流すんですよ。

佐藤　ああ、鯖寿司が入るんですね。

仲田　入ったりしますね、京都はね。

佐藤　なるほど、握りは魚は何ですか。

仲田　握りは僕がやったときは鮪とか、烏賊とかですね、紅白とりまぜて出てくるように。

佐藤　ああ、そういうもんですね。

仲田　それから、高級な婚礼では生の鯛を竹篭に入れて使いました。当然昔は養殖がなかったから天然です。鯛が一匹ずつ、家で料理しはるか、家の知り合いの仕出し屋さんに持っていってちょっと焼いてとか、炊いてとかですね。

佐藤　仕出し屋さんには、そういう役割もあったんですね。

仲田　そうです。で、持ってきはったものを料理して幾許かのお金をもらうという。

佐藤　なるほど。それはおもしろい。西洋のパン屋はそうですよね、粉を持っていくんですよ。村には必ず水車小屋があって、そこには番人というか職人がおる。そこへ麦の種子を持っていって、そうすると一キロ持っていったら何百グラムかの粉になって返ってくると。

仲田　分業なんやね。

佐藤　そう。で、減った分はその彼の手間賃。今度はその粉を村のパン焼き職人のところに持っていくと焼いてくれるわけですね。そのときにそのパンは恐らく何百グラムの粉を使って焼いて返してくると。こういうスタイルです。

仲田　昔はそういうお仕事がいっぱいあった。

特に西陣は分業の世界ですからね。糸ほつれたら、ほつれたのを解くだけの人もいはったんですからね。うちの隣のおばちゃんなんかもう歳いったのが、金の糸なんかそうやって解くだけの仕事。染めは染めだけとか、洗いとかね、いろんな分業がありましたよね。

佐藤　西陣はもう早くから社会化したというか、分業化したということですね。そやから、食うこともその中に組み込まれておって。

仲田　まあそうですよね。

佐藤　今まで僕ら学校でどんなふうに習ったからというと、米というのはもう本当に家庭内の仕事やと。つまり、炊いて出すところまでのその家庭の主婦の仕事だと言われてきたけど、今の話を聞いてると、西陣なんか随分前の時代から違ってたんですね。

図2　おくどはん（株式会社半兵衛麸 写真提供）

仲田　そう思いますね。おかずは作れへんけど、ご飯は炊いてたと。おくどはん[13]（図2）がありましたからね。

◇料理屋のご飯料理は炊き込みご飯

佐藤　お料理屋さんがお米を料理するというたときには料理人の腕みたいなところがあって、単純に炊くだけではなくて、いろんなことしはると思うんですよね。炊くんだっ

13　おくどはん　あるいは「おくどさん」とも。竈（かまど）のこと。大阪などでは「へっつい」ともいう。歴史的にみればおもには西日本に発達した台所の設備で、東日本を中心に発達した囲炉裏と対比をなす。

たら、だけど炊くのも昔から初めちょろちょろとか言いましたよね。

仲田　はい、炊き方ですね。

佐藤　料理屋さんとしては、米料理というとどういうものになるんでしょうね。

仲田　基本的には、炊き込みご飯のことを言いますね。茶懐石の場合には白ご飯しかないんですよね。ただ料理屋ですと、やっぱり白ご飯ではお金取れへんわけです。料理屋さんって、変な言い方ですが、ある程度客単価を上げないといけない。そのために何するかいうたらできるだけ高価な食材を効果的に使うと。

佐藤　なるほど。

仲田　だから、料理屋さんで一番高いものは一番目の前に来るようになってます。簡単に言うたら、イクラご飯というのも、ご飯を炊き上げてイクラをいっぱい載せてお客さんに見せてからイクラご飯ですと言って引いてご飯をよそって出すんです。そうするとイクラの味わいがお客さんの頭の中で濃縮されるということがありますね。

夏やったら、これから鮎を焼くという前に動いている鮎を持ってきて、「どこそこでとってきた鮎でございますので今からこれ焼かしてもらいます」などと説明しますと、わあ、新鮮な魚焼くんやなという、これはおいしいなあというイメージをもってもらって、その焼き上がりをぱっと持ってくる。演出して見せるというのを今の料理屋さんはやったはります。これで、そんな高ない鮎でも高なって売れるという感じです。

佐藤　昔からそういうことやってはったんですか。

仲田　やってなかったですよ。あれは割烹店がやってたんじゃないですか。料亭はなかなかできないですよ。

佐藤　そうでしょうね。厨房からお客さんのところまで距離がありますわな。

仲田　そうです。これもあんまり言うたらあかんかもしれませんが、昔の食の世界というのは、いわゆる接待事業に使われるのが京都は多かったようです。それがなくなってから料理屋さんがぐーっと落ち込んできたのもあるんです。それを今観光という産業の中で少しずつ盛り返してきてますが、接待の消滅で京都でも大分疲弊したんです、特に京都は糸産業がだめになりましたでしょ。昔のお茶屋さんは、西陣に近い北野の上七軒[14]の方が祇園よりよかったといわはった。北野をどりの方が祇園・先斗町よりも踊りが厳しいとか、北野をどりはええでっていう方がおられたので、見に行ったりとかもありました。織物屋さんの旦那衆は金持ちが多かったですから。ところが、そういう層がずーっと落ち込んでしまった。今は観光で来られる方もあって、徐々に盛り返してはいるんですけど、そういうような世の中になって厳しいのは厳しいです。

佐藤　なるほど。

仲田　当時私も大阪のお店の方に聞いてびっくりしたんですが、昔の日本料理のええ店は値札がなかったんです。そういう店では、値段を聞かはるような野暮な人は来られませんと言わはる。それからちょっと時間が経って、わざとお金がわかるように、最上級の接待をしてくれてるなあというのをわからすお店というのも出てきました。一人十万近う取らはるとか、それで商談が成立する可能性があればそれはオッケーだったんですよね。そういうお商売の考え方が一時接待をされる会社にあったみたいです。

佐藤　炊き込みご飯ってある意味では一番家庭の味が出やすい、簡単にできる料理じゃないですか。それやのに最近はやらなくなったんですね。やるとしたら炊き込みご飯のもとみたいなんでやるか。

仲田　もとじゃなくて、袋あけてほうりこむというやつで（笑）。

佐藤　それにしても、炊き込みご飯って、季節によっていろいろありそうです。

仲田　そうです。三月になったら筍ですよね。筍の炊き込みご飯やったり、うすいえんどうの豆ご飯とか。

佐藤　ああ、豆ご飯ね。

仲田　ところで、料理屋さんの炊き方と家庭の炊き方は違うんです。

佐藤　あ、そうなんですか。

仲田　豆ご飯の豆剥きますわね、料理屋さんは、豆剥いて水の中へ落としておいて、豆の皮ありますやん。あれ湯がくんですわ。香りが出てきますね、豆の香りが。それとお昆布を入れご飯は豆の茹で汁で、ちょっと塩を落として炊きます。

　豆は豆だけで湯がいて、皺が入らないようにきれいに湯がき上げたやつを後で混ぜて一緒に合わす。そうすると皺が寄らへんです。色もきれいです。

佐藤　なるほど。普通はもう最初から釜の中に放り込みますからね。

仲田　僕らも、家では釜の中に放ります。それでも十分お

14　上七軒　京都市北区にある元の花街を中心に栄えたまち。北野天満宮の東側にあたる。近くにある西陣の西陣織など商家の旦那衆に支えられて繁盛を極めたが、いまでは当時の見る影はない。

いしいんやけど、そこにやっぱり技術を足していくんです。ご飯はご飯でおいしく炊けて豆を後から混ぜる。鯛飯やらもこれと一緒のやり方で焚く所もあります。

佐藤　ああ、やっぱり春ですね。

仲田　春です。春ともう一つは秋でも鯛飯はおいしいんです。でもやっぱりいわゆる桜鯛という、桜色になる春の季節とも合いますね。

佐藤　鯛は骨がかなわんので、家ではようやらへんですけどね。お店で鯛飯にするとき、骨を取るのはどないしてはんのかなと。

仲田　まず鯛のアラだけでおだしを取って、それでご飯炊くわけです。それで鯛飯の具の鯛は、別で塩焼きにして薄い味に仕上げる。それをご飯に混ぜてやる。そしたらもう鯛の香りが全部生きてますし、焼いてるから生臭みがないんです。おいしいですよ。手間ですけど、具とは別に、ご飯においしい味をつけてやるというようなやり方ですね。

佐藤　それはうまかろうな。

仲田　おんなじようにアワビご飯もしたりとか、ほかに、ウニとか、そういうのをうまくこう、ご飯に少し味をつけておいしくしてやる。それでいていっぱい中身を入れてるように見せるという。

佐藤　それはわかります。

仲田　はい。そうすると、こんな高いもんぎょうさん使うてくれてはるというイメージをお客さんに与えることになります。

佐藤　夏はどうでしょうか？　夏の炊き込みというのはあるんですか。

仲田　夏は生姜ご飯です。新生姜も出ますし、生姜というのは体を活性させてくれる。おいしいですよね。

佐藤　なるほど、そうか。あまりからくないですね、生姜ご飯てね。

仲田　からくないです。

佐藤　あれは熱加えるからですか。

仲田　あれ千切りにして水に晒しますねん。あく抜きしますねん。

佐藤　なるほど、ああ、そういうことですか。そうすると食欲増進にはなるかもしれませんね。

仲田　醤油ちょっと落としてやるとまた香りが出てきておいしくなる。色飯と言うたりもしますが、あとはいろんな形にしておいしくいただくという感じですね。

佐藤　秋になると松茸が出てきたり。

仲田　松茸ご飯が一番ですね。それから松茸でなくても、茸ご飯とかね。これは普通の炊き込みご飯ですが、必ずお揚げさんを入れます。その時には、お揚げがわからないように入れます。あれはがしゃがしゃ切ったらあかん。お揚げを半分に割いて、あの白いとこ、豆腐のとこをみんな削って、それを千切りにして、ふわーっと入れておく。そうすると油揚げが入っているとはわかりにくくなる。

佐藤　そういうことですか。そしたら、中の豆腐は要らんわけですよね。

仲田　そうなんです。手間な仕事なんですけどね。でも、白いとこも、すてないですよ。あれを和え物、白和えの中に放り込んだりとか、うまく使うんですよね。だから、京都ってわりともったいない精神が激しいと思いますね。

佐藤　ああ、確かに細かくなってますね、言われてみたらしっかりお金にするような形です。

仲田　そうです。それをあんまりぶつ切りで入れたりすると、「やすけない」と京都ではいったりします。何やこれやすけない炊き込みご飯やなと、言ったら品がないんですけどね。

佐藤　さりげなくということですか。

仲田　うん。でも、あ、入ってるなというのがそれとなく分かる程度ですね。おいしさが全然違いますわ。油揚げが、あのおいしさを作り出します。油分を入れるとうまいですね。

佐藤　油ですか。それから、炊き込みご飯の話聞いてみると、やっぱり季節のものをうまいこと使っておられますね。

仲田　だから、おもしろいんですが、昔は仕出し屋さんて炊き込みご飯しはらへんです。

佐藤　それはなぜですか?

仲田　季節物は、傷むのも早いですよね。足が早いいうやつです。

佐藤　ああ、なるほど。

仲田　お客さんもそんなに喜ばへん。だから、何するかといったら、ちらし寿司か白ご飯ぐらいですわ。ちらし寿司は喜ばはりましたね、家でなかなかできへんから。だし巻きも喜ばはったです、すごくおいしいですよね。ちらし寿司によく合いますし。

ちらし寿司って、わざわざコシヒカリなんか使ったらだめですね、粘つくんで。さらっとした米の方がいいんです。だから、この料理にはこういうお米というのもやっぱり絶対出てくる。

佐藤　そうですよね。最近それがないような気がしてね。
仲田　そうです。もうほんまに、今そんなこと考えておられない。ネットを見て買うてきて、料理をやらはるでしょ。だから、工夫が効かないです。なかったらなかったでええやんというのは僕らの世界やけども、あるもんで料理ができないですよね。

酒

仲田　お酒についても聞きたかったのですが、僕のほうから質問してもよろしいかな。京都は酒蔵が多いですよね。すごくいい酒蔵が、街の中にもあります。
　料理屋さんでもそうですけども、必ず料理とお米というのはセットで、そうでない場合はお米がもとになっている酒を飲んで、お料理を食べる。昔の京都は米どころということだったんでしょうか。
佐藤　酒って、米の産物ですから、米があるところで酒作りが発達したと思いますよ。
仲田　じゃ、さっきの話で、都会に集まった米がやっぱりお酒にも動いていると。
佐藤　そうです。その米が、結局米だけでは消費し切れないし、仲田先生がおっしゃったけど、米ってのは食卓で別に主役を張ってるわけでもない。しかし、酒ということになると、これはハレの日にも出てくる、それから人が寄ると必ず酒がついてくる。お料理にも酒がつくということで、それは酒にした方が、付加価値になったんでしょうね。京都は水もよかったですからね。
仲田　そう、水の違いで、灘の男酒に対して、伏見は女酒とよく言われますね。
佐藤　米がふんだんにあった、水がふんだんにあったというのが京都が日本で有数の酒どころになった一つの理由だと思いますね。
　それから、お料理にもお酒を使われますけれども、別に京都だけということはないですよね。日本中で料理酒は使いますよね。
仲田　僕らの場合はいわゆる昔は「料理酒」というものはなかったんです。現在は料理酒というのもいろんな料理酒がありまして、酒税法にひっかからへん、塩分が入ってる料理酒があるんです。それからいろんなものの付加価値をつけて、料理酒と言われてる各メーカーさんの料理酒がある。
　僕らが使うのはそれじゃなくて清酒ですわ。昔で言うたら二級というやつです。それと、料理屋さんには、燗冷めという言葉がある。お客さんが上がって、帰られた後残ったやつを集めておくんです。それを使うとかね。で、お酒を使うのは必ず魚料理です。で、野菜をやるのはみりんなんです。両方アルコールが入ったものですが。

佐藤　魚にはみりんは使いませんか。

仲田　みりんを使うと固くなる。締まってしまうからだめと言われていました（現在は艶出しやコクを付ける為に使用します）。また、酒八方やみりん八方と分けて使用している。

　みりん八方は野菜に使って、酒八方は魚に使うというのはよく言われますね。生臭い魚をそのまま料理するんやったら、生酒を放り込んだらアルコールが飛ぶときに臭みがなくなっていくんです。アラ炊きなんかそうで、お客さんがアラ炊き言わはってから炊くんですが、三十分ぐらいは最低でもかかるんです。割烹店や注文が入ってのアラ炊きというのは中まで味や色が入らないです。表面がいわゆる鼈甲のように飴色みたいになって、中が白いんです。それをぼそっと取って煮汁に浸けて食べるとおいしいですよ。で、白いとこと味のあるとこでくっくっと、先ほどお話しした口内調理でおいしさのバランスを合わせて、「ああおいしいなあ、この鯛は」ってなるんですわ。みんな味がおんなじになってもうたら佃煮食べてるのと同じかもしれないです。

佐藤　それで、その日本酒、清酒ですけどね、調理の本なんか見ると、清酒も入れる、砂糖も入れる、つまりお酒と醤油だけだったらからくなると、甘くならないというのがもっぱらの説明ですよね。

　しかし、例えば江戸時代の清酒がほんとに今の清酒みたいなものだったのかどうなのか僕らわからんと思っておるんですけど。

仲田　どぶろく[15]みたいなもんやと思いますけどね。そんなに精製までされてなかったと私は思いますけど。

佐藤　しかも甘いですよね、もっと。だから、お酒と醤油だけで十分甘かったような気がするんですね。

仲田　そうやと思いますわ。砂糖ってそんなになかったと思います。

佐藤　そうですね、砂糖はちょっと特別ですね。

15　どぶろく　清酒は、蒸した米に麹菌をつけたもろみを作り、それをアルコール発酵させたのちに絞り、さらに調整するなどの過程を経て作られるが、醸した後、これを絞ることなく飲用に供されるものを「どぶろく」という。おそらくはもっとも原始的な日本酒はこのどぶろくであった可能性が高い。外見的には一種の濁り酒であるが、現在市販の濁り酒とは違って無調整である。

でも、その分、昔の人はそんな甘くないものばっかり食ってたわけじゃないと思うんですよ。だって、甘みっていうのはエネルギーですから、甘くないということはエネルギー、糖分が少ないということやから、それではそんなに動き回れません、いくら米から糖分を取るといったって、食べてすぐに血糖値が上がるもんやない。そう考えると、やっぱりそこそこ甘いものはあったような気がするんです。

仲田　そうですね。今の甘さとはちょっと違うとは思うんですけど、あったと思いますよね。ただ、京都の公家さんやなんかは歯槽膿漏の人が多かったん違うかと、柔らかいもの食べてたとかいいますね。だから、甘いもんは結構食べてはった人もいはるんでしょうという話は聞いたことあります。

佐藤　大阪の伊丹の小西酒造さんが江戸のお酒、三百年ぐらい前のお酒を復元したんです。それを一本もらいまして、飲んでみてびっくりしたんですが、甘いんです。何で、って聞いたら、今とおんなじような方法でお酒を醸すんですが、それではアルコール濃度が上がらない。それでしょうがないので、そのある程度醸したやつのところにもう一遍お米をつっ込んで、それでアルコール濃度を高くしたと。

仲田　なるほど。今先生言うてはるの二段仕込み[16]ですか。

佐藤　そう、二段仕込みです。

仲田　僕らも五段仕込みというのを飲ませてもらったことがありますが、確かに甘いですわ。酒で酒を作る感じですね。

佐藤　そう、それ足してやるから、アルコール濃度が上がるけど、甘くなるような気もしますね。

仲田　それはあったと思いますよね。

醤油と米

佐藤　江戸時代の食べ物というのは酒と醤油だけで結構甘かったような気がするんです。

　だから昔の料理がどんなんやったかというのを考えるときに一つ注意しないかんなと思うのは、酒いくら、醤油いくらと書いてあったからそのとおりやりました、昔の料理はこんなんでしたとやってしまうと、いや、ほんとにそうかなと。

仲田　それは絶対違いますよ。先生言うてはる醤油も全然違うと思いますよ。

佐藤　ああ、醤油も違うでしょうね。

仲田　全然違いますよ。昔の樽で作っておられる醤油って、頂いて味わうと、今のいわゆる丸大豆醤油[17]の方がずっとスッキリ美味しく感じます。お醤油は、木桶でやってはるやつは物すごい味があります。そやけど、僕らやっぱり食べるおいしさでいうたら、慣れている丸大豆醤油の方がおいしいなと思う。

佐藤　なるほど。

仲田　ただ、料理に使うと確かに味が出てきますね。いろんな味が出てきます。高いもんやからあんまり使わないんですけど、やっぱり木桶でやってはるやつはちょっと違いますね。

佐藤　そうか、今は全部ステンレスですね。

仲田　ああ、それはお酒もそうです。

佐藤　そうですよね。小豆島のある醤油屋さんがまだ吉野杉でやってますけどね。何回か小豆島のお醤油をみに行ったことがあるんですけど、杉樽でしたね。樽職人がいなくなって困ってるとか言うてはりましたけども。

仲田　そうですね。あそこら辺は大体発祥ですものね。

佐藤　そうです。

仲田　で、関東は野田の方の発祥なんですね。

佐藤　醤油もそうだし、お酒もそうだし、昔の食べ物はどんなんやったかというのは正確にたどろうとすると難しいですね。

仲田　復元はちょっと難しいと思います。もろみでもそうでしょ、先生、和歌山での湯浅もろみね。あそこなんかでも、この間ちょっと、それは道の駅で買ったんで、もっと黒いかな思うて、えらい白っぽかったですけどね。

佐藤　ああ、そうですか。何やろ、浅いんかな。

仲田　昔のは今より味が辛かったんかなと思うんですね。いわゆるもろきゅうという、僕ら好きやったもろきゅう、胡瓜につけて食べる。胡瓜って水分多いもんで、すごくあいうから味とか合うわけですよね。

佐藤　なるほど。いや、和歌山の醤油はね、僕子供の頃の印象では甘かったです。私は和歌山出身ですけど。刺身醤

16　段仕込み　日本酒を作る過程で、蒸した米に麹菌をまぶして作る麹、水、蒸した米でできた酒母にアルコール発酵のもとである酵母を加えて発酵を促す。この過程で、麹と蒸した米を何段階かに分けて加える作業を段仕込みという。この作業を三回に分けておこなえば三段仕込みになる。このようにすることで酵母の働きを促してアルコール濃度を高めることができると考えられた。

17　丸大豆醤油　醤油を作る際にダイズが使われるが、ダイズ種子をそのまま使った醤油が「丸大豆醤油」である。ダイズ油を搾ったあとの（つまり脱脂した）いわゆる「大豆粕」を使って作るのが普通の醤油になる。

油も甘かったと思います。

仲田　刺身醤油は甘いですわ。だから、あれのこと僕ら紫とは言わないです。濃口醤油のことを紫と言う。

だから、特に関西は、料理屋さんは刺身にはたまり醤油は使わないです。たまり醤油使ってしまうとね、みんな味一緒になってしまうんです、お刺身が。あまりにもまったりしおるから。アラ炊きとか飴炊きとか、万年煮とか濃く仕上げるものはたまり醤油を使いましたよね。たまりの有名なのはやっぱり愛知県ですものね。

佐藤　そうですね。あそこは一大産地ですね。お酒も米の産物として非常に重要で。

うまいということ

佐藤　近ごろは料理するということがまるで時間の無駄みたいな風潮になって、時間かけて料理するとか、時間かけて食べるなどというと、すぐに、「そんな時間はない」という反応が返ってきます。料理する人でも、どうしたら手が抜けるか、時短になるかが大事。この間、クックパッドの人に来てもらってちょっと勉強会をしたんですけどね、やっぱりそんなこと言うておられました。とにかく今の人は料理本さえ買わない、みんなタブレットの中で、それでぱっとやって、どうしたら手が濡れないでうまいこといくかとか、そんなことしか考えてませんみたいなこと言うておられました。

仲田　だから、どうしたらおいしくなるかということ考えられへんね。工夫がなくなってくると寂しいなと思います。お米にしても、コシヒカリという情報があればもうそれがええと。料理屋さんにしても、ここはおいしいよって言うたら、その情報だけでもうおいしいとなってしまうと。

佐藤　工夫がないもんやから、おいしさってのは全部数字になっちゃうんですよね。

仲田　それから、食べる人間の体調のこともありますよね。ちょっとしんどいときだと、普段とおんなじもの食べても味が違って感じられますね。同じことで、たとえば僕が子供の頃に食べた、おふくろがやってた豚肉のこてこてのソースで煮込んだやつ、それで五杯ぐらいご飯食べられた、あのおいしさをまだ覚えてるんですね。それが、口では食べたいなって自分で同じように作るけど、実際いま食べてみると味が濃すぎるんですわ。もう、体がその時と全然違うんで、あの味はもう出えへんな、でも記憶はあるなあということがあります。そういうのは残っておいてほしいなと思うんですね。

佐藤　それどうしたら残るんでしょうね。

仲田　やっぱり自分で作った方がいいでしょうね。作らなだめやと思いますよ。米でも、いろんなお米を食べてみて、それからいろんな土地に行って、お料理でもその地に行って、その地の食材をその地の水で、そこで一緒に料理をして食べるという、これが一番いい方法、いわゆる地産地消はそういう言葉なんですけどね。今も地産地消と言うてはおられるけど、お金がぎょうさんもらえるとこにはどんどん行きますわね。今、日本の農業もね、世界に出していかなあかんので。

佐藤　いや、僕あれはね、いずれこけるやろうと思ってね。すぐに外国に売ることばっかり考えはるんやけども、こんなに自給率が低い国でそんな余裕があるのかと思います。

仲田　私もそれに一役買って仕事をやってるんで言いにくいけど。確かに日本の食材はおいしいですわ。もう世界出たらようわかりますわ。で、きれいですわ、手がかかってますよね。お米にしたかてほんまにきれいですし、揃うておりますし。向こう行ったらもう積んであるだけですもんね。

佐藤　東南アジアなんか行くと、バンコクだって、ハノイだって、ホーチミンだって、米は合成樹脂製の大袋かたらいの中に入れて山のように積んで売っているわけですよね（図３）。

図３　合成樹脂製の袋で売られる米（ベトナム・ハノイのマーケットにて）

それで、一キロというと例のビニールの袋に一キロ入れて、手で提げて帰ってくるだけで、虫の死骸も入ってるし、いろんなものが入ってるんですが、その分安いわけですよね。日本のはもう本当にきれいにするので、あの手間賃がばかにならんですね。

仲田　どんな仕事でも手間を入れてはるんでね、日本人はものすごいわがままや思いますわ。それと、ブランド志向ですわ。

佐藤　そう。自分の舌でわからんもんやから、結局数字になって、それで何でも手に入るので、結局一番いいものと言われているものを買うと。

仲田　うん、おっしゃるとおりやと思う。私とこの調理師専門学校の子供たちもそうです。必ず若い子でもブランド品持ってますよ。向こう行ったらそんなもん絶対、ブランドというもんは本当に一部のハイソサエティーだけですもんね。

佐藤　うん、そうだと思います。

仲田　昔若い頃の私らがヨーロッパ行くと、やっぱり免税店にわーっですよ、バスごと。日本とかアジア人は特にそうみたいですね

佐藤　だから、今どこかの国の人が日本へ来ると爆買いになるんやと思います。宣伝につられてる。おんなじだと思いますね。

仲田　やっぱり本当のおいしさわかってないんやと思いますわ。おいしいというものが本当にわかってない。あまりにも味がつけられたもの、いわゆる菓子パンであってもそうですし、それからおやつでもそうですよね。チョコレートでも物すごく味の濃いものがありますよね。どちらかというと子供たちは口が欧米化しとるんでしょうね。もう濃い味のおいしさのところに寄ってしもうとるんで、薄い味のおいしいところはわかってくれないというか。おいしさの幅の中で、ストライクゾーンは物すごく小さくなっておるんですね。

佐藤　なるほど。そうですね、エスニックがはやった頃からそうなんかもしれませんね。ああいう唐辛子の強烈なパンチというのね。

仲田　山椒もおんなじ。山椒炊きなどをやるときは、味決めてからしか山椒放り込んだらあかんのです。山椒入れたら、もうぴりぴりしてほんま味がわからんなってしまいますさかい。ちりめんじゃこなんて味をちゃんと決めてから山椒放り込んで仕上げてしまうと。

佐藤　あ、そうですか。あれあんまり煮たらいかんのんで

すかね。

仲田　いえ、煮た山椒放り込みますからね、僕ら。山椒は山椒で煮ておくんです、先に。

佐藤　ああ、先に煮ておくんですか。

仲田　うん、煮ておきます。で、それを放り込むと。で、味が大体もう決まったところで放り込んでかーっとばらめるという感じ。おっしゃるように生で放り込まはると、ちょっと煮なあかんので、味が確認しにくいんですよね。山椒が入るともうぴりぴり、ぴりぴりしてきて味がわかりづらくなるんで、僕はそうしてますね。

佐藤　今晩山椒炊きやろうと思ってた。

仲田　何の山椒煮しはるんですか。

佐藤　牛肉。

仲田　あ、牛肉の山椒煮、えらい豪華やな。

佐藤　バラ肉でやりますけど。

仲田　いやいや。それも味を決めてから、生山椒放り込まはるんですか。

佐藤　生山椒のまま。今までずうっと生山椒放り込んでたんです。

仲田　あれぐらい濃いとそんな変わらへんかもしれんね。

佐藤　そうか、ちりめん山椒の場合は。

仲田　ちょっと薄いですからね。イワシ炊いたりとかね、いろいろすると大体後から放り込んだ方がいいですね。

　生山椒は、先生は冷凍で残しておかはるんですか。

佐藤　そうです。で、ちょうど季節によってはスーパーにも生山椒が出てくるんですよね。で、ちょっと多めに買っておいて、それで冷凍庫の中へ入れておくと、冬ぐらいまでは大丈夫ですね。

仲田　関西ですと山椒がパックでいっぱい売っている、だいたい八百円ぐらいですわ。うちの姉が今東京に住んでいるんですが、関東は売ってないんですよ。だから、これを送ってくれとよう言われます。

佐藤　私東京で三年住んでましたけども、東京って何でもあるとこやと思ってたけども、時々ないものがあります。

仲田　あります。筍のええのもないし。

佐藤　ありません。

仲田　だから、送ってくれ言われるとね、山椒は安いけどね、送り賃が高いんです。三千何ぼいうて、何でこんなになるんやろな思うて。送り賃が高いなあと思うて。

食と健康

仲田　昨日もあるお客さんで、「牛乳もあかん、あれもあかん、これもあかんと医者に言われましたんですけど、仲田先生はどう思わはりますか」と聞かれました。「いや、私は自分を信じますので、おいしいと思ったものは僕はいただきます」と答えたんですけど、この頃こういう人が多い。

佐藤　うまいと感じることが何よりも重要な要素ですよ。

仲田　そうなんです。健康というのは毎日同じ物食べてるわけじゃないんやからね、一食食べて健康になったりはしない。

佐藤　そう、この頃テレビでもこれはビタミン、これは何とか、これは何、アミノ酸[18]の何とか、そんなんばっかりや。

仲田　でも、そういうものが出てくるまでは、普通のもの食べてはったと思うのやけど。

佐藤　ああいうテレビコマーシャルで出てくるサイエンスというやつは実にくせ者でね、糖質はいかん、糖質制限ダイエットというようなこと言うわけですよ。それはそのある特定の条件のもとで実験をした、その範囲の中ではそれはそういうことは言えるかもしれない。でも、だからというて生身の人間掴まえて、糖分取るなと言うたら何が起きるんだ。そのあたりのことが今の若い人ってのはわからなくなってるんでしょう。

仲田　だから、それも先ほどの情報なんですよね。怖いですね、情報は。

佐藤　そう、情報なんです。もう一つはね、教養のなさ。大学が九〇年代に教養課程を廃止したけど、あれは決定的にまずかった。学校で習う教養がきっちりと身についておれば、そういうのはすぐにおかしいとわかるはずなんですよ。それが、何とかいうアミノ酸をどれだけとったら具合がどうなる、みたいな話が出てくる。だけど、アミノ酸というのはたんぱく質の構成成分で、全部で二十個しかないんやから、そんなにアミノ酸が欲しかったら肉食うたらよろしいんやと。

仲田　ほんまやね、それはほんまですわ。

佐藤　何でその特別のアミノ酸だけわざわざ取り出してそんなもん摂らないかんなんて、もうおかしい。そういうようなことは最低限の化学の教養があれば、怪しいぞと思えるはずなんですね。それが今なくなってる。

仲田　僕ら、子供の頃に親父に「寝られへんわ」といったら「こういうの飲むけ」って、ただの水に何か混ぜたものをちょっと飲ましてくれた、ああ、寝られたわって言うたら、それと一緒ですわ。もう親父を信じた方が大事や。

佐藤　そうです。昔、世界最強の便秘薬というのがあった。医者に通ってあれこれして、いろんな薬処方してもらったけども、どうしても便秘が治らんなんていう女性がおった。お医者が一計を案じて、「あんた、もうこれが最後の薬、これ飲んで治らへんかったらもうあんた死ぬまで便秘です、これは間違いなしに効くから飲んでみなさい」っていうて飲ませたら治った。先生、治りました、そうですかってお医者さんが後ろでぺろっと舌出して、「あれ、実は小麦粉やった」（笑）。以前はそんな話、結構聞きました。

仲田　そんなもんなんやね。ほんまに気は心ですわ。気の問題ですわね。

佐藤　そう。あんまりやいやいと、健康とかね、カロリーとかね、そういうことを言いすぎたと思いますね。とくにお米は、こういう風潮の中で悪者にされた。

仲田　私らの子供の頃は、びっくりするほど食べました。うちのところは五人家族で、毎日一升は食べてました。子供の時は、一人三合から食べてました。

佐藤　昔はどこでも、それだけ食べはったわけですよね。そやから、江戸では一日一人五合というのは決して大げさではないわけですよね。それが今の人は五合いうたら何日分の量になりますから。何でそうなっちゃったんでしょうね。

仲田　僕が思ってるのは、動き方が全然変わりましたね、子供の動き方も。僕らのときは大体食べるまで動いてましたよね。本当にもうご飯まで遊んでました。だから、何ぼ食べても肥えなかったです。先ほどの話じゃないですけど、もう今は身につく、よくつくですわ。ちょっと食べたらだめなんで、今日ももうできるだけ朝ご飯抜こうかなと思ったりとかね。

料理は頭を使う

佐藤　私もよく言うのは、昔の人はね、自分が食べること

18　アミノ酸　タンパク質を構成する要素。ヒトの身体を作るタンパク質は全部で二〇種類のアミノ酸が結合してできているが、このうちの九種類は、ヒトの体内では合成できないアミノ酸で、必須アミノ酸と呼ばれている。必須アミノ酸は、したがって、食事によって体外から取り込まなければならない。

について時間も使いました。それから、頭も使った。今日は何作ろうかなと。メニューを考えて、これ昨日肉を食べたから今日は魚みたいなことも考えながらメニューを考える。そして筋肉を使った。庖丁を使って、いろんな道具を使って料理した。今の人はね、時間も頭も筋肉も何も使わへんのです。だから、食べるということがめちゃくちゃ軽んじられているというかね、これもやっぱり何とかしたい。

仲田　早う死ぬん違うかなと、皆さん。

佐藤　そう、僕もそう思う。

仲田　だから、僕は今、ひとり暮らしの人って結構長生きしてはりますよ。いつもそれを考えてはるからやと、ぼけへんし。

佐藤　うん、ぼけないと思います。

仲田　だから、これはね、もう本当にあった話なんですけども、大学の偉いさんやったんですけど奥さんが早く死にはったんです。で、もうそのとき言わはったのが、「こんなに食事のことを朝から晩まで考える日々はないよ、起きたら今日朝何食べる、昼何食べる、夜何食べよう、そればっかり考える、これは本当に食べ物って大事やね」って。そこから、「ちょっと料理教えて」って来はりましたもの。

佐藤　それは生きるっていう、そういうことだと思うんですよね。

仲田　そういうことなんですね。食べる、作るのも大事やしね。

佐藤　そうそう。

仲田　そうなると、そこはやっぱり僕ら料理好きやから楽しく作れるんでね、作っておいて言うてもね、何でやーって言わへんです。はいはい、はいはいって。別に自分はそれで楽しんでると思うてますから。

佐藤　私も料理が趣味で。

仲田　ああ、そうですか。私はそれで、切るとかそういうことは練習や思うてるんです、だから、学校でも桂剥きとかね、もう今やったことないけどできますものね。それはもう私は教える指導の年齢やないので、若い先生がいっぱいいはるんでね、そういう人の方がやっぱりスピード的には速いかもわからんけど、今の私もきちっとはできるのはできるんですよね。やっぱりやってるからですよ。

佐藤　大事なことだと思うんですよね、ちゃんと全身の筋肉使って。

僕らも自然科学者ですから、実験をするときにね、実験って何かというと、手動かしてるときに頭は何を考えてるかというと、次の段取りを考えてるんです。だって、そうでなかったらこれが終わってから次何するんやったかなんていうたらきっと失敗する。これやってるときには次はなっていってこう頭の中一歩先に行ってるんですよね。

仲田　料理と一緒ですよ、料理というのは、でき上がりをイメージして、これとこれとこれやって、次ここをやって、あっち洗うてこうやってという段取りが一番大事なんです。

佐藤　研究室でアルバイトの実験助手をね、新聞広告出して来てもらったんです。いっぱい応募して来られる。で、面接するじゃないですか。「私は何とか大学で何とかの実験をしてきました」と言う方は、おおかただめなんです。最後にどういう人が残るかというとね、「わたしなにもできません、だけど、お菓子を作るのは好きです」、と言った人は実験が上手になる。動線がいいんです。

仲田　そうですか、わかります。その動線いう言葉も料理で使うんですよ。動線が短くて少ないほど疲れへんのです。調理場も動線を考えて作らなあかんです。私らはそうなんです。経営者の方も、料理人さんというのも、同じ発想のポイントがあるなと思う。先生らも一緒やと思いますわ。先を考えてどういう形になってるかという。

佐藤　そうそう、そうです。

仲田　だから、物切るとき、僕ら物切るでしょ、器にどう盛るかいうこと考えて切らなくてはいけないのです。だから、大分先の方まで考えておかないと、器に合わないですからね。ということですよね。だから、料理というのはそういう考えを持ってやるということですよね。

料理屋の経営学

仲田　先ほども話をしてるんですけども、料理屋さんはご飯が出るときはもうしまいですよね、基本的に。

佐藤　そうですね。

仲田　もう最後になってその炊き上がりが出て、ご飯を食べて、お漬物で、で自分のおなかの調子を見て合わせていかはるというのは一応最後です。でも、家庭の場合はもう必ずおかずとご飯を一緒に食べるんで、そこでやっぱり味つけも炊き方も変わってくる。だから、料理屋さんのご飯を器に盛らはるのは、物すごい少ないですわ、最後は。

佐藤　うん、少ないですね。

仲田　で、おかわり一回までは全然気を使わずに出来ますが、二回、三回、四回はね、言わはる人はもういはらへんですね、料理屋さんでは。民宿とかそんなん別ですけど、料理屋さんはそういう感じです。

もう一つちょっと今思い出したこと、炊き込みご飯の話をもう一回すると、特に料理屋さんの今の流れとしては、わりと女性客さんが多くならはる、昔はもう料理屋いうのは男性客が多いですよね。すると、いわゆる原価をかける所のバランスが違うんですよね。前半でぐっとお金をかける、後半はまあそこそこです。何かといいますと、宴会料理が初めに良い物を出すと、あ、これはおいしいもの出てるなとこう見せます、でお酒はどんどん進みますよね。そのうち座がくだけてきます。そしたら、ずんと席を離れてわあわあ、わあわあ、あともう自分の席じゃなくて、もう飲んではるからわからないので、ちょっと最後ぐらい安物使うてもわからへん。前に物すごいええもんがあると、この店よかったね、で最後にデザートでまたくっと上げておくと、ええ店やったなって言ってもらえるという、いわゆる原価をかけるバランスを変える。

ところが女性客が多いとそうはいけない。お酒をそれほど飲まれませんので、全体に波（料理原価）をバランスよくお金を使わなあかんので、それで品数多く、で量は少なく、で最後に残るぐらいのご飯がいるという。季節さえよければ包んでおきましょうかと言うたら女の人は喜ばはる。お土産なんですよね、昔の料亭のお土産いうのはまた別建てでお金もらえるから、いいお寿司が入ってるとかね、そういうお土産ができる。でも、今の人はお金に細かいですから、自分の払うたお金でお土産がもらえるのがええ。そこの炊き込みご飯が最後、あ、これおいしいわ、これ持って帰ろうという、うれしいわあというのはそれがまた思い出になってまた来ようかという流れになります。

佐藤　そうか、炊き込みご飯というのはお土産になるのね。

仲田　なりますね、季節には時間持ちしよるんです、あれ。ただ、夏場だけはちょっとお控えしはりますよね。

佐藤　でも、生姜ご飯ぐらいやったら大丈夫？

仲田　でもね、夏場の蒸し暑いときはね、京都は怖いね。

佐藤　やっぱりしませんか。

仲田　しはるとこあるかもしれませんけどね、今はもう中毒が怖いんで厳しくなるんでね。でも、秋ぐらいからはもうちょっとぐらいね。じゃ、包んでおきます言うと本当に喜ばはります。

佐藤　大体そうやね、炊き込みなんかこうお釜に出てきて、どうせ全部食べ切れへんから。

仲田　食べ切れへんぐらい出すんですわ。そうすると、ここいっぱい出たという思い出が残る。これも気持ちの問題で。何やちょっと足らんかったわって言われたら料理屋はもうだめなんですよね。料理で足らんかったら、ご飯できちっと締める。お米は安いですからね。そういう原価率の問題ですよね。だから、ようはやる店というのは、結構そういううまいことやらはりますよね。

佐藤　仲田先生、今日はありがとうございました。予定の時間もあっという間に過ぎてしまうくらい、面白い話をいくつもうかがうことができました。今日は、水に始まって、精米してからの時間、ごはんの炊き方などの違いによるうまさの違いを教えて頂きました。それから、家庭での炊き方と、料理屋さんなど外食、中食の場でのそれの違いも興味深く伺いました。とくに、炊き込みご飯の奥の深さは、とても勉強になりました。まだ聞きたいこともあるのですが、きょうはここまでにしておきます。

　後半であれこれ話が出たように、食べることの奥深さ、うまさに関するさまざまなエピソード、それから酒を巡る話題など、話は縦横無尽に広がりました。とても楽しかったし、たかが米だけど、されど米であることを再認識した次第です。そう、考えてみると、米は決して主役を張ってはいないけれども、しかしもし米がなければ和の料理は成り立たないのですね。

　農学の出身者にとっては、品種というとイネの品種を意味します。一方「食」の分野での品種、つまり米の品種の違いもずいぶんおおきいことを改めて知りました。今までの品種論が「イネ品種論」にとどまっていたことを痛感したところです。料理のプロは米の品種というものをきちんと理解していて、そのうえで品種の違いを際立たせないようにしているのだなと感じました。それは、コシヒカリでないとダメという今の風潮とは違って、品種をちゃんと区別しておられる。そのうえで米に黒子に徹することを求めている、という感じですかね。そこに、料理屋さんの技というか、すごさがあることに気がついた、というところです。

　どうも米は、だいぶ昔からその品質が違っていた。南北に長い日本列島のことですから、当然といえば当然です。米の品質を、米の生産の段階でそろえるなど、至難のわざだったのでしょう。では、米の品種とはいったい何なのか。どこにどのような品種があったのか。そう、問うてみたいと思います。

また、イネの生産者は「米の品種」を区別することはあまりありませんでした。しいていえば糯米とうるち米の違いくらいでしょうか。生産者にとってのもっぱらの関心事は米の品種ではなく、イネの品種でした。イネという植物を育てるのにあたって問題となる特性に、生産者の関心が寄せられてきたというところだろうと思うのです。

（二〇一八年六月四日、京都府立大学にて収録）

執筆者一覧（五十音順）

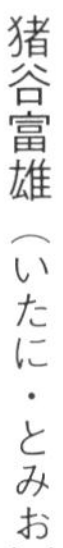

猪谷富雄（いたに・とみお）

県立広島大学名誉教授、元・龍谷大学農学部教授。作物育種学。『赤米・紫黒米・香り米—「古代米」の品種・栽培・加工・利用』農山漁村文化協会、二〇〇〇年。『赤米の博物誌』（共著）大学教育出版、二〇〇八年。『赤米・黒米の絵本』（編著）農山漁村文化協会、二〇一〇年。

宇田津徹朗（うだつ・てつろう）

国立大学法人宮崎大学農学部教授。地域農学。「イネの細胞化石から水田稲作の歴史を探る」、佐藤洋一郎・赤坂憲雄編『フィールド科学の入口　イネの歴史を探る』玉川大学出版、二〇一三年。「稲作の展開と伝播—プラント・オパール分析の結果を中心に—」、佐藤洋一郎監修・鞍田崇編『ユーラシア農耕史1　モンスーン農耕圏の人びとと植物』臨川書店、二〇〇八年。

佐藤洋一郎（さとう・よういちろう）

京都府立大学文学部特別専任教授。遺伝学。『食の人類史』（中公新書）中央公論新社、二〇一六年。『ユーラシア農耕史』全5巻（監修・著）、臨川書店、二〇〇八～二〇一〇年。

仲田雅博（なかた・まさひろ）

学校法人大和学園理事・京都調理師専門学校校長。『基礎日本料理教本　上・下巻』柴田書店、一九九三年。『新・からだ思いの豆腐百珍』淡交社、二〇〇四年。『日本料理大全　プロローグ』（共著）シュハリ・イニシアティブ株式会社、二〇一五年。

花森功仁子（はなもり・くにこ）

株式会社ジェネテック主席研究員、東海大学海洋学部非常勤講師。分子生物学。「美味しいお米を求める日本人」、佐藤洋一郎監修・木村栄美編『ユーラシア農耕史2　日本人と米』臨川書店、二〇〇九年。「DNA鑑定の応用」（仮）、『犯罪捜査とDNA』、勉誠出版、（印刷中）。

平川　南（ひらかわ・みなみ）

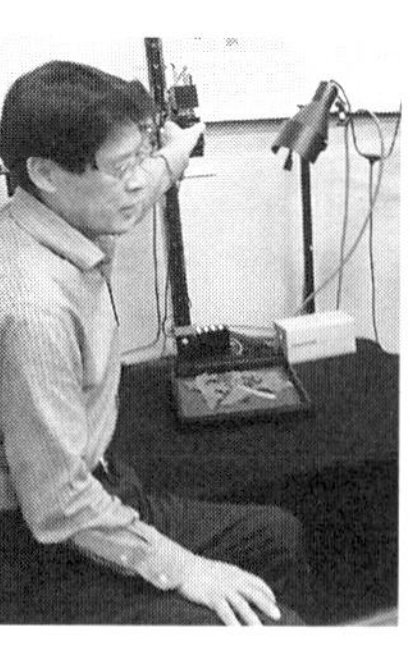

人間文化研究機構機構長。日本古代史。『古代地方木簡の研究』吉川弘文館、二〇〇三年。『全集日本の歴史第2巻　日本の原像―新視点古代史』小学館、二〇〇八年。『環境の日本史第1巻　日本史と環境―人と自然』（編著）吉川弘文館、二〇一二年。『律令国郡里制の実像』上・下巻、吉川弘文館、二〇一四年。

日本のイネ品種考
木簡からＤＮＡまで

二〇一九年四月三十日　初版発行

編　者　佐藤洋一郎

発行者　片岡　敦

印刷
製本　亜細亜印刷株式会社

606-8204　京都市左京区田中下柳町八番地

発行所　株式会社　臨川書店

電話（〇七五）七二一－七一一一
郵便振替　〇一〇七〇－二－八〇〇

落丁本・乱丁本はお取替えいたします
定価はカバーに表示してあります

ISBN 978-4-653-04414-7　C0061